普通高等学校电子信息类专业规划教材

数字逻辑与数字电路

主　编　王建亮　王芳　张　宪

主　审　庞彦伟　王森　汪毓铎

U0218614

天津大学出版社

TIANJIN UNIVERSITY PRESS

内容简介

本教材从以下几方面来讲述:数制和码制、逻辑代数基础、逻辑门电路、组合逻辑电路、触发器、时序逻辑电路、脉冲波形的产生和整形、数／模和模／数转换器、半导体存储器和可编程逻辑器件和硬件描述语言等。本教材编写过程中充分挖掘思政资源,研究课程内容与课程的契合点,探索目标与内容、重点与特色之间的联系,为部分重要知识点配有同步的微课视频,并提供配套的教学资源。

本书可作为高等院校电子信息类、计算机类、电气类、自动化类和仪器类等相关理工类专业本科生教材,兼作高职高专相关专业的教材或教学参考用书。

本书参考学时为 50~70 学时。对于少学时各专业,采用本书时,可根据实际情况删减部分内容。

图书在版编目(CIP)数据

数字逻辑与数字电路 / 王建亮, 王芳, 张宪主编
. -- 天津:天津大学出版社,2024.4
普通高等学校电子信息类专业规划教材
ISBN 978-7-5618-7498-1

Ⅰ.①数… Ⅱ.①王… ②王… ③张… Ⅲ.①数字逻辑－高等学校－教材②数字电路－高等学校－教材 Ⅳ.①TP302.2②TN79

中国国家版本馆CIP数据核字(2023)第098493号

出版发行	天津大学出版社	
地　　址	天津市卫津路92号天津大学内(邮编:300072)	
电　　话	发行部:022-27403647	
网　　址	www.tjupress.com.cn	
印　　刷	廊坊市瑞德印刷有限公司	
经　　销	全国各地新华书店	
开　　本	787mm×1092mm　1/16	
印　　张	22.5	
字　　数	593千	
版　　次	2024年4月第1版	
印　　次	2024年4月第1次	
定　　价	58.00元	

《数字逻辑与数字电路》编委会

前　言

　　"数字逻辑与数字电路"是电子信息类专业重要的技术基础课程。本教材融入了编者多年的教学实践经验,贯彻"少而精"的教学原则,注重取材的先进性和实用性,做到重点突出,理论联系实际;力求概念叙述简明清晰,内容介绍深入浅出并结合最新技术适当更新。本教材的特点是:着重数字电路与数字逻辑的定性分析和定量计算,强调基本概念,重视基本理论的应用和基本技能的训练。教材内容设置遵循充分探索目标与内容、重点与特色之间联系的原则,提供配套的教学资源,并对重要知识点配备了同步的微课视频,以帮助学习者提高分析问题、解决问题的能力。

　　本教材应广大师生的需求,增加了填空题、选择题和简答题以及部分参考答案,目的是帮助学生理解教材的基本概念和基础知识,并能理解和掌握考试中类似题目。

　　在教材中我们既强调了基础理论、基础知识和基本技能,也注意到了知识面的拓宽和更新,力求处理好以下几个关系。

　　1. 电路基本理论和数字电路与数字逻辑的关系。除了深入理解书中介绍的基本概念与工作原理以及逻辑电路的分析方法外,还必须掌握数字电路与数字逻辑的相关理论,深化和拓展对课程内容的理解。

　　2. 传统内容和知识更新的关系。利用单元门电路和触发器讲述基本概念和原理,做到少而精,重点介绍数字集成电路的特点和应用。

　　3. 器件与数字电路的关系。对于器件主要介绍其外部特性及使用方法,不必过分地追究其内部机理,重点在于数字电路与数字逻辑工作原理的分析和应用实践。

　　4. 理论学习与素质培养的关系。在加强"三基"的同时,注意素质的培养,尤其是例题、习题的选择中,增加了实用小电路,以提高分析问题、解决问题的能力。

　　此外,本教材为校企合作、产教融合成果,部分成果受国家自然科学基金青年科学基金项目(编号:62204168)、天津市教委科研计划项目(编号:2021KJ068)和天津市科技局科技计划项目(编号:22YFXTHZ00190)资助。本书编写团队既有由高校教授、副教授和讲师组成的专任教师团队,又有由重点行业领域的研究院(所)和国家高新技术企业组成的科研技术专家,是一本集理论与实践为一体的新形态立体化教材。主编人员中,王建亮负责编写第3、4章和9.3、9.4节及其课后习题和答案;王芳编写第5、10章和9.1、9.2节及其课后习题和答案;张宪负责全书统稿及视频课程录制与剪辑。张守华等副主编人员参与第1、2、6、7、8等章节的编写,刘立业等参编人员配合以上人员编写部分章节,并参与前言、各章课后习题及答案和参考文献的编写。

　　本书可作为高等院校电子信息类、计算机类、电气类、自动化类和仪器类等相关理工类专业本科生教材或教学参考书,兼作高职高专相关专业的教材或教学参考用书,也可供相关行业科技人员和工程技术人员参考使用。

　　本书充分挖掘课程思政元素,希望通过阅读本书不仅能使读者学到专业知识、提升实践能力,为形成新质生产力打下坚实基础。同时还能培养其创新精神、工匠精神和终身学习的能力,使其成为有爱国情怀、有社会责任感、专业能力强的新时代专业技能人才,为国家发展和社会进步贡献自己的力量。

在此,对所有审阅本教材并提出宝贵意见的领导和同人们表示感谢,尤其是天津大学电气自动化与信息工程学院庞彦伟教授、天津市软件行业协会王森秘书长和原北京信息科技大学信息与通信工程学院汪毓铎教授作为主审人员细致入微地审阅了全书。最后,对长期以来从事本课程教学的教师团队以及在编写出版过程中给予热情帮助和支持的领导和专家,一并表示衷心的感谢。

由于编者的学识有限,加之时间仓促,书中必然存在一些缺点和错误,希望使用本书的读者给予批评、指正。

编　者

2024 年 4 月

目 录

视频资源

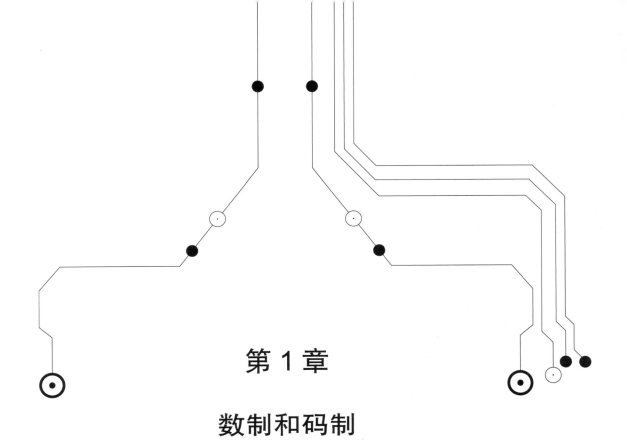

第 1 章

数制和码制

本章介绍数字电路的一些基本概念、数字电路中常用的数制表示、二进制算术运算及几种常用的编码形式。

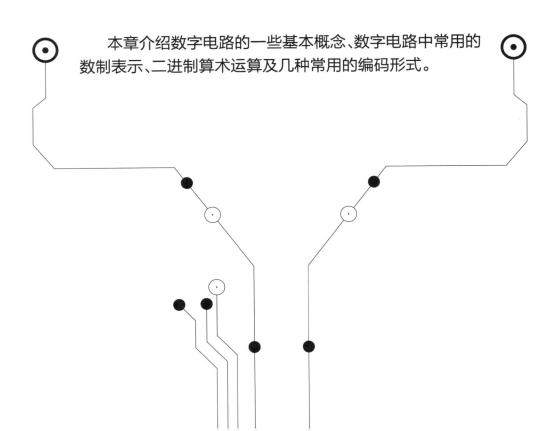

第1章 数制和码制

☑ 【学习目标】

（1）掌握用0和1这两个二进制码表示任意二进制数的方法。熟练地进行十进制数和二进制数、八进制数和十六进制数之间的相互转换。

（2）理解几种常用的编码形式，重点掌握8421BCD码。

随着电子计算机的普及和信息时代的到来，数字电子技术正以前所未有的速度在各个领域取代模拟电子技术，并迅速进入人们的日常生活。数字手表、数码相机、数字电视、数字影碟机、数字通信等都应用了数字化技术。

作为数字电子技术的结晶，数字电路在数字通信和电子计算机中扮演着举足轻重的角色。数字通信中的编码器、译码器，计算机中的运算器、控制器、寄存器，无不采用了数字电路。即使是像调制解调器这类过去通常用模拟电子技术实现的器件，如今也越来越多地采用数字电子技术来实现。由于电子技术的发展，数字电路已实现了集成化，且可分为晶体管-晶体管逻辑（Transistor-Transistor Logic，TTL）和互补金属氧化物半导体（Complementary Metal-Oxide-Semiconductor，CMOS）两种类型。随着金属氧化物半导体（MOS）工艺的发展，CMOS数字集成电路具有功耗低、输入阻抗高、工作电压范围宽、抗干扰能力强和温度稳定性好等特点，大大提高了电路的集成度和工作速度，且明显降低了功耗。因此TTL的主导地位已被CMOS器件所取代，CMOS器件在数字电路中应用越来越广泛。

本章将介绍数字电路的一些基本概念、数字电路常用的数制表示、二进制算术运算及几种常用的编码形式。

1.1 概述

☑ 【本节内容简介】

本节主要介绍数字信号的特点以及数字电路的分类。讲解了脉冲信号的特征参数。

1.1.1 模拟信号和数字信号

自然界中存在着各种各样的物理量，尽管它们的形式千差万别，但就其共同特性而言，可以归纳为两类：一类为模拟量，另一类为数字量。模拟量的变化是连续的，可以取某一值域内的任意值，例如温度、压力、交流电压等就是典型的模拟量。数字量的变化在时间上和数量上都是离散的。

在电子设备中，常常将时间和幅度都连续变化的电信号叫作模拟信号（Analog Signal），将时间和幅度都断续变化的电信号叫作数字信号(Digital Signal)。正弦波信号和方波信号分别为典型的模拟信号和数字信号,如图 1-1 所示。

（a）模拟信号　　　　　　　　　　　（b）数字信号

图 1-1　模拟信号和数字信号

与模拟信号相比,数字信号具有抗干扰能力强、存储处理方便等优点。

与电路所采用的信号形式相对应,将传送、变换、处理模拟信号的电子电路叫作模拟电路;将传送、变换、处理数字信号的电子电路叫作数字电路。例如,各种放大电路就是典型的模拟电路,数字表、数字钟的定时电路就是典型的数字电路。

1.1.2　数字电路的分类

一个复杂的数字电路往往使用成千上万个门电路,在设计和分析电路时,把每一个门电路的具体电路都详细地画出来并加以分析,那将是一个非常艰巨的工作。

实际上,设计和分析数字电路主要是分析它们的逻辑功能。这些逻辑功能是由各种逻辑部件实现的。门电路就是逻辑部件的一种。因此在数字电路图中,一般只需表示出用的是什么逻辑部件,以及这些部件之间存在什么样的逻辑关系就可以。至于逻辑部件内部的电路组成则无须过问。

根据电路结构,数字电路可以分为分立元件电路和数字集成电路(简称集成电路)两大类。分立元件电路是将晶体管、电阻、电容等元器件用导线在线路板上连接起来的电路。集成电路是将上述元器件和导线通过半导体制造工艺做在一块硅片上而成为一个不可分割的整体电路。

根据半导体的导电类型,集成电路分为双极型数字集成电路和单极型数字集成电路。以双极型晶体管作为基本器件的集成电路有 TTL、ECL 等;以单极型晶体管作为基本器件的集成电路有 NMOS、PMOS、CMOS 等。

可以根据集成度,对集成电路进行分类,见表 1-1。

表 1-1　集成电路分类表

类型	集成度	电路规模与范围
小规模集成电路(SSI)	1 ～ 12 门/片	逻辑单元电路:门电路、集成触发器
中规模集成电路(MSI)	12 ～ 99 门/片	逻辑部件:计数器、加法器、译码器、编码器、数据选择器、寄存器、比较器、转换电路等
大规模集成电路(LSI)	100～9 999 门/片	数字逻辑系统:小型存储器、门阵列、各种接口电路等
超大规模集成电路（ VLSI)	10 000~99 999 门/片	数字逻辑系统:大型存储器、微处理器等

类型	集成度	电路规模与范围
甚大规模集成电路（ULSI）	>10^6门/片	高集成度数字逻辑系统:可编程逻辑器件、多功能专用集成电路等

1.1.3 集成电路的优点

与模拟电路相比,数字电路具有抗干扰能力强、可靠性高、精确性和稳定性好、通用性广、便于集成、便于故障诊断和系统维护等特点。以抗干扰能力和可靠性为例,数字电路不仅可以通过整形去除叠加于传输信号上的噪声和干扰,还可以进一步利用差错控制技术对传输信号进行检错和纠错。

不仅如此,集成电路正向着大规模、低功耗、高速度、可编程、可测试和多值化方向发展,这就越来越显示出数字电路的优势。

1. 工作可靠性高、抗干扰能力强

通常对于给定的输入信号,由于数字电路采用二进制,用 0 和 1 表示两种逻辑状态,如果噪声信号不使其超过阈值,数字电路的输出状态不变。因此数字电路工作可靠,稳定性好,抗干扰能力强。而模拟电路的输出则随着外界温度和电源电压的变化,以及器件的老化等因素而发生变化。

2. 便于设计

数字电路又称为数字逻辑电路,它主要是对用 0 和 1 表示的数字信号进行逻辑运算和处理,不需要复杂的数学知识,广泛使用逻辑代数。数字电路只要能够可靠地区分 0 和 1 两种状态就可以正常工作。因此,数字电路的分析与设计相对较容易。

3. 便于集成与制作

数字电路便于集成化批量生产,因此成本低廉、制作体积小,且通用性强、容易制造,如今一块半导体硅片上已可集成上百万个数字逻辑门,集成规模的提高极大地提高了数字系统的可靠性,减小了系统的体积,降低了系统的功耗与成本,进而使集成电路广泛应用于数字电路。

4. 可编程性

早期集成电路的功能是由生产厂家根据用户的一般需求而在生产时决定的,而现代数字系统大多采用"可编程"逻辑器件,可理解为厂家生产的一种半成品芯片。用户根据需要,用硬件描述语言在计算机上完成电路设计和仿真并写入芯片,这不仅为用户进一步研制开发新产品带来了极大的便利性和灵活性,也大大地提高了产品的可靠性和保密性。

5. 高速度、低功耗

随着集成电路工艺的发展,需要处理的信息越来越多,数字器件的工作速度越来越高,而功耗越来越低。在集成电路中,单管的开关速度可以达到小于 10^{-11} s。在整体器件中,信号从输入到输出的传输时间小于 10^{-9} s。百万门以上超大规模集成芯片的功耗可以低于毫瓦（mW）级。

6. 信息便于存储和保密

数字信号由 0 和 1 编码组成,借助磁盘、光盘,数字信息可以长期保存。将数字系统与计算机连接,便可利用计算机对数字信号进行处理和控制。数字信息容易实现加密处理,不易被窃取。以话音信号为例,经过数字变换后的信号可用简单的数字逻辑运算完成信息的加密、解密处理。

由于具有上述优点,数字电路在众多领域取代模拟电路的趋势将会继续发展下去。

1.1.4　实际数字信号波形

在实际的数字系统中,实际矩形脉冲波形边沿并非是直上直下的理想脉冲。当矩形脉冲从低电平跳变到高电平,或从高电平跳到低电平时,边沿没有那么陡峭,而是要经历一个过渡过程,如图 1-2 所示。

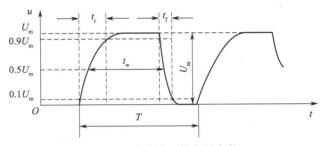

图 1-2　脉冲波形的主要参数

脉冲波形的主要参数如下。

（1）脉冲幅度 U_m:脉冲电压变化的最大值(幅值),单位为伏特(V)。

（2）脉冲上升时间 t_r:脉冲波形从 $0.1U_m$ 上升到 $0.9U_m$ 所需的时间。

（3）脉冲下降时间 t_f:脉冲波形从 $0.9U_m$ 下降到 $0.1U_m$ 所需的时间。

（4）脉冲宽度 t_w:脉冲上升沿 $0.5U_m$ 到下降沿 $0.5U_m$ 所需的时间,又称脉冲持续时间。

（5）脉冲周期 T:在周期性的脉冲信号中,任意两个相邻脉冲的上升沿(或下降沿)之间的时间间隔。

（6）脉冲频率 f:在周期性的脉冲信号中,1秒内脉冲出现的次数,$f=1/T$,单位为赫兹(Hz)。

（7）占空比 q:脉冲宽度 t_w 与脉冲周期 T 的比值,$q=t_w/T$。

以上时间单位为秒(s)。数字信号上升和下降的时间大约为几纳秒(ns)。

脉冲信号有正、负之分。如果脉冲跃变后的值比初始值高,则为正脉冲,反之为负脉冲,如图 1-3 所示。

图 1-3　正、负脉冲

（a）正脉冲;(b)负脉冲

1.2　几种常用的数制

☑【本节内容简介】

　　本节主要介绍几种常用的数制以及不同数制间的转换。

　　数制和编码是信息数字化的两种重要方式。数制用于表示数值大小,常见的有二进制、十进制和十六进制。数字电路中信息直接对应二进制表示,也会用十六进制表示,而生活中则主要采用十进制。因此,本节介绍数制,也介绍数制之间的转换方法。

　　数字信号通常都是用数码形式给出的。不同的数码可以用来表示数量的不同大小。用数码表示数量大小时,仅用一位数码往往不够用,因此经常需要用计数进制的方法组成多位数码使用。我们把多位数码中每一位的构成方法以及从低位到高位的进位规则称为数制。在数字电路中经常使用的计数进制中,除了我们最熟悉的十进制外,更广泛使用的是二进制和十六进制,有的也用到八进制。

　　当两个数码分别表示两个数量大小时,它们可以进行数量间的加、减、乘、除等运算。这种运算称为算术运算,目前数字电路中的算术运算最终都是以二进制运算进行的。

1.2.1　十进制

　　数制是计数进制的简称。例如,十进制是大家最熟悉的一种数制,一般用字母 D 表示。它有 0、1、2、3……9 十个数码,通常把这些数码的个数称为基数,故十进制数的基数为 10,而且按逢 10 进 1 的规律计数。当一个大于 9 的数需要用两位以上的数码表示时,每位数字被赋予一个特定的值,这个值称为位权值(权)。位权值等于该数制的基数的若干次方。就十进制来说,它的位权值分别是 10^0(个位)、10^1(十位)、10^2(百位)等。例如,$582.4 = 5 \times 10^2 + 8 \times 10^1 + 2 \times 10^0 + 4 \times 10^{-1}$ 中 5 的权是 10^2,表示 500;8 的权是 10^1,表示 80;2 的权是 10^0,表示 2;4 的权是 10^{-1},表示 0.4。

几种常用的数制

　　十进制是日常生活和工作中最常使用的计数进制。在十进制数中,每一位有 0~9 十个数码,所以计数的基数是 10。超过 9 的数必须用多位数表示,其中低位和相邻高位之间的关系是"逢 10 进 1",故称为十进制。例如:

$$126.57 = 1 \times 10^2 + 2 \times 10^1 + 6 \times 10^0 + 5 \times 10^{-1} + 7 \times 10^{-2}$$

　　所以任意一个十进制数 D 均可展开为

$$D = \sum k_i \times 10^i \qquad\qquad (1\text{-}1)$$

式中:k_i 是第 i 位的系数,它可以是 0~9 这十个数码中的任何一个。

　　若整数部分的位数是 n,小数部分的位数为 m,则 i 包含从 n-1 到 0 的所有正整数和从-1 到-m 的所有负整数。

　　若以 N 取代式(1-1)中的 10,即可得到任意进制(N 进制)数按十进制展开式的普通形式:

$$D = \sum k_i N^i \qquad\qquad (1\text{-}2)$$

式中: i 的取值与式(1-1)的规定相同; N 称为计数的基数; k_i 为第 i 位的系数; N^i 称为第 i 位的权。

1.2.2　二进制

目前,在数字电路中应用最广泛的是二进制。在二进制数中,每一位仅有 0 和 1 两个可能的数码,所以计数基数为 2。低位和相邻高位间的进位关系是"逢 2 进 1",故称为二进制。

根据式(1-2),任何一个二进制数均可按十进制展开为

$$D = \sum k_i 2^i \qquad\qquad (1\text{-}3)$$

因此可计算出一个二进制数所表示的十进制数的大小。例如

$$(1101.101)_2 = 1 \times 2^3 + 1 \times 2^2 + 0 \times 2^1 + 1 \times 2^0 + 1 \times 2^{-1} + 0 \times 2^{-2} + 1 \times 2^{-3}$$
$$= 8 + 4 + 0 + 1 + 0.5 + 0 + 0.125$$
$$= (13.625)_{10}$$

式中: 2^3、2^2、2^1、2^0、2^{-1}、2^{-2}、2^{-3} 分别为二进制各位的权。

式(1-3)中分别使用下脚注 2 和 10 表示括号里的数是二进制数和十进制数。有时也用 B(Binary)和 D(Decimal)代替 2 和 10 这两个脚注。

二进制是以 2 为基数的计数进制,所用的数字是 0 和 1。由于目前计算机的硬件只能存储、处理或传送两种物理状态(0 和 1)信息,因此二进制是计算机内部处理的基本数制。其特点如下。

(1)二进制数的数值部分只需要两个数码(0 和 1)表示,并且二进制中的 0 和 1 与十进制中的 0 和 1 以及其他数制中的 0 和 1 有所区别,通常称为"位"。

(2)二进制中的基数是 2,并且由低位向高位进位的规则是逢 2 进 1,所以不同的数码在不同的数位上所代表的值也不同。

(3)二进制也有整数和小数,每一位也有规定的位权值,其中整数部分各位的数值从左到右依次是 2 的($n-1$)次方,小数部分从小数点开始往右数依次是 2 的负几次方。

(4)任何一个二进制数 B,都可以表示为

$$B = \sum_{i=0}^{n-1} a_i \times 2^i$$

式中: a_i 为系数,非 0 即 1; 2^i 为第 i 位的权。

二进制一般用字母 "B" 表示。

1.2.3　八进制

由于二进制数比十进制数的位数多,不便于书写和记忆,因此常使用八进制和十六进制来表示二进制数。八进制数的每一位有 0、1、2、3、4、5、6、7 八个不同的数码,计数的基数为 8,低位和相邻的高位之间的进位关系是"逢 8 进 1"。任意一个八进制数可以按十进制数展开为

$$D = \sum k_i 8^i \qquad\qquad (1\text{-}4)$$

可利用式（1-4）计算出与一个八进制数等效的十进制数值。例如：

$$(352.4)_8 = 3 \times 8^2 + 5 \times 8^1 + 2 \times 8^0 + 4 \times 8^{-1}$$
$$= 192 + 40 + 2 + 0.5$$
$$= (234.5)_{10}$$

式中：8^2、8^1、8^0、8^{-1} 分别为八进制各位的权。

有时也用 O（Octal）代替下脚注 8，表示八进制数。

1.2.4 十六进制

十六进制是以 16 为基数的计数体制。十六进制数的每一位有十六个不同的数码。分别用 0、1、2、3、4、5、6、7、8、9、A（10）、B（11）、C（12）、D（13）、E（14）、F（15）表示。因此，任意一个十六进制数均可展开为

$$D = \sum k_i 16^i \qquad\qquad (1\text{-}5)$$

可由式（1-5）计算出一个十六进制数所表示的十进制数值。例如：

$$(3BE.7F)_{16} = 3 \times 16^2 + 11 \times 16^1 + 14 \times 16^0 + 7 \times 16^{-1} + 15 \times 16^{-2}$$
$$= 768 + 176 + 14 + 0.437\,5 + 0.058\,593\,75$$
$$= (958.496\,093\,75)_{10}$$

式中：16^2、16^1、16^0、16^{-1}、16^{-2} 分别为十六进制各位的权；下脚注 16 表示括号里的数是十六进制数，也用 H（Hexadecimal）代替这个脚注。

1.2.5 不同进制的对照关系

由于目前在微型计算机中普通采用 8 位、16 位和 32 位二进制并行运算，而 8 位、16 位和 32 位的二进制数可以用 2 位、4 位和 8 位的十六进制数表示，因而用十六进制符号书写程序十分简便。

表 1-2 列出了各种常用不同进制的区别表。

表 1-2 各种常用的进制

进制	英文表示符号	数码符号	进位规则	进位基数
二进制	B	0,1	逢 2 进 1	2
八进制	O	0,1,2,3,4,5,6,7	逢 8 进 1	8
十进制	D	0,1,2,3,4,5,6,7,8,9	逢 10 进 1	10
十六进制	H	0,1,2,3,4,5,6,7,8,9,A,B,C,D,E,F	逢 16 进 1	16

表 1-3 列出了十进制数 0~15 与等值的二进制、八进制、十六进制数的对照表。

表 1-3 不同进制数的对照表

十进制（Decimal）	二进制（Binary）	八进制（Octal）	十六进制（Hexadecimal）
00	0000	00	0
01	0001	01	1
02	0010	02	2
03	0011	03	3
04	0100	04	4
05	0101	05	5
06	0110	06	6
07	0111	07	7
08	1000	10	8
09	1001	11	9
10	1010	12	A
11	1011	13	B
12	1100	14	C
13	1101	15	D
14	1110	16	E
15	1111	17	F
16	10000	20	10
17	10001	21	11
18	10010	22	12
19	10011	23	13
20	10100	24	14
32	100000	40	20
50	110010	62	32
60	111100	74	3C
64	1000000	100	40
100	1100100	144	64
255	11111111	377	FF
1000	1111101000	1750	3E8
1024	10000000000	2000	400

要熟记表中的前 16 项。

1.3 不同数制之间的相互转换

☑ 【本节内容简介】

本节主要介绍不同数制间的转换。重点介绍二进制和十进制之间的相互转换。

数字系统常常使用二进制、十六进制，而人们习惯用十进制，因此要把一个十进制数送到计算机或者数字系统时，必须把十进制数转换为二进制数。而将计算机的计算结果输出给人们看时，要把二进制数转换为十进制数。因此需要数制转换，最常用的是二进制数和十进制数之间的转换。

1.3.1 二-十进制的相互转换

1. 二进制数转换为十进制数

常用的二进制数转换为十进制数方法是建立在加权系数之和基础上的。它适用于整数也适用于分数和混合数。这个方法利用 2 的乘方表（表1-4）及两条规律：

二-十进制的相互转换

1）任何位置的系数是 1，意味着相应的 2 的幂在和中存在；

2）任何位置的系数为 0，意味着相应的 2 的幂在和中不存在。

表 1-4 中的 n 代表该数是第 n 位。最低有效位为第零位，其次为第 1 位。如是 m 位数，则其最高有效位为第 $m-1$ 位。2^n 及 2^{-n} 是权。如第 0 位的权是 1，第 1 位的权是 2，第 4 位的权是 16 等。

表 1-4　2 的乘方表

n	2^n	2^{-n}
0	1	1.0
1	2	0.5
2	4	0.25
3	8	0.125
4	16	0.062 5
5	32	0.031 25
6	64	0.015 625
7	128	0.007 812 5
8	256	0.003 960 625
9	512	0.001 953 125
10	1 024	0.000 976 562 5

将二进制数转换为等值的十进制数称为二-十转换。转换时只要将二进制数按式（1-3）展开，然后将所有各项的数值按十进制数相加，就可以得到等值的十进制数了。例如：

$$（11011.01）_2 = 1 \times 2^4 + 1 \times 2^3 + 0 \times 2^2 + 1 \times 2^1 + 1 \times 2^0 + 0 \times 2^{-1} + 1 \times 2^{-2}$$
$$= 16 + 8 + 0 + 2 + 1 + 0 + 0.25$$
$$= （27.25）_{10}$$

2. 十进制数转换为二进制数

所谓十-二转换，就是将十进制数转换为等值的二进制数。

（1）整数采用"除 2 取余"法转换

采用下面的算法，把十进制整数转换成二进制数。

第一步：把给出的十进制数除以 2，余数为 0 或 1 就是二进制数的最低有效位（LSB）。

第二步：把前一步所得之商再除以 2，余数表示次低位（权为 2^1）。

第三步及以后各步：继续相除，记下余数；直到最后相除之商为 0，写下系数最高有效位（MSB）。

假定十进制整数为 $（S）_{10}$，等值的二进制数为 $（k_n k_{n-1} \cdots k_0）_2$，则依式（1-3）可知

$$（S）_{10} = k_n 2^n + k_{n-1} 2^{n-1} + \cdots + k_1 2^1 + k_0 2^0$$

$$=2(k_n2^{n-1}+k_{n-1}2^{n-2}+\cdots+k_1)+k_0 \qquad (1\text{-}6)$$

上式表明,若将$(S)_{10}$除以2,则得到的商为$k_n2^{n-1}+k_{n-1}2^{n-2}+\cdots+k_1$,而余数即$k_0$。

同理,可将式(1-6)除以2得到的商写成

$$k_n2^{n-1}+k_{n-1}2^{n-2}+\cdots+k_1=2(k_n2^{n-2}+k_{n-1}2^{n-3}+\cdots+k_2)+k_1 \qquad (1\text{-}7)$$

由式(1-7)不难看出,若将$(S)_{10}$除以2所得的商再次除以2,则所得余数即k_1。

依此类推,反复将每次得到的商再除以2,就可求得二进制数的每一位了。

【例 1.1】将十进制数$(25)_{10}$化为二进制数可如下进行

解:

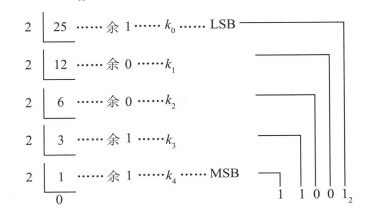

其中:MSB为最高有效位,LSB为最低有效位,故$(25)_{10}=(11001)_2$。

总之,将十进制整数变为二进制整数时,可以通过不断地除以2,直到出现商等于零时为止,每次所得余数(必为0或1)就是二进制整数从最低有效位到最高有效位的各位数值。

(2)查表法

将十进制数转换为二进制数时,仍可以用表1-4来完成。它是判断给定的数中所包含2的幂,首先把2的最高幂判断出来,然后从给定的数中将它减去。同样的方法再用于余数。如此,对每次所得之差值重复上述步骤,直到所得之差为1或为0时为止。

【例 1.2】将十进制数$(81)_{10}$转换为二进制数。

解:

第一步:$(81)_{10}$所包含的最大2^n为$2^6=(64)_{10}$。

第二步:$(81)_{10}-(64)_{10}=(17)_{10}$

第三步:$(17)_{10}$所包含的最大2^n为$2^4=(16)_{10}$。

第四步:$(17)_{10}-(16)_{10}=(1)_{10}=2^0$。余数已是最低有效位,因为$(1)_{10}=2^0$。

第五步:从最高到最低的2的幂数相加,添上幂数的系数为0的项。如0×2^5,0×2^3,0×2^2,0×2^1等,这些都是以上几步中不出现的项。因此

$$(81)_{10}=1\times2^6+0\times2^5+1\times2^4+0\times2^3+0\times2^2+0\times2^1+1\times2^0$$

并且可利用表1-3位置记数法表示:

$$(81)_{10}=(1010001)_2$$

这种方法只应用于数值较小的情况。

（3）小数部分采用"乘2取整"法转换

若$(S)_{10}$是一个十进制的小数,对应的二进制小数为$(0.k_{-1}k_{-2}\cdots k_{-m})_2$,则据式（1-3）可知

$$(S)_{10}=k_{-1}2^{-1}+k_{-2}2^{-2}+\cdots+k_{-m}2^{-m}$$

将上式两边同乘以2得到

$$2(S)_{10}=k_{-1}+(k_{-2}2^{-1}+k_{-3}2^{-2}+\cdots+k_{-m}2^{-m+1})\qquad（1-8）$$

式（1-8）说明,将小数$(S)_{10}$乘以2所得乘积的整数部分即k_{-1}。

同理,将乘积的小数部分再乘以2又可得到

$$2(k_{-2}2^{-1}+k_{-3}2^{-2}+\cdots+k_{-m}2^{-m+1})=k_{-2}+(k_{-3}2^{-1}+k_{-4}2^{-2}+\cdots+k_{-m}2^{-m+2})\qquad（1-9）$$

亦即乘积的整数部分就是k_{-2}。

依此类推,将每次乘2后所得乘积的小数部分再乘以2,便可求出二进制小数的每一位。

【例1.3】将$(0.312\,5)_{10}$化为二进制小数时可按如下步骤进行:

$$\qquad\qquad\qquad\qquad 整数部分$$

$$0.312\,5\times2=\boxed{0}.625\qquad\quad 0\qquad\quad 最高位\ k_{-1}$$

$$0.625\quad\times2=\boxed{1}.25\qquad\quad 1\qquad\quad k_{-2}$$

$$0.25\times2=\boxed{0}.5\qquad\qquad 0\qquad\quad k_{-3}$$

$$0.5\times2\ \ =\boxed{1}.0\qquad\qquad 1\qquad\quad 最低位\ k_{-4}$$

故$(0.312\,5)_{10}=(0.010\,1)_2$。

注意:小数部分在乘2取整运算时,乘积中的整数部分（1或者0）作为相应位的值,不再参与下一步连乘运算。

1.3.2　二进制与八进制的相互转换

将二进制数转换为八进制数的二-八转换和将八进制数转换为二进制数的八-二转换,在方法上与二-十六转换和十六-二转换的方法基本相同。

二-八进制的相
互转换

1. 二进制数转换为八进制数

在将二进制数转换为八进制数时,只要将二进制数的整数部分从低位到高位每3位分为一组并代之以等值的八进制数,同时将小数部分从高位到低位每3位分为一组并代之以等值的八进制数就可以了。注意:从小数点开始,整数部分向左（小数部分向右）三位一组,最后不足三位的加0补足三位,再按顺序写出各组对应的八进制数。

【例1.4】若将$(1100100.01011101)_2$化为八进制数,则得到

$$1\qquad 100\qquad 100.\qquad 010\qquad 111\qquad 01$$
$$\downarrow\qquad \downarrow\qquad \downarrow\qquad \downarrow\qquad \downarrow\qquad \downarrow$$
$$001\qquad \downarrow\qquad \downarrow\qquad \downarrow\qquad \downarrow\qquad 010$$
$$\downarrow\qquad \downarrow\qquad \downarrow\qquad \downarrow\qquad \downarrow\qquad \downarrow$$
$$1\qquad 4\qquad 4.\qquad 2\qquad 7\qquad 2$$

即:$(1100100.01011101)_2=(144.272)_8$

2. 八进制数转换为二进制数

反之,若将八进制数转换为二进制数,则只要将八进制数的每一位代之以等值的二进制数即可。

【例1.5】将(377.361)$_8$转换为二进制数时,得到

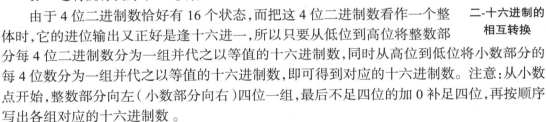

即:(377.361)$_8$=(011111111.011110001)$_8$

注:二进制数最前边的0可以去掉。

1.3.3 二进制与十六进制的相互转换

二-十六进制的
相互转换

将二进制数转换为等值的十六进制数称为二-十六转换。

1. 二进制数转换为十六进制数

由于4位二进制数恰好有16个状态,而把这4位二进制数看作一个整体时,它的进位输出又正好是逢十六进一,所以只要从低位到高位将整数部分每4位二进制数分为一组并代之以等值的十六进制数,同时从高位到低位将小数部分的每4位数分为一组并代之以等值的十六进制数,即可得到对应的十六进制数。注意:从小数点开始,整数部分向左(小数部分向右)四位一组,最后不足四位的加0补足四位,再按顺序写出各组对应的十六进制数 。

【例1.6】将(101110.101001)$_2$化为十六进制数

解:

(10 1110.1010 01)$_2$=(0010 1110.1010 0100)$_2$=(2 E.A 4)$_{16}$

2. 十六进制数转换为二进制数

十六-二转换是指将十六进制数转换为等值的二进制数。转换时只需将十六进制数的每一位用等值的4位二进制数代替就行了。

【例1.7】将(DF.C6)$_{16}$转换为二进制数

解:

(DF.C6)$_{16}$=(1101 1111.1100 0110)$_2$

1.3.4 十六进制与十进制的相互转换

在将十六进制数转换为十进制数时,可根据式(1-5)将各位按权展开后相加求得。在将十进制数转换为十六进制数时,可以先转换为二进制数,然后再将得到的二进制数转换为等值的十六进制数。这两种转换方法前文中已经讲过了。

1.4 二进制算术运算

☑ 【本节内容简介】

本节主要介绍二进制运算,包括算术运算和逻辑运算。

二进制运算是所有数字计算机和很多数字系统实现功能的基础,包括算术运算和逻辑运算两种运算。为了全面理解数字系统,必须理解二进制加、减、乘、除四则运算的规则,本节提供一些未来学习中可能出现的运算的介绍。

1.4.1 二进制加法

二进制加法的四种基本运算规则如下:

0+0=0	0 与 0 求和为 0,无进位
0+1=1	0 与 1 求和为 1,无进位
1+0=1	1 与 0 求和为 1,无进位
1+1=10	1 与 1 求和为 0,有进位,进位为 1

【例 1.8】求解以下二进制数的和值。

（a）110+101　　　（b）1111+111

解:（a）110+101

$$
\begin{array}{r}
1\ 1\ 0 \\
+\ 1\ 0\ 1 \\
\hline
1\ 0\ 1\ 1
\end{array}
$$

即:110+101=1011　　换算为十进制就是　6+5=11

解:（b）1111+111

$$
\begin{array}{r}
1\ 1\ 1\ 1 \\
+\ \ \ 1\ 1\ 1 \\
\hline
1\ 0\ 1\ 1\ 0
\end{array}
$$

即:1111+111=10110　　换算为十进制就是　15+7=22

其中,解答运算是二进制加法运算,后边是作为参考的十进制加法运算。

1.4.2 二进制减法

二进制减法的四种基本运算规则如下所示:

0-0=0	0 与 0 求差为 0,无借位
1-1=0	1 与 1 求差为 0,无借位
1-0=1	1 与 0 求差为 1,无借位
0-1=11	0 与 1 求差为 1,有借位,借位为 1

【例 1.9】求解以下二进制数的差值。

（a）110-101　　　（b）1111-111

解:（a）110-101

```
      1  1  0
   -  1  0  1
   ─────────
      0  0  1
```

即:110-101=001　换算为十进制就是　6-5=1

解:（b）1111-111

```
   1     1  1  1
   -        1  1  1
   ──────────────
   1     0  0  0
```

即:1111-111=1000　换算为十进制就是　15-7=8

其中,解答运算是二进制减法运算,后边是作为参考的十进制减法运算。（a）为有借位的情况,（b）为无借位的情况。可以看出,二进制减法运算相对比较复杂,首先要比较两个数的大小,判断差的正负,再进行大数减小数的减法运算。所以在计算机中,常用二进制补码的加法运算来代替直接的二进制减法运算,后文中进行介绍。

1.4.3　二进制乘法

二进制乘法的四种基本运算规则如下所示:

$$0 \times 0=0　　0 与 0 乘积为 0$$
$$0 \times 1=0　　0 与 1 乘积为 0$$
$$1 \times 0=0　　1 与 0 乘积为 0$$
$$1 \times 1=1　　1 与 1 乘积为 1$$

【例 1.10】求解以下二进制数的乘积。

（a）11×10　　（b）110×101

解:（a）11×10

```
         1  1
      ×  1  0
      ───────
         0  0
      1  1
   ──────────
      1  1  0
```

即:$11 \times 10=110$　换算为十进制就是　$3 \times 2=6$

解:（b）110×101

```
            1  1  0
         ×  1  0  1
         ──────────
            1  1  0
         0  0  0
      1  1  0
      ──────────────
      1  1  1  1  0
```

即：$110 \times 101 = 11110$　　换算为十进制就是　　$6 \times 5 = 30$

其中,解答前边是二进制乘法运算,后边是作为参考的十进制乘法运算。二进制乘法与十进制乘法是类似的,这个过程需要部分积的参与,每次有部分乘积的时候左移一位,最后把所有的部分积相加,得到最终乘积结果。从这里可以看出,二进制的乘法其实就是移位和加法运算,在计算机内部就是这样进行算术乘法运算的。

1.4.4　二进制除法

二进制除法与十进制除法有着相似的过程,参见下面的例子。

【例 1.11】求解以下二进制数的除法。

（a）$110 \div 10$　　　（b）$1001 \div 11$

解：（a）$110 \div 10$

$$
\begin{array}{r}
1\ 1 \\
1\ 0\ \overline{)\ 1\ 1\ 0} \\
1\ 0\ \ \ \\
\hline
1\ 0 \\
1\ 0 \\
\hline
0\ 0
\end{array}
$$

即：$110 \div 10 = 11$　　　换算为十进制就是　　$6 \div 2 = 3$

解：（b）$1001 \div 11$

$$
\begin{array}{r}
1\ 1 \\
1\ 1\ \overline{)\ 1\ 0\ 0\ 1} \\
1\ 1\ \ \ \\
\hline
1\ 1 \\
1\ 1 \\
\hline
0\ 0
\end{array}
$$

即：$1001 \div 11 = 11$　　　换算为十进制就是　　$9 \div 3 = 3$

二进制除法实质上就是右移位和减法,可以用移位和补码加法来完成。

1.4.5　原码、反码和补码

数字系统,比如计算机,必须有处理正负数的能力,一个有符号的二进制数包括符号和数值两部分。符号位表示了数的正与负,通常在二进制数的左边增加一位作为该数的符号位,0 表示正数,1 表示负数,如:有符号二进制数 1001 表示"-1",0101 表示"+5"。

有符号的二进制数实质上就是数值的一种编码表示,称为机器数。常用的机器数有三种表示形式:原码、反码和补码。

（1）原码

原码二进制数由符号位加上数值本身组成。

如:十进制数+20 的原码表示为 010100,-20 的原码表示为 110100。最左边为该数的符号位,右边为该数的绝对值。

（2）反码

正数的反码与原码相同,负数的反码可以由原码求得:原码的符号位不变,数值位按位取反。

如:+20 的反码表示为 010100,-20 的反码表示为 101011。

（3）补码

正数的补码与原码相同,负数的补码为反码加 1。

如:+20 的补码表示为 010100,-20 的补码表示为 101100。

减法可以看成是一个正数和一个负数相加,因此数字电路中的减法运算可以用补码加法来实现。

补码加法运算的规则:两个补码的和也是补码。进行补码加法运算时,符号和数值位同时参与运算,当符号位相加产生进位时,则将该进位"1"去掉即可。

【例 1.12】求解以下二进制数的补码。

（a）00001000-00000101;（b）1100+0100

解:（a）8-5=8+（-5）=3;（b）12+4=16

（a）　00001000-00000101

$$
\begin{array}{r}
0\ 0\ 0\ 0\ 1\ 0\ 0\ 0 \\
+\ 1\ 1\ 1\ 1\ 1\ 0\ 1\ 1 \\
\hline
(1)0\ 0\ 0\ 0\ 0\ 0\ 1\ 1
\end{array}
$$

（b）1100+0100

$$
\begin{array}{r}
1\ 1\ 0\ 0 \\
+\ 0\ 1\ 0\ 0 \\
\hline
(1)0\ 0\ 0\ 0
\end{array}
\qquad
\begin{array}{r}
0\ 1\ 1\ 0\ 0 \\
+\ 0\ 0\ 1\ 0\ 0 \\
\hline
1\ 0\ 0\ 0\ 0
\end{array}
$$

从上例运算可以看出,补码进行加、减法运算更加方便。这里需要指出的是例 1.12（b）中,如参与运算的字长只有 4 位,那么加法操作后溢出位"1"就会被丢弃,假如是≥5 位字长参与运算就会得到正确的运算结果。因此,在做补码运算时,要考虑实际所需的字长,才不会产生溢出并丢弃有效数据的现象。

1.5　几种常用的编码

☑ 【本节内容简介】

本节主要介绍数字电路中二进制编码。常用的二-十进制编码（BCD 码）。

汉字编码（Chinese character encoding）是为汉字设计的一种便于输入计算机的代码。由于电子计算机现有的输入键盘与英文打字机键盘完全兼容。因而如何输入非拉丁字母的文字（包括汉字）便成了多年来人们研究的课题。汉字信息处理系统一般包括编码、输入、存储、编辑、输出和传输,编码是关键,不解决这个问题,汉字就不能进入计算机。计算机中汉字的表示也是用二进制编码,同样是人为编码的。

在数字系统中,二进制数码常用来表示特定的信息。将若干个二进制数码 0 和 1 按一定规则排列起来表示某种特定含义的代码,称为二进制代码,或称二进制码。如用一定位数的二进制代码表示数字、文字和字符等过程称为编码。下面介绍几种数字电路中常用的编码。

1.5.1 二进制编码

若所需编码的信息有 N 项,则需要的二进制数码的位数 n 应满足如下关系:

$$2^n \geqslant N$$

例如,4 位二进制码可以表示 16 个不同的数。表 1-5 是常用的按 8421 权位排列的 4 位二进制编码表示的 16 个十进制数。

表 1-5 二进制编码表示的 16 个十进制数

十进制数	二进制数	十进制数	二进制数
0	0000	8	1000
1	0001	9	1001
2	0010	10	1010
3	0011	11	1011
4	0100	12	1100
5	0101	13	1101
6	0110	14	1110
7	0111	15	1111

1.5.2 常用的二-十进制编码(BCD 码)

将十进制数的 0~9 十个数字用 4 位二进制码表示的代码,称为二-十进制编码,又称 BCD 码。

由于 4 位二进制数码有 16 种不同的组合,而表示十进制数只需用到其中的 10 种组合,因此,二-十进制编码有多种方案。表 1-6 中给出了几种常用的二-十进制编码。

表 1-6 常用二-十进制编码表

十进制数	有权码				无权码
	8421 码	5421 码	2421(A)码	2421(B)码	余 3BCD 码
0	0000	0000	0000	0000	0011
1	0001	0001	0001	0001	0100
2	0010	0010	0010	0010	0101
3	0011	0011	0011	0011	0110
4	0100	0100	0100	0100	0111
5	0101	1000	0101	1011	1000
6	0110	1001	0110	1100	1001
7	0111	1010	0111	1101	1010
8	1000	1011	1110	1110	1011
9	1001	1100	1111	1111	1100

1. 8421BCD 码

8421BCD 码是一种应用十分广泛的编码。这种编码每一位的权值是固定不变的,为恒权码。它取了 4 位自然二进制数的前 10 种组合,即 0000(0)~1001(9),从高位到低位的权值分别为 8、4、2、1,去掉后 6 种组合 1010~1111,所以称为 8421BCD 码,它是最常用的一种代码。

2. 2421BCD 码和 5421BCD 码

2421BCD 码和 5421BCD 码也是恒权码。从高位到低位的权值分别是 2、4、2、1 和 5、4、2、1,用 4 位二进制数表示 1 位十进制数,这也是它们名称的来历。每组编码各位加权系数的和为其表示的十进制数。

如 2421(A)BCD 码 1110 按权展开式为

$$1 \times 2 + 1 \times 4 + 1 \times 2 + 0 \times 1 = 8$$

所以,2421(A)BCD 码 1110 表示十进制数 8。

2421(B)码和 2421(A)码的编码方式不完全相同。由表 1-6 可看出;2421(B)BCD 码具有互补性,0 和 9、1 和 8、2 和 7、3 和 6、4 和 5 这 5 对代码互为反码。

对于 5421BCD 码,如代码为 1011 时,则按权展开式为

$$1 \times 5 + 0 \times 4 + 1 \times 2 + 1 \times 1 = 8$$

3. 余 3BCD 码

余 3BCD 码没有固定的权值,称为无权码,它比 8421BCD 码多余 3(0011),所以称为余 3BCD 码,它也是用 4 位二进制数表示 1 位十进制数。例如,8421BCD 码 0111(7)加 0011(3)后,在余 3BCD 码中为 1010,其表示十进制数 7。由表 1-6 可看出,在余 3BCD 码中,0 和 9、1 和 8、2 和 7、3 和 6、4 和 5 这 5 对代码互为反码。

在 BCD 码中,4 位二进制代码只能表示一位十进制数。当需要对多位十进制数进行编码时,则需对多位十进制数中的每位数进行编码。

【例 1.13】分别将十进制数$(753)_{10}$转换为 8421BCD 码、5421BCD 码和余 3BCD 码。

解:

$$(753)_{10} = (0111\ 0101\ 0011)_{8421BCD}$$
$$(753)_{10} = (1010\ 1000\ 0011)_{5421BCD}$$
$$(753)_{10} = (1010\ 1000\ 0110)_{\text{余}3BCD}$$

1.5.3 其他编码

1. 格雷码

格雷码是一种循环码,也是无权码。它的特点是任意两组相邻代码之间只有一位不同,其余各位都相同,而 0 和最大数 9 对应的两组格雷码之间也只有一位不同。从表 1-7 可以看出,格雷码每一位状态变化都是按照一定的顺序循环。如果从 0000 开始,最低位的状态按 0110 顺序循环变化,次低位的状态按 00111100 顺序循环变化,右边第三位按 0000111111110000 顺序循环变化。可见,自右向左,每一位状态循环中连续的 0、1 数目增加一倍。由于 4 位格雷码只有 16 个,所以最左边一位的状态只有半个循环,即 0000000011111111。按照上述原则,我们就很容易得到更多位数的格雷码。因此,格雷码每

一位的状态变化都按一定的顺序循环,它是一种循环码。

　　与普通的二进制代码相比,格雷码的最大优点就在于当它按照表 1-7 的编码顺序依次变化时,相邻两个代码之间只有一位发生变化。这样在代码的转换过程中就不会产生过渡噪声。而在普通二进制代码的转换过程中,则有时会产生过渡噪声。例如,将表 1-7 中二进制代码 0011 转换为下一行的 0100 过程中,如果最右边一位的变化比其他两位变化慢,就会在一个极短的瞬间出现 0101 状态,这个状态将成为转换过程中的噪声;而在格雷码 0010 向其下一行的 0110 转换过程中则不会出现过渡噪声。由于格雷码按表 1-7 中顺序变化时,相邻代码只有一位改变状态,这个特性使它在形成和传输过程中引起的误差较小。例如,计数电路按格雷码计数时,电路每次状态更新只有一位代码变化,从而降低了发生计数错误的概率。

表 1-7　4 位格雷码与二进制码的比较

编码顺序	二进制代码	格雷码
0	0000	0000
1	0001	0001
2	0010	0011
3	0011	0010
4	0100	0110
5	0101	0111
6	0110	0101
7	0111	0100
8	1000	1100
9	1001	1101
10	1010	1111
11	1011	1110
12	1100	1010
13	1101	1011
14	1110	1001
15	1111	1000

　　2. 奇偶校验码

　　奇偶校验码是一种能检验二进制码在传送过程中是否出现错误的编码。它分为两部分,一部分是信息位,也就是需要传送信息的本身;另一部分是奇偶校验位,它可以使整个代码中 1 的个数按预先规定,成为奇数或偶数。当信息位和校验位中 1 的总个数为奇数时,称为奇校验;当 1 的总个数为偶数时,称为偶校验。表 1-8 中就是由 4 位信息位和 1 位奇偶校验位构成的 5 位奇偶校验码。

表 1-8　十进制数码的奇偶校验码

十进制数码	带奇校验的 8421BCD 码		带偶校验的 8421BCD 码	
	信息位	校验位	信息位	校验位
0	0000	1	0000	0
1	0001	0	0001	1
2	0010	0	0010	1
3	0011	1	0011	0
4	0100	0	0100	1
5	0101	1	0101	0
6	0110	1	0110	0
7	0111	0	0111	1
8	1000	0	1000	1
9	1001	1	1001	0

这种编码的特点是代码始终包含奇数或偶数个 1,一旦某一代码在传输过程中出现 1 的个数不是奇数或偶数时,就会被发现。奇偶校验码只能检测 1 位码出错的情况,而不能发现 2 位码出错的情况。但由于 2 位码出错的概率远小于 1 位码出错的概率,所以用奇偶校验码检测错误是有效的。

3. 美国信息交换标准代码(ASCII)

计算机处理的数据不仅有数字,还有字母、标点符号、运算符号及其他特殊符号,统称为字符,在计算机系统中,这些字符必须用二进制代码来表示。通常,我们把用于表示各种字符的二进制代码称为字符代码。

美国信息交换标准代码(American Standard Code for Information Interchange,ASCII)是由美国国家标准化协会(ANSI)制定的一种信息代码,广泛地用于计算机和通信领域。ASCII 已经由国际标准化组织(ISO)认定为国际通用的标准代码。

ASCII 用 7 位二进制代码($b_7b_6b_5b_4b_3b_2b_1$)表示 128 种不同的字符,其中包括表示 0~9 的十个代码,表示大、小写英文字母的 52 个代码,表示各种符号的 32 个代码以及 34 个控制码。ASCII 在使用时,通常需要加第 8 位作为奇偶校验位。

ASCII 的编码如表 1-9 所示。

表 1-9　7 位 ASCII 编码表

$b_4b_3b_2b_1$	$b_7b_6b_5$							
	000	001	010	011	100	101	110	111
0000	NUL	DLE	SP	0	@	P	、	p
0001	SOH	DC1	!	1	A	Q	a	q
0010	STX	DC2	"	2	B	R	b	r
0011	ETX	DC3	#	3	C	S	c	s

$b_4b_3b_2b_1$	$b_7b_6b_5$							
	000	001	010	011	100	101	110	111
0100	EOT	DC4	$	4	D	T	d	t
0101	ENQ	NAK	%	5	E	U	e	u
0110	ACK	SYN	&	6	F	V	f	v
0111	BEL	ETB	'	7	G	W	g	w
1000	BS	CAN	(	8	H	X	h	x
1001	HT	EM	)	9	I	Y	i	y
1010	LF	SUB	*	:	J	Z	j	z
1011	VT	ESC	+	;	K	[	k	{
1100	FF	FS	,	<	L	\	l	|
1101	CR	GS	—	=	M	]	m	}
1110	SO	RS	.	>	N	^	n	~
1111	SI	US	/	?	O	—	o	DEL

每个控制码(字符)在计算机操作中的含义见表 1-10。

表 1-10　ASCII 码中各字符的含义

代码	含义	
NUL	null	空白,无效
SOH	start of heading	标题开始
STX	start of text	正文开始
ETX	end of text	文本结束
EOT	end of transimission	传输结束
ENQ	enquiry	询问
ACK	acknowledge	承认
BEL	bell	报警
BS	backspace	退格
HT	horizontal tab	横向制表
LF	line feed	换行
VT	vertical tab	垂直制表
FF	form feed	换页
CR	carriage return	回车
SO	shift out	移出
SI	shift in	移入
DLE	date link escape	数据通信换码

代码	含义	
DC1	device control 1	设备控制 1
DC2	device control 2	设备控制 2
DC3	device control 3	设备控制 3
DC4	device control 4	设备控制 4
NAK	negative acknowledge	否定
SYN	synchronous idle	空转同步
ETB	end of transmission block	信息块传输结束
CAN	cancel	作废
EM	end of medium	媒体用毕
SUB	substitute	代替，置换
ESC	escape	扩展
FS	file separator	文件分隔
GS	group separator	组分隔
RS	record separator	记录分隔
US	unit separator	单元分隔
SP	space	空格
DEL	delete	删除

本章小结

数字电路是传递和处理数字信号的电子电路。它包括分立元件电路和集成电路两大类，数字集成电路发展很快，目前多采用中大规模以上的集成电路。

由于模拟信号具有连续性，实用上难于存储、分析和传输；数字电路或数字系统传输和处理 0 和 1 表示的信息，因此，较易克服这些困难。

数字电路的主要优点是便于高度集成化、工作可靠性高、抗干扰能力强和保密性好等。

数字电路中的信号只有高电平和低电平两个取值，通常用 0 和 1 可以组成二进制数表示数量的大小，用 1 表示高电平，用 0 表示低电平，0 和 1 也可以表示对立的两种逻辑状态。数字系统中常用二进制数表示数值。所谓二进制是以 2 为基数的计数体制。

常用的计数进制有十进制、二进制、八进制和十六进制。十六进制是二进制的简化，它以 16 为基数的计数体制，常用于数字电子技术、微处理器、计算机和数据通信。任意一种格式的数都可以在十六进制、二进制和十进制之间相互转换。

与十进制数类似，二进制数也有加、减、乘、除四种运算，加法是各种运算的基础。二进制数进位规律是逢二进一、借一当二，其基数为 2、权为 2^i。二进制数→十进制数方法：按权展开后求和。十进制数→二进制数方法：整数"除 2 取余"法，小数"乘 2 取整"法。写出转换结果时,需注意读数的顺序。

二进制数可以用原码、反码或补码表示。数字系统或计算机常采用二进制补码表示有符号的数,并进行有关运算。

编码是用数码的特定组合表示特定信息的过程。特殊二进制码常用来表示十进制数。如 8421 码、2421 码、5421 码、余 3 码、余 3 循环码、奇偶校验码、格雷码等。也有用 7 位二进制数来表示符号-数字混合码,如 ASCII。

BCD 码指用以表示十进制数 0～9 十个数码的二进制代码,如表 1-11 所示。

表 1-11　十进制数与 8421 码对照表

十进制数	8421 码	十进制数	8421 码	十进制数	8421 码	十进制数	8421 码	十进制数	8421 码
0	0000	2	0010	4	0100	6	0110	8	1000
1	0001	3	0011	5	0101	7	0111	9	1001

习题 1

1.1　数字信号的特点是什么? 其高电平和低电平常用什么来表示?

1.2　在数字电路中,常用的计数制除十进制外,还有哪些进制?

1.3　在计数进位制中,基数和权值有何意义?

1.4　十六进制、十进制和八进制整数的最低有效位、第二位和第三位的权各是多少? 一个五位二进制数,其每位的权是多少?

1.5　任何进制数都可用其加权系数之和来求得它的等值十进制数。一个最大的八位二进制整数其等值的十进制数值是多少? 八位二进制整数共能表示多少个不同的十进制数? 如果是八位八进制数又如何呢?

1.6　十六进制数的按权展开式如何写法?

1.7　十进制数转换成二进制整数最常用的办法是除 2 取余法。你能说明一下运算过程吗? 为什么第一次用 2 除得的余数是最低有效位呢?

1.8　二、八、十六进制之间如何转换?

1.9　什么是 BCD 码? 如果用 BCD 码来表示一个十进制的百位数时,需用几位二进制码? 如果用二进制数来表示一个十进制的任何一个百位数(最大值是 999),需用几位二进制码?

1.10　大写字母 A 用 ASCII 如何表示?

1.11　写出下列十进制数为加权系数之和的形式:①(4026)$_{10}$;②(875)$_{10}$。

1.12　写出下列二进制为加权系数之和的形式:①(1001)$_2$;②(11101)$_2$。

1.13　将下列十进制数转换为二进制数:①(13)$_{10}$;②(250)$_{10}$;③(0.375)$_{10}$;④(16.5)$_{10}$。

1.14　将下列二进制数转换为十进制数:①(1101)$_2$;②(110101)$_2$;③(0.101)$_2$;④(10011.1)$_2$。

1.15　将下列二进制数转换为十六进制数：①（10101101）$_2$；②（100101011）$_2$；③（10110001010）$_2$。

1.16　将下列十六进制数转换为二进制数：①（4A）$_H$；②（B5）$_H$；③（CE）$_H$。

1.17　将下列二进制数转换为八进制数和十六进制数：①（1010001）$_2$；②（0.01101）$_2$；③（110011.101）$_2$。

1.18　将下列八进制数和十六进制数转换为二进制数：①（47）$_8$；②（9C2）$_{16}$。

1.19　写出下列二进制数的原码、反码和补码：①（+1110）$_B$；②（+10110）$_B$；③（-1110）$_B$；④（-10110）$_B$

1.20　写出下列有符号二进制补码所表示的十进制数：① 01011；② 0010111；③ 11101000；④ 11011001。

1.21　试用 8 位二进制补码表示下列十进制数：① +11；② +68；③ -24；④ -90。

1.22　试用 8 位二进制补码计算下列各式，并用十进制数表示结果：① 12+9；② 11-3；③ -29-25；④ -120+30。

1.23　将下列十进制数写成 8421BCD 码：①（957）$_D$；②（3421）$_D$；③（860）$_D$。

1.24　将下列 8421 BCD 码写成十进制数：①［0010 0011 1000］$_{BCD}$；②［1001 1000 0101 0001］$_{BCD}$；③［0110 0111］$_{BCD}$。

1.25　试用十六进制数写出下列字符的 ASCII 表示：① +；② @；③ you；④ 43。

习题 1 参考答案

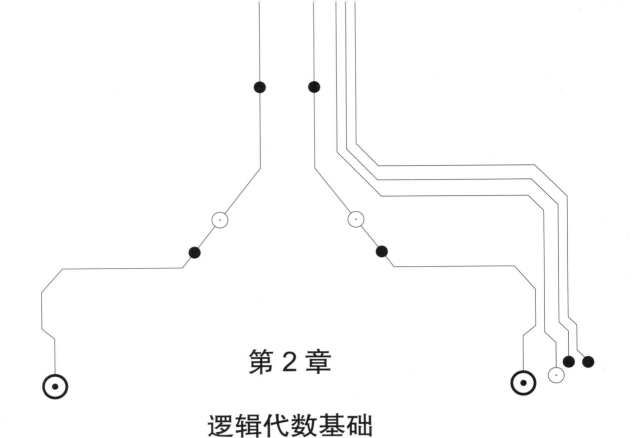

第 2 章

逻辑代数基础

本章主要研究逻辑代数的基本公式、基本概念和基本运算法则。应掌握逻辑函数用真值表、逻辑表达式、卡诺图和逻辑图所表示的四种方法,学会运用公式法和卡诺图法化简逻辑函数,采取理论教学、课后作业、网上讨论的形式实施。

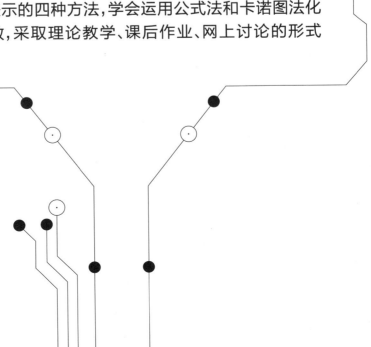

第 2 章　逻辑代数基础

☑ 【学习目标】

（1）掌握逻辑代数的基本公式、基本概念和基本运算法则。

（2）熟练掌握用真值表、逻辑表达式、卡诺图和逻辑图表示逻辑函数的四种方法，学会运用公式法和卡诺图法化简逻辑函数。

（3）采取理论教学、课后作业、网上讨论的形式实施。

现在的社会竞争比较激烈，我们在竞争中也总会遇到各种各样的困难，甚至会出现在参与某种竞争中由于自身能力不足而被淘汰的情况，如果我们能从本章逻辑函数的化简法中受到启发，理解运用卡诺图化简和公式化简将不必要的、多余的因子消去的原则，从而坚定应该不断充电，增加个人实力，提高自己的逻辑思维水平，努力学习提升自身核心竞争力，这有助于使我们在各行各业处于佼佼者的地位。从另一方面来看，卡诺图化简和公式化简可以使逻辑函数表达式更加直观、简便，但这种化简需要遵守一定的规则和定律，否则有可能出现将式子越化越繁的情况。我们在日常生活中也必须要在一定的法律和规则下工作和学习，只有循规守矩、遵纪守法，才能在社会上正常有序地生活，才会感觉更加自由、舒适。

随着电子计算机的普及和信息时代的到来，数字电子技术正以前所未有的速度在各个领域取代模拟电子技术，并迅速渗入人们的日常生活。数字手表、数字相机、数字电视、数字计算机、数字通信等都应用了数字化技术，而逻辑代数是研究数字电子技术的基础。

2.1　概述

☑ 【本节内容简介】

本节主要概述了数字集成电路的特点以及矩形脉冲和尖脉冲。对于不同的脉冲信号，表示其特征的参数不同。介绍分析和设计数字逻辑电路的数学工具——逻辑代数。

不同的数字电路有不同的分析方法，但是它们都是以逻辑代数为基础的。在设计和分析数字电路的逻辑关系时，常使用四种方法：逻辑图、真值表、逻辑函数表达式和卡诺图。在实际应用中，逻辑图和真值表是最常用的，而逻辑函数表达式和卡诺图主要供设计人员在设计数字逻辑电路时使用。逻辑图是用逻辑符号组成的电路图，而真值表是使用逻辑"1"和逻辑"0"列表表示逻辑关系的一种工具。在数字电路中，一般用 1 位二进制数码 0 和 1 来表示事物对立的两种不同逻辑状态。例如，可以用 1 和 0 表示事情的对和错、真和伪、有和无，或者表示电路的通和断、灯的亮和灭、阀门的开和关等。

数字电路处理的是数字信号,电路中的半导体器件工作在开关状态,如晶体管工作在饱和区或截止区,所以不能采用模拟电路使用的小信号模型等方法进行分析。数字电路又称为逻辑电路,在电路结构、功能和特点等方面均不同于模拟电路,因而,其分析方法与模拟电路的完全不同。数字电路研究的主要对象是电路的输出与输入之间的逻辑关系,所采用的分析工具是逻辑代数,表达电路输出与输入的关系主要用真值表、功能表、逻辑表达式或波形图。

对于用二进制数码表示的不同的逻辑状态,可以按照指定的因果关系对其进行推理运算,将这种运算称为逻辑运算。而这种只有两种对立逻辑状态的逻辑关系,则称为二值逻辑。

1849 年,英国数学家乔治·布尔(George Boole)首先提出了进行逻辑运算的数学方法,即布尔代数。后来,由于布尔代数被广泛应用于开关电路和数字逻辑电路的分析和设计,所以,布尔代数也被称为开关代数或逻辑代数。本章所要讲授的逻辑代数基础就是布尔代数在二值逻辑电路中的应用。

在逻辑代数中,用字母来表示变量,称为逻辑变量。逻辑运算表示的是逻辑变量以及逻辑常量之间逻辑状态的推理运算。虽然在二值逻辑中,每个变量的取值只能是 0 和 1,只能表示两种不同的逻辑状态。但是,可以用多个逻辑变量的不同状态组合表示事物的多种逻辑状态,处理任何复杂的逻辑问题。

随着计算机技术的发展,借助电子设计自动化(Electronic Design Automation，EDA)工具,我们可以更直观、更快捷、更全面地对电路进行分析。使用 EDA 软件可以对模拟电路、数字电路或模数混合电路进行仿真分析。用 EDA 软件进行电路的功能仿真时,软件可以显示逻辑仿真的波形结果,以检查逻辑错误。在进行时序仿真时,我们可以设置器件及连线的延迟时间,以便检测电路中存在的冒险竞争、时序错误等问题。

2.2　逻辑代数的基本运算

☑【本节内容简介】

逻辑代数又称布尔代数,是研究数字电路的基本数学工具。在数字电路中,输入信号是"条件",输出信号是"结果",输出与输入的因果关系可用逻辑函数描述。逻辑代数所研究的内容,就是逻辑函数与逻辑变量之间的关系。

逻辑代数中的逻辑变量和普通代数的变量一样,可用字母 $A, B, C, \cdots, X, Y, Z$ 来表示,但逻辑变量的取值只有逻辑 0 和逻辑 1。这里的 0 和 1 不表示具体数值,只表示相互对立的逻辑状态,如电平的高与低,开关的通与断,信号的有和无等。

基本的逻辑关系只有"与"、"或"、"非"三种。实现这三种逻辑关系的电路分别叫与门、或门、非门。因此,在逻辑代数中有 3 种基本的逻辑运算相适应,即与运算、或运算、非运算。

2.2.1 与逻辑和与运算

当决定某种结果的所有条件都具备时,结果才会发生,这种因果关系称为与逻辑。在图 2-1 所示电路中,开关 A 和 B 串联,只有当 A 与 B 同时接通,电灯才亮。只要有一个开关断开,灯就灭。灯亮与开关 A、B 的接通是与逻辑关系。与逻辑可用逻辑代数中的与运算表示,即

$$F = A \cdot B \tag{2-1}$$

式中:"·"为与运算符号,在逻辑式中也可省略。

如果把结果发生或条件具备用逻辑 1 表示,结果不发生或条件不具备用逻辑 0 表示,与运算可表示为

$$0 \cdot 0 = 0; \quad 0 \cdot 1 = 0; \quad 1 \cdot 0 = 0; \quad 1 \cdot 1 = 1$$

与运算真值表如表 2-1 所示。

表 2-1 与运算真值表

A	B	F
0	0	0
0	1	0
1	0	0
1	1	1

与运算的规则:输入有 0,输出为 0;输入全 1,输出为 1。

由于运算规则与普通代数的乘法相似,与运算又称逻辑乘。图 2-2 所示为与逻辑的逻辑符号,也是与门的逻辑符号。

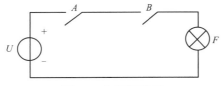

图 2-1 与逻辑关系

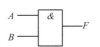

图 2-2 与逻辑符号

2.2.2 或逻辑和或运算

当决定某一结果的各个条件中,只要具备一个条件,结果就发生,这种逻辑关系称为或逻辑。在图 2-3 所示电路中,开关 A、B 并联,只要 A 或 B 有一个闭合,电灯就亮。灯亮与 A、B 接通是或逻辑关系。或逻辑可用逻辑代数中的或运算表示,即

$$F = A + B \tag{2-2}$$

式中:"+"为或运算符号。

同样,用 1 和 0 表示或逻辑中的结果和条件,则或运算可表示为

$$0+0=0; \quad 0+1=1; \quad 1+0=1; \quad 1+1=1$$

或运算真值表如表 2-2 所示。

表 2-2　或运算真值表

A	B	F
0	0	0
0	1	1
1	0	1
1	1	1

或运算的规则:输入有 1,输出为 1;输入全 0,输出为 0。

或运算又称为逻辑加。图 2-4 所示为或逻辑的逻辑符号,也是或门的逻辑符号。

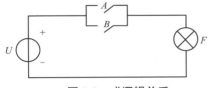

图 2-3　或逻辑关系

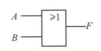

图 2-4　或逻辑符号

2.2.3　非逻辑和非运算

结果和条件处于相反状态的因果关系称为非逻辑。实现非逻辑的电路称为非门电路。在图 2-5 所示电路中,灯亮与开关接通是非逻辑关系。非逻辑可用逻辑代数中的非运算表示,其表达式为

$$F = \overline{A} \tag{2-3}$$

式中:A 上边的"—"为非运算符号,读作"A 非"。

非运算可表示为

$$\overline{0} = 1; \quad \overline{1} = 0$$

非运算其真值表如表 2-3 所示。

非逻辑和
非运算

表 2-3　非运算真值表

A	F
0	1
1	0

非运算的规则:输入为 0,输出为 1;输入为 1,输出为 0。

图 2-6 所示为非逻辑的逻辑符号,也是非门的逻辑符号。

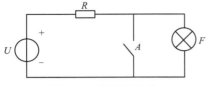

图 2-5　非逻辑关系

图 2-6　非逻辑符号

2.2.4　与非运算

理论上任何复杂的逻辑运算都可以由 3 种基本逻辑运算"与""或""非"组合而成。但在实际应用中,为了减少逻辑门的数量,使数字电路的设计更简便,还常常使用其他几种常用逻辑运算"与非""或非""与或非""异或"和"同或"。

与非运算是由与运算和非运算组合而成的,其真值表如表 2-4 所示。

表 2-4　与非运算真值表

A	B	F
0	0	1
0	1	1
1	0	1
1	1	0

若用逻辑表达式来描述,则可表示为

$$F = \overline{A \cdot B}$$

与非运算的图形符号如图 2-7 所示。

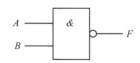

图 2-7　与非运算的图形符号

2.2.5　或非运算

或非运算是由或运算和非运算组合而成的,其真值表如表 2-5 所示。

表 2-5　或非运算真值表

A	B	F
0	0	1
0	1	0
1	0	0
1	1	0

若用逻辑表达式来描述,则可表示为

$$F = \overline{A + B}$$

或非运算的图形符号如图 2-8 所示。

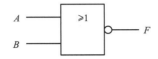

图 2-8 或非运算的图形符号

2.2.6 与或非运算

与或非运算的图形符号如图 2-9 所示,其真值表如表 2-6 所示。

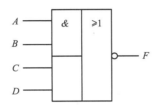

图 2-9 与或非运算的图形符号

表 2-6 与或非运算真值表

A	B	C	D	F
0	0	0	0	1
0	0	0	1	1
0	0	1	0	1
0	0	1	1	0
0	1	0	0	1
0	1	0	1	1
0	1	1	0	1
0	1	1	1	0
1	0	0	0	1
1	0	0	1	1
1	0	1	0	1
1	0	1	1	0
1	1	0	0	0
1	1	0	1	0
1	1	1	0	0
1	1	1	1	0

与或非运算的顺序是先与运算,后或运算,最后再非运算。若用逻辑表达式来描述,则其可表示为

$$F = \overline{AB + CD}$$

2.2.7 异或运算

异或运算是一种二变量逻辑运算,异或运算的逻辑真值表如表 2-7 所示。从表 2-7 可知:当两个变量取值相同时,逻辑函数值为 0;两个变量取值不同时,逻辑函数值为 1。

表 2-7 异或运算真值表

A	B	F
0	0	0
0	1	1
1	0	1
1	1	0

若用逻辑表达式来描述,则异或运算可表示为

$$F = \overline{A}B + A\overline{B}$$

异或运算的图形符号如图 2-10 所示。

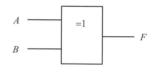

图 2-10 异或运算的图形符号

2.2.8 同或运算

同或运算的逻辑关系如表 2-8 所示。从同或运算真值表可以看出:当输入变量相同时,输出为 1;输入变量相异时,输出为 0。

表 2-8 同或运算真值表

A	B	F
0	0	1
0	1	0
1	0	0
1	1	1

同或运算图形符号如图 2-11 所示,其逻辑表达式为

$$F = AB + \overline{A}\,\overline{B}$$

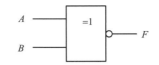

图 2-11　同或运算的图形符号

前面讨论的与、或、非、与非、或非、与或非、异或、同或都是逻辑函数。逻辑函数是从生活和生产实践中抽象出来的,但是只有那些能明确地用"是"或"否"做出回答的事物,才能定义为逻辑函数。同一逻辑函数可表示成不同逻辑式,这些逻辑式的繁简程度相差甚远。化简逻辑函数可以使用公式化简法也可以使用卡诺图化简法,犹如我们想做成一件事的方法不只一种,通往成功的道路也不止一条。好比一个数学方程式有 n 种解法一样,每种解法都可以得到正确答案,多动脑勤思考,勇于尝试,总会得到最好的解决方法。

2.3　逻辑代数的基本运算规则和定律

☑ 【本节内容简介】

逻辑代数在运算中与普通代数运算有相似之处,可以运用交换律、结合律和分配律。但是由于逻辑代数式中每个变量是表示客观事物存在的状态,不是数值本身,所以在运算中也有其特殊规律,即重叠律、反演律和互补律等。

2.3.1　基本运算规则

1. 逻辑乘(与运算) $F = A \cdot B$

$A \cdot 0 = 0$　　　$A \cdot 1 = A$　　　$A \cdot A = A$　　　　　$A \cdot \overline{A} = 0$

2. 逻辑加(或运算) $F = A + B$

$0 + A = A$　　　$1 + A = 1$　　　$A + A = A$　　　$A + \overline{A} = 1$

3. 逻辑非(非运算) $F = \overline{A}$

$\overline{0} = 1$　　　$\overline{1} = 0$　　　　　$\overline{\overline{A}} = A$

2.3.2　基本运算定律

1. 交换律

$AB = BA$　　　　　　　　　　　　　　　　　　　　　　　　　（2-4）

$A + B = B + A$　　　　　　　　　　　　　　　　　　　　　　（2-5）

2. 结合律

$ABC = (AB)C = A(BC)$　　　　　　　　　　　　　　　（2-6）

$A + B + C = A + (B + C)$

$= (A + B) + C$　　　　　　　　　　　　　　　　　（2-7）

3. 分配律

$A(B + C) = AB + AC$　　　　　　　　　　　　　　　　　（2-8）

$$A + B C = (A + B)(A + C) \qquad (2\text{-}9)$$

证：$(A + B)(A + C) = AA + AB + AC + B C$

$$= A(1 + B + C) + B C$$

$$= A + B C$$

4. 吸收律

$$A(A + B) = A \qquad (2\text{-}10)$$

$$A(\overline{A} + B) = AB \qquad (2\text{-}11)$$

$$A + AB = A \qquad (2\text{-}12)$$

$$A + \overline{A} B = A + B \qquad (2\text{-}13)$$

证：$A + \overline{A} B = A + AB + \overline{A} B = A + (A + \overline{A})B$

$$= A + B$$

$$(A + B)(A + \overline{B}) = A \qquad (2\text{-}14)$$

证：$(A + B)(A + \overline{B}) = A A + A \overline{B} + AB + B \overline{B}$

$$= A + A(B + \overline{B})$$

$$= A + A = A$$

5. 反演律（摩根定律）

$$\overline{AB} = \overline{A} + \overline{B} \qquad (2\text{-}15)$$

$$\overline{A + B} = \overline{A} \cdot \overline{B} \qquad (2\text{-}16)$$

进行公式证明时，可以利用已有公式去证明（利用的公式必须是得到证明的），这种方法较方便，但有的公式需要用真值表去证明，这种方法较烦琐。

上述公式是否正确，可以直接用逻辑状态表（真值表）证明，等号两边式子的逻辑状态表相同，则等式成立，不同则等式不成立。反演律证明，见表2-9。

表 2-9 　 反演律证明的逻辑状态表

A	B	$\overline{A}$	$\overline{B}$	$\overline{AB}$	$\overline{A} + \overline{B}$	$\overline{A + B}$	$\overline{A}\overline{B}$
0	0	1	1	1	1	1	1
0	1	1	0	1	1	0	0
1	0	0	1	1	1	0	0
1	1	0	0	0	0	0	0

☑ 【特别提示】

逻辑运算的优先级别决定了逻辑运算的先后顺序。在求解逻辑函数时，应首先进行级别高的逻辑运算。各种逻辑运算的优先级别，由高到低的排序如下：

[长非号或括号] → [乘] → [异或及同或] → [加]

长非号是指非号下有多个变量的非号。

2.3.3　关于等式的若干规则

为了更好地利用已知公式,推导出更多的公式,下面介绍逻辑代数中的 3 个重要规则。

1. 代入规则

在任何一个逻辑等式中,如将等式两边所有出现某一变量的位置,都代之一个逻辑函数 Z,则此等式仍成立,这个规则叫作代入规则。

因为任何一个逻辑函数的取值如同逻辑变量一样只有 0 或 1 两种可能,所以代入规则是对的。

例如:一个逻辑等式 $\overline{A \cdot B} = \overline{A} + \overline{B}$,若用 AC 去代替等式中的 A,则新等式仍然成立: $\overline{A \cdot B \cdot C} = \overline{A \cdot C} + \overline{B} = \overline{A} + \overline{C} + \overline{B}$,原来是两变量的等式,利用代入规则成为 3 个变量的等式,扩大了等式的应用范围。

2. 反演规则

求一个逻辑函数 F 的反函数 $\overline{F}$ 时可将逻辑函数 F 中的乘号"·"换成"+"加号;加号"+"换成"·"乘号;"0"换成"1";"1"换成"0"。原变量换成反变量,反变量换成原变量。所得到的新逻辑函数表达式就是逻辑函数 F 的反函数 $\overline{F}$。利用这个规则就可以很容易地求出一个逻辑函数 F 的反函数 $\overline{F}$。

变换时注意:

(1)不能改变原来的运算顺序;

(2)反变量换成原变量只对单个变量有效,而长非号保持不变。

【例 2.1】$F = \overline{A} \cdot \overline{B} + C \cdot D + 0$

解:$\overline{F} = (A + B) \cdot (\overline{C} + \overline{D}) \cdot 1$

注意:必须注意运算符号的优先顺序——先算括号,再算乘积,最后算加法。对上例来讲,不能写成 $\overline{F} = A + \overline{B \cdot C} + D$

【例 2.2】$F = A + \overline{B + \overline{C} + \overline{D + \overline{\overline{E}}}}$

解:$\overline{F} = \overline{A} \cdot \overline{\overline{B} \cdot C \cdot \overline{\overline{D} \cdot E}}$

注意:在运用反演规则时几个变量(一个以上)上的公共反号应保持不变,如上例中的 $\overline{B + \overline{C} + \overline{D + \overline{\overline{E}}}}$ 和 $\overline{D + \overline{\overline{E}}}$ 中的反号。

3. 对偶规则

将一个逻辑函数 F 中的乘号"·"换成"+"加号;加号"+"换成"·"乘号;"0"换成"1";"1"换成"0"。所得到的新逻辑函数表达式就是逻辑函数 F 的对偶式 F'。两个函数式相等时,则它们的对偶式也相等。

变换时注意:

(1)变量不改变;

(2)不能改变原来的运算顺序。

【例 2.3】$F = A \cdot (B + C)$

解：$F' = A + (B \cdot C)$

【**例 2.4**】$F = \overline{A}C + B\overline{D}$

解：$F' = (\overline{A} + C) \cdot (B + \overline{D})$

从【例 2.3】和【例 2.4】可以看出，F 的对偶式是 F'，则 F' 的对偶式是 F，所以说 F 和 F' 是互为对偶的。

当两个逻辑函数 F_1 和 F_2 是相等的，则它们的对偶式 F_1' 和 F_2' 也是相等的。如果我们能证明出两个逻辑函数的对偶式 F_1' 和 F_2' 相等，则两个逻辑函数 F_1 和 F_2 也必然相等。所以说利用对偶规则就可以使证明的公式减少一半。

2.3.4 若干常用公式

公式 1：$AB + \overline{A}C + BC = AB + \overline{A}C$

证明：
$$
\begin{aligned}
AB + \overline{A}C + BC &= AB + \overline{A}C + (A + \overline{A})\,BC \\
&= AB + \overline{A}C + ABC + \overline{A}BC \\
&= AB(1 + C) + \overline{A}C(1 + B) \\
&= AB + \overline{A}C
\end{aligned}
$$

公式 2：$\overline{A\overline{B} + \overline{A}B} = AB + \overline{A}\,\overline{B}$

证明：
$$
\begin{aligned}
\overline{A\overline{B} + \overline{A}B} &= \overline{A\overline{B}} \cdot \overline{\overline{A}B} \quad \text{根据反演律} \\
&= (\overline{A} + B) \cdot (A + \overline{B}) \quad \text{根据反演律} \\
&= A\overline{A} + AB + \overline{A}\,\overline{B} + B\overline{B} \\
&= AB + \overline{A}\,\overline{B}
\end{aligned}
$$

公式 3：$\overline{A\overline{B} + \overline{A}C} = A\overline{B} + \overline{A}\,\overline{C}$

证明：
$$
\begin{aligned}
\overline{A\overline{B} + \overline{A}C} &= (\overline{A} + \overline{B}) \cdot (A + \overline{C}) \\
&= A\overline{A} + A\overline{B} + \overline{A}\,\overline{C} + \overline{B}\,\overline{C} \\
&= A\overline{B} + \overline{A}\,\overline{C} + \overline{B}\,\overline{C} \\
&= A\overline{B} + \overline{A}\,\overline{C}
\end{aligned}
$$

2.4　逻辑函数的表示方法

☑ **【本节内容简介】**

逻辑函数可以用真值表、逻辑表达式、逻辑图、卡诺图等来表示。本节主要介绍以下几种方法的应用。

2.4.1 真值表

将 n 个输入变量的 2^n 个状态及其对应的输出函数值列成的表格，叫做

逻辑函数的
表示方法

真值表,或称逻辑状态表。

设有一 3 个输入变量的奇数判别电路,3 个输入变量分别用 A、B、C 表示,输出变量用 F 表示。当输入变量中有奇数个 1 时,$F=1$;输入变量中有偶数个 1 时,$F=0$。因为 3 个输入变量共有 $2^3=8$ 个组合状态,将 8 个状态及其对应的输出状态列成表格,就得到真值表,如表 2-10 所示。

表 2-10　奇数判别电路的真值表

A	B	C	F
0	0	0	0
0	0	1	1
0	1	0	1
0	1	1	0
1	0	0	1
1	0	1	0
1	1	0	0
1	1	1	1

2.4.2　逻辑表达式

逻辑表达式用各变量的与、或、非逻辑运算的组合表达式来表示逻辑函数。通常采用的是与或表达式,可根据真值表写出来,即将真值表中输出等于 1 的各状态表示成全部输入变量(原变量或反变量)的与项;将总的输出表示成所有与项的或函数。表 2-10 中有 4 项 $F=1$,逻辑表达式为

$$F = \overline{A}\,\overline{B}\,C + \overline{A}\,B\,\overline{C} + A\,\overline{B}\,\overline{C} + ABC \tag{2-17}$$

2.4.3　逻辑图

用规定的逻辑符号连接构成的图,称为逻辑图,也称为逻辑电路图。逻辑图通常是根据逻辑表达式作出的。式 2-17 所对应的逻辑图如图 2-12 所示。

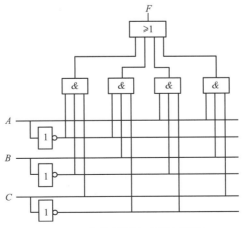

图 2-12　奇数判别电路的逻辑图

2.4.4 卡诺图

卡诺图也是表示逻辑函数的一种方法。利用卡诺图还能化简逻辑函数,详见 2.6 节。

2.4.5 波形图

将输入变量每一种可能出现的所有取值可能与对应的输出按时间顺序排列起来,就得到表示该逻辑函数的波形,构成的波形图如图 2-13 所示。这种波形图也称为时序图。在逻辑分析仪和一些计算机仿真工具中,经常以这种波形图的形式给出分析结果。

同时,也可以通过实验观察这些波形图,检验实际逻辑电路的功能是否正确。

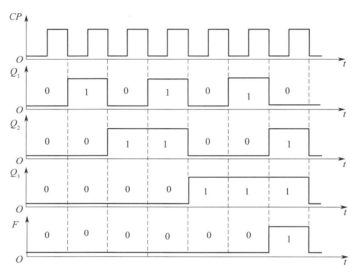

图 2-13　波形图

2.4.6 各种逻辑函数表示方法间的相互转换

既然同一个逻辑函数可以用多种不同的方法描述,那么这几种方法之间必然能相互转换。真值表、表达式、卡诺图、波形图、逻辑图之间的相互转换可以由图 2-14 粗略地表示,箭头表示可以相互转换的方向。

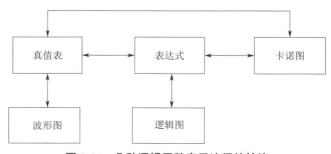

图 2-14　几种逻辑函数表示法间的转换

1. 真值表与逻辑函数表达式的相互转换

首先讨论从真值表得到逻辑函数表达式的方法。为了便于理解转换的原理,先分析下面一个具体实例。

【例 2.5】已知一个奇偶判别函数的真值表如表 2-11 所示,试写出它的逻辑函数表达式。

表 2-11 奇偶判别函数的真值表

A	B	C	F
0	0	0	0
0	0	1	0
0	1	0	0
0	1	1	1
1	0	0	0
1	0	1	1
1	1	0	1
1	1	1	0

解:由真值表可见,只有当 A、B、C 3 个输入变量中有偶数个 1 时,F 才为 1。因此,在输入变量取值为以下三种情况时,F 将等于 1:

$A=0,B=1,C=1$;

$A=1,B=0,C=1$;

$A=1,B=1,C=0$。

而当 $A=0$, $B=1$, $C=1$ 时,则乘积项 $\overline{A}BC=1$;当 $A=1$, $B=0$, $C=1$ 时,则乘积项 $A\overline{B}C=1$;当 $A=1$, $B=1$, $C=0$ 时,则乘积项 $AB\overline{C}=1$。因此,$F=1$ 的逻辑函数应当等于这 3 个乘积项之和(或),即

$$F = \overline{A}BC + A\overline{B}C + AB\overline{C}$$

通过例 2.5 可以总结出由真值表写出逻辑函数表达式的一般方法。

(1)找出真值表中使逻辑函数 $F=1$ 的那些输入变量取值的组合。

(2)每组输入变量取值的组合对应一个乘积项,其中取值为 1 的写为原变量,取值为 0 的写为反变量。

(3)将这些乘积项相加(相或),即得 F 的逻辑函数表达式。

通过上述方法将真值表写成的表达式是与-或表达式,若要将与-或表达式变换成其他形式的表达式可以利用逻辑代数基本公式进行转换。

由逻辑函数表达式列出真值表时,只需将输入变量取值的所有组合状态逐一代入逻辑表达式求出函数值,列成表。

【例 2.6】将逻辑函数表达式 $F=A(B+C)$ 写成真值表。

解:先将输入变量 A、B、C 取值,然后进行或运算和与运算,得到的真值表如表 2-12 所示。

表 2-12 $F=A(B+C)$ 真值表

A	B	C	F
0	0	0	0
0	0	1	0
0	1	0	0
0	1	1	0
1	0	0	0
1	0	1	1
1	1	0	1
1	1	1	1

2. 逻辑函数表达式与逻辑图的相互转换

从给定的逻辑函数表达式转换为相应的逻辑图时,只要用逻辑图形符号代替逻辑函数表达式中的逻辑运算符号并按运算优先顺序将它们连接起来。

而在从给定的逻辑图转换为对应的逻辑函数表达式时,只要从逻辑图的输入端到输出端逐级写出每个图形符号的输出逻辑。

【例 2.7】已知逻辑函数 $F = \overline{\overline{AB}\,\overline{C}} + ABC$,画出其对应的逻辑图。

解:将表达式中所有的与、或、非运算符号用图形符号代替。反变量用非门实现,与项用与门实现,相加项用或门实现,并依据运算优先顺序将这些图形符号连接起来,就得到了图 2-15 所示的逻辑图。

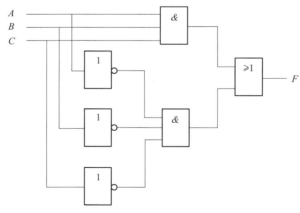

图 2-15 逻辑函数表达式转换成逻辑图

【例 2.8】已知逻辑函数的逻辑图如图 2-16(a)所示,试求它的逻辑函数表达式。

解:根据图 2-16(a)所示逻辑图从输入到输出逐级逐个写出逻辑运算图形符号的逻辑函数关系,如图 2-16(b)所示,最后可得逻辑函数表达式:

$$F = AB + \overline{A}\,\overline{B}$$

由逻辑函数表达式可知,此电路完成了"同或"的逻辑功能。

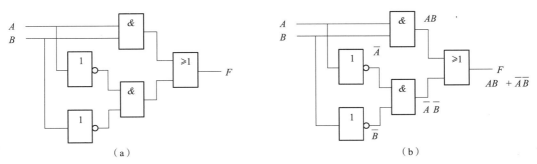

（a）　　　　　　　　　　　　（b）

图 2-16　逻辑图转换成逻辑函数表达式

3. 波形图与真值表的相互转换

在从已知的逻辑函数波形图求对应的真值表时，首先需要从波形图上找出每个时间段里输入变量与函数输出的取值，然后将这些输入、输出取值对应列表。

在将真值表转换为波形图时，只需将真值表中所有的输入变量与对应的输出变量取值依次排列画成以时间为横轴的波形。

【例 2.9】 已知逻辑函数 F 的波形图如图 2-17 所示，试写出该逻辑函数的真值表。

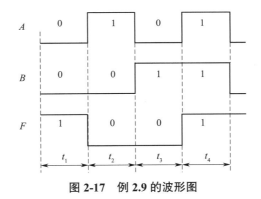

图 2-17　例 2.9 的波形图

解： 从 F 的波形图上可以看出，在 $t_1 \sim t_4$ 时间区间里输入变量 A、B 可能的取值组合均已出现。因此，只要将 $t_1 \sim t_4$ 区间每个时间段里 A、B 与 F 的取值对应列表，设高电平取值为 1，低电平取值为 0，即可得表 2-13 所示的真值表。

表 2-13　例 2.9 真值表

A	B	F
0	0	1
0	1	0
1	0	0
1	1	1

进而可以写出逻辑函数表达式 $F = \overline{A}\,\overline{B} + AB$

2.5 逻辑函数的代数化简法

☑ 【本节内容简介】

化简逻辑函数的方法有代数化简法和卡诺图化简法。代数化简法利用逻辑代数的运算规则和定律化简逻辑函数。

2.5.1 不同形式的逻辑函数表达式间的转换

一个逻辑函数可以有多种表达式。例如：

$$F = AC + \overline{A} B \qquad （与或表达式）$$

$$= \overline{\overline{AC} \cdot \overline{\overline{A} B}} \qquad （与非表达式）$$

$$= (\overline{A} + C)(A + B) \qquad （或与表达式）$$

$$= \overline{\overline{(\overline{A} + C)} + \overline{(A + B)}} \qquad （或非表达式）$$

$$= \cdots\cdots$$

只有将函数化简到最简形式，才能方便、直观地分析其逻辑关系；而且有助于在设计具体电路时，使所用的元件数最少、电路最简单。与或表达式和与非表达式是逻辑函数最常用的表达式，化简逻辑函数时，要使逻辑函数的与或表达式中所含的或项数最少，每个与项的变量数也最少。

借助分配律和摩根定律（反演律）很容易实现不同形式的逻辑函数表达式间的转换。

【例 2.10】试将 $F = AB + CD$ 的与或表达式转换为其他形式。

解：（1）转换为或与表达式过程如下：

$$F = AB + CD$$

$$= (AB + C)(AB + D) \qquad 分配律$$

$$= (A + C)(A + D)(B + C)(B + D)$$

（2）转换为与非表达式过程如下：

$$F = AB + CD$$

$$= \overline{\overline{AB + CD}} \qquad 二次取反，摩根定律$$

$$= \overline{\overline{AB} \cdot \overline{CD}}$$

（3）转换为或非表达式过程如下：

$$F = AB + CD$$

$$= (A + C)(A + D)(B + C)(B + D)$$

$$= \overline{\overline{(A + C)(A + D)(B + C)(B + D)}} \qquad 二次取反，摩根定律$$

$$= \overline{\overline{A + C} + \overline{A + D} + \overline{B + C} + \overline{B + D}}$$

（3）转换为与或非表达式过程如下：

$$F = AB + CD$$
$$= \overline{\overline{\overline{A + C} + \overline{A + D} + \overline{B + C} + \overline{B + D}}} \qquad 摩根定律$$
$$= \overline{\overline{\overline{A} \cdot \overline{C}} + \overline{\overline{A} \cdot \overline{D}} + \overline{\overline{B} \cdot \overline{C}} + \overline{\overline{B} \cdot \overline{D}}}$$

2.5.2　并项法

利用 $A + \overline{A} = 1$，可消去一个变量，化简逻辑函数。

逻辑函数的
代数化简方法

【例 2.11】

$$F_1 = A B \overline{C} + \overline{A} B \overline{C} = B \overline{C}(A + \overline{A}) = B \overline{C}$$
$$F_2 = A B C + A \overline{B} + A \overline{C} = A(B C + \overline{B} + \overline{C})$$
$$= A(B C + \overline{BC}) = A$$

2.5.3　吸收法

利用 $A + AB = A$，消去多余的乘积项。

【例 2.12】

$$F_1 = A \overline{B} + A \overline{B} \, CD(E + F)$$
$$= A \overline{B} + A \overline{B} \, CDE + A \overline{B} \, CDF$$
$$= A \overline{B}(1 + CDE + CDF)$$
$$= A \overline{B}$$
$$F_2 = A B C + \overline{\overline{A} + \overline{B} + C}$$
$$= A B C + A B \overline{C}$$
$$= A B(C + \overline{C}) = A B$$

2.5.4　消去法

利用 $A + \overline{A} B = A + B$，消去某与项中的多余因子。

【例 2.13】

$$F = B C + A \overline{B} C + \overline{C} = C(B + A \overline{B}) + \overline{C}$$
$$= C(B + A) + \overline{C} = A + B + \overline{C}$$

2.5.5　配项法

利用 $A + A = A$、$A + \overline{A} = 1$、$A \cdot A = A$ 等，给逻辑函数表达式增加适当的项，然后再用有关公式化简逻辑函数。

【例 2.14】

$$F = A B + \overline{B} C + \overline{A} C$$
$$= A B(C + \overline{C}) + (A + \overline{A}) \overline{B} C + \overline{A}(B + \overline{B})C$$

$$= A\,BC + A\,B\,\overline{C} + A\,\overline{B}\,C + \overline{A}\overline{B}\,C + \overline{A}\,BC$$

$$=(A\,BC + \overline{A}\,BC)+(A\,\overline{B}\,C + \overline{A}\overline{B}\,C)+A\,B\,\overline{C}$$

$$= BC + \overline{B}\,C + A\,B\,\overline{C}$$

$$= C + A\,B\,\overline{C} = A\,B + C$$

由于逻辑函数有简有繁,化简的方法也并非单一,因此,必须熟练掌握、运用逻辑代数的运算规则和定律,综合运用上述化简方法,才能达到化简逻辑函数的目的。

【例 2.15】化简逻辑函数 $F = A\,\overline{C}\overline{D} + BC + \overline{B}\,C + A\,\overline{B} + \overline{A}\,C + \overline{B}\overline{C}$

解:$F = A\,\overline{C}\overline{D} + BC + \overline{B}\,C + A\,\overline{B} + \overline{A}\,C + \overline{B}\overline{C} + \overline{B}\,C$(配项)

$$= A\,\overline{C}\overline{D} + C(B + \overline{B}) + A\,\overline{B} + \overline{A}\,C + \overline{B}(C + \overline{C})(并项)$$

$$= A\,\overline{C}\overline{D} + C + A\,\overline{B} + \overline{A}\,C + \overline{B}$$

$$= A\,\overline{C}\overline{D} + C(1 + \overline{A}) + \overline{B}(1 + A)(吸收)$$

$$= A\,\overline{C}\overline{D} + C + \overline{B}$$

$$= A\,\overline{D} + C + \overline{B}(消去)$$

【例 2.16】化简逻辑函数 $F = A\overline{B} + B\overline{C} + \overline{B}C + \overline{A}B$

解:方法一为

$$F = A\overline{B} + B\overline{C} + \overline{B}C + \overline{A}B$$

$$= A\overline{B}(C + \overline{C}) + B\overline{C}(A + \overline{A}) + \overline{B}C + \overline{A}B$$

$$= A\overline{B}C + A\overline{B}\overline{C} + AB\overline{C} + \overline{A}B\overline{C} + \overline{B}C + \overline{A}B$$

$$= (A\overline{B}C + \overline{B}C) + A\overline{C}(\overline{B} + B) + (\overline{A}B\overline{C} + \overline{A}B)$$

$$= \overline{B}C(A + 1) + A\overline{C} + \overline{A}B(\overline{C} + 1)$$

$$= \overline{B}C + A\overline{C} + \overline{A}B$$

方法二为

$$F = A\overline{B} + B\overline{C} + \overline{B}C + \overline{A}B$$

$$= A\overline{B} + B\overline{C} + \overline{B}C(A + \overline{A}) + \overline{A}B(C + \overline{C})$$

$$= A\overline{B} + B\overline{C} + A\overline{B}C + \overline{A}\overline{B}C + \overline{A}BC + \overline{A}B\overline{C}$$

$$= (A\overline{B} + A\overline{B}C) + (\overline{A}\overline{B}C + \overline{A}BC) + (B\overline{C} + \overline{A}B\overline{C})$$

$$= A\overline{B} + \overline{A}C + B\overline{C}$$

从例 2.16 可以看出,有的最简表达式虽说项数和每项变量个数均相等,但不是唯一的,有两种表达式出现,即 $F = \overline{B}C + A\overline{C} + \overline{A}B$ 或 $F = A\overline{B} + \overline{A}C + B\overline{C}$。所以使用代数法化简时,应拆散哪一项,选则哪个变量做常量因子,有时不是一眼就能看出来的,需要仔细观察和反复尝试,需要熟练掌握逻辑代数的基本公式和常用公式,技巧性非常强,最终才能得到所要的结果。

2.6　逻辑函数的卡诺图化简法

☑ 【本节内容简介】

　　本节主要讲解卡诺图化简法的特点。卡诺图化简法的优点是简单、直观、有一定的步骤和方法、易判断结果是否最简;缺点是适合变量个数较少的情况,一般用于 4 变量以下函数的化简。

　　用逻辑代数化简较复杂的逻辑函数时,由于逻辑代数化简法技巧性很强,要求对基本公式或常用公式的运用非常熟练,显然这对初学者是比较困难的,尤其是对待较复杂的逻辑函数式进行化简更是不便,往往难以确认化简结果是否是最简形式。利用卡诺图化简逻辑函数,不仅方法简单、直观、明了,而且很容易确认逻辑函数化简后的最简表达式,是一种行之有效的化简方法,在数字逻辑电路设计中得到广泛的应用。

2.6.1　逻辑函数的最小项

　　最小项是逻辑函数中的一个重要概念,所以必须掌握最小项的定义。在卡诺图中每一个小方格都表示一个最小项。

　　1. 最小项的定义

　　在有 n 个变量的逻辑函数中,若每个乘积项都包含 n 个变量因子,而且每个变量都以原变量或反变量的形式在乘积项中只出现一次,则这样的乘积项称为最小项。对 n 个变量的逻辑函数,有 2^n 个最小项。例如,3 个变量的逻辑函数 $F(A、B、C)$,共有 8 个最小项,依次是 $\overline{A}\,\overline{B}\,\overline{C}$、$\overline{A}\,\overline{B}C$、$\overline{A}B\overline{C}$、$\overline{A}BC$、$A\overline{B}\,\overline{C}$、$A\overline{B}C$、$AB\overline{C}$、$ABC$,而 AB、$B\overline{C}$、C 等都不是最小项。将输入变量取值为 1 的代以原变量,取值为 0 的代以反变量,则得相应最小项,如表 2-14 所示。

表 2-14　三个变量逻辑函数的最小项

$A\ \ B\ \ C$	最小项	简记符号	输入组合对应的十进制数
0　0　0	$\overline{A}\,\overline{B}\,\overline{C}$	m_0	0
0　0　1	$\overline{A}\,\overline{B}C$	m_1	1
0　1　0	$\overline{A}B\overline{C}$	m_2	2
0　1　1	$\overline{A}BC$	m_3	3
1　0　0	$A\overline{B}\,\overline{C}$	m_4	4
1　0　1	$A\overline{B}C$	m_5	5
1　1　0	$AB\overline{C}$	m_6	6
1　1　1	ABC	m_7	7

　　例如,标准积之和(最小项)表达式可以写成如下形式:

$$F(A,B,C,D) = \overline{A}\,\overline{B}\,\overline{C}\,\overline{D} + \overline{A}\,\overline{B}\,\overline{C}D + \overline{A}B\overline{C}D + A\overline{B}\,\overline{C}\,\overline{D}$$
$$= m_0 + m_1 + m_5 + m_8$$
$$= \sum m(0,1,5,8)$$

2. 最小项的性质

以三变量逻辑函数为例说明最小项的性质,列出它们的最小项的真值表如表 2-15 所示。

表 2-15　三变量逻辑函数全部最小项的真值表

$A\ B\ C$	m_0	m_1	m_2	m_3	m_4	m_5	m_6	m_7	$F = \sum\limits_{i=0}^{2^{n-1}} m_i$
	$\overline{A}\,\overline{B}\,\overline{C}$	$\overline{A}\,\overline{B}C$	$\overline{A}B\overline{C}$	$\overline{A}BC$	$A\overline{B}\,\overline{C}$	$A\overline{B}C$	$AB\overline{C}$	ABC	
0　0　0	1	0	0	0	0	0	0	0	1
0　0　1	0	1	0	0	0	0	0	0	1
0　1　0	0	0	1	0	0	0	0	0	1
0　1　1	0	0	0	1	0	0	0	0	1
1　0　0	0	0	0	0	1	0	0	0	1
1　0　1	0	0	0	0	0	1	0	0	1
1　1　0	0	0	0	0	0	0	1	0	1
1　1　1	0	0	0	0	0	0	0	1	1

(1)对于任意一个最小项,只有一组变量取值使它为 1。在变量取其他值时,这个最小项都为 0。例如,三变量逻辑函数中,对最小项 $AB\overline{C}$,只有变量 ABC 为 110 时,该最小项为 1,对其他取值,该最小项都是 0。

(2)若两个最小项中只有一个变量互为反变量,其余各变量均相同,则称这两个最小项为相邻项。两个相邻项合并,可消去互为反变量的变量。如 $AB\overline{C}$ 和 ABC 为相邻项,两个最小项相加,$AB\overline{C} + ABC = AB(\overline{C} + C) = AB$,消去了变量 C。

(3)对于变量的任何一组取值,全体最小项之和为 1,即 $\sum\limits_{i=0}^{2^{n-1}} m_i = 1$

(4)同一组变量取值任意 2 个最小项的乘积为 0,即 $m_i \times m_j = 0$,且($i \neq j$)。

(5)具有 n 个变量的逻辑函数,每个最小项有 n 个相邻项。例如,三变量的最小项 ABC 就有 3 个相邻项 $\overline{A}BC$、$A\overline{B}C$、$AB\overline{C}$。

3. 最小项的表达式

任意一个逻辑函数表达式都可以转换为一组与或(最小项)表达式,也称作标准积之和(最小项)表达式。下面通过两个例子说明转换过程和表示方法。

【例 2.17】 $F(A,B,C) = AB + B\overline{C}$

解: 这个逻辑函数从 F 的后面括号中知道包括 3 个逻辑变量,而 F 的表达式中每项只含有 2 个变量,于是需要将缺少的变量补齐,使其每项转换为最小项,但又不能改变 F 的原有功能,所以在 AB 项或 $B\overline{C}$ 均乘以 1,构成 1 的这个常量的变量应为 $(C + \overline{C})$ 和 $(A + \overline{A})$,将其分别乘入 AB 项和 $B\overline{C}$ 项,得

$$F(A, B, C) = AB + B\overline{C}$$
$$= AB \cdot 1 + B\overline{C} \cdot 1$$
$$= AB(C + \overline{C}) + B\overline{C}(A + \overline{A})$$
$$= ABC + AB\overline{C} + AB\overline{C} + \overline{A}B\overline{C}$$
$$= ABC + AB\overline{C} + \overline{A}B\overline{C}$$
$$= m_7 + m_6 + m_2$$

上式就是 $F(A, B, C)$ 的最小项表达式。

有时最小项编号就用变量的取值序号来表示,如 m_0 用 0 表示,m_1 用 1 表示,m_2 用 2 表示……m_n 用 n 表示。则上式可写作

$$F(A、B、C)$$
$$= m_7 + m_6 + m_2$$
$$= \sum m(2, 6, 7)$$

【例 2.18】求函数 $F(A, B, C) = \overline{\overline{A} + \overline{B}} + A\overline{B}C$ 的最小项表达式。

解: 从这个逻辑函数表达式可以看出它不是最小项表达式,如何能转换为最小项表达式呢? 首先应把非号去掉,最后将不是最小项的项变为最小项(采用配项法即可完成)。

$$F(A、B、C) = \overline{\overline{A} + \overline{B}} + A\overline{B}C$$
$$= \overline{A} \cdot B + A\overline{B}C$$
$$= \overline{A} \cdot B(C + \overline{C}) + A\overline{B}C$$
$$= m_5 + m_3 + m_2$$
$$= \sum m(5, 3, 2)$$

2.6.2　逻辑函数最小项的卡诺图

根据卡诺图的定义,卡诺图的画法是根据最小项之间相邻项关系画出的方格图表。卡诺图是由许多方格组成的阵列图,方格又称为单元,每个单元代表了逻辑函数的一个最小项。卡诺图的结构特点:两个位置相邻单元中的最小项必须是相邻项。因此,卡诺图中不仅上下、左右之间的最小项都是相邻项,而且同一行里最左和最右端的单元、同一列里最上和最下端单元中的最小项也符合相邻的原则。

1. 二变量逻辑函数的卡诺图

二变量逻辑函数 $F(A, B)$,共有 4 个最小项,其卡诺图如图 2-18 所示。图 2-18 中,变量 A、B 作为卡诺图的纵、横坐标,0 和 1 为变量的两种可能取值,其中 0 对应于反变量,1 对应于原变量。

逻辑函数的卡诺图

为方便起见,可以用十进制数对各单元编号,并将编号填写在各自的方格中。编号的方法:最小项中的原变量用 1、反变量用 0 表示,构成二进制数;将此二进制数转换成相应的十进制数,就是该最小项的编号。例如 $A\overline{B}$ 的二进制数为 10,对应的十进制数为 2,即 $A\overline{B}$ 的编号为 2 或 m_2。

2. 三变量逻辑函数的卡诺图

三变量逻辑函数共有 8 个最小项，其卡诺图如图 2-19 所示。

3. 四变量逻辑函数的卡诺图

同理可画出四变量逻辑函数的卡诺图，其有 16 个最小项，如图 2-20 所示。

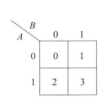

A \ B	0	1
0	0	1
1	2	3

图 2-18　二变量卡诺图

A \ BC	00	01	11	10
0	0	1	3	2
1	4	5	7	6

图 2-19　三变量卡诺图

AB \ CD	00	01	11	10
00	0	1	3	2
01	4	5	7	6
11	12	13	15	14
10	8	9	11	10

图 2-20　四变量卡诺图

2.6.3　用卡诺图化简逻辑函数

用卡诺图表示逻辑函数

1. 逻辑函数的卡诺图

任何一个逻辑函数都可以表达成若干个最小项之和的形式，这样的逻辑表达式称为最小项表达式。根据逻辑函数的最小项表达式，就可以得到相应的卡诺图，其方法是将最小项表达式中的各项，在卡诺图相应的单元中填入 1，其余单元填入 0。

【例 2.19】试用卡诺图表示逻辑函数 $F(A,B,C)=AB+B\overline{C}$

解：首先将逻辑函数写成最小项表达式：

$$F(A,B,C)=AB(C+\overline{C})+(A+\overline{A})B\overline{C}$$
$$=ABC+AB\overline{C}+AB\overline{C}+\overline{A}B\overline{C}$$
$$=ABC+AB\overline{C}+\overline{A}B\overline{C}$$

根据最小项表达式画出卡诺图，如图 2-21 所示。

A \ BC	00	01	11	10
0	0	0	0	1
1	0	0	1	1

图 2-21　例 2.19 逻辑函数的卡诺图

【例 2.20】试用卡诺图表示逻辑函数 $F=A\overline{B}+C\overline{D}+\overline{B}CD+\overline{A}\overline{C}D+ABCD$

解：这是一个四变量逻辑函数，按例 2.19 的方法应先将函数写成最小项表达式，然后才能表示在卡诺图，这种做法比较麻烦。实际上，以与或表达式给出的逻辑函数，可以直接填入卡诺图中。以式中第一项 $A\overline{B}$ 为例，该项应是 4 个相邻最小项合并的结果，因此，它包含了所有含有 $A\overline{B}$ 因子的最小项，而不管另外两个因子 C、D 取何值。由此可直接在卡诺图上

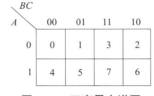

对应所有 $A=1$ 同时 $B=0$ 的单元里填入 1，即在第 8、9、10、11 号单元中填 1。

同理，对 $C\overline{D}$ 项，在 $C=1$、$D=0$ 所对应的第 2、6、10、14 号单元中填 1；$\overline{B}CD$ 项，应在 $B=0$、$C=D=1$ 所对应的第 3、11 号单元中填 1；$\overline{A}CD$ 项，应在 $A=C=0$、$D=1$ 所对应的第 1、5 号单元中填 1；$ABCD$ 项应在第 15 号单元中填 1；其余单元填 0。

则该逻辑函数的卡诺图如图 2-22 所示。

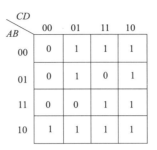

图 2-22 例 2.20 逻辑函数的卡诺图

2. 用卡诺图化简逻辑函数

用卡诺图化简逻辑函数的过程，就是利用公式 $A+\overline{A}=1$ 将相邻的最小项合并，消去互为反变量的因子的过程。若卡诺图中两个相邻单元均为 1，则这两个相邻最小项的和将消去一个变量；若 4 个相邻单元均为 1，则 4 个相邻最小项的和将消去两个变量……2^n 个相邻最小项的和将消去 n 个变量。因此，在化简逻辑函数时，可把卡诺图中有关相邻的最小项画成若干个包围圈，逐一进行合并。其步骤如下。

用卡诺图化简
逻辑函数

（1）将卡诺图中 2^n 个（$n=1,2,3,\cdots$）相邻为 1 的单元圈成一组，形成一个包围圈，对应每个包围圈写成一个新的乘积项。

（2）包围圈内的单元数要尽可能多，单元数越多，消去的变量数越多。

（3）包围圈的数目应尽可能少，必要时可重复使用某些单元，但新增包围圈中一定要有新的单元。包围圈越少，化简后的函数项越少。

（4）孤立的单元单独画包围圈。

（5）写出化简结果，其结果为各乘积项之和。

【例 2.21】试用卡诺图化简逻辑函数 $F=\overline{A}\,\overline{B}\,\overline{C}+\overline{A}\overline{B}C+\overline{A}B\overline{C}+\overline{A}BC+A\overline{B}C$

解：作三变量卡诺图，把逻辑函数 F 直接填入卡诺图，如图 2-23 所示。按合并最小项的规律，可画出两个包围圈（见图 2-23 所示），化简后的结果为

$$F=\overline{A}+\overline{B}\,C$$

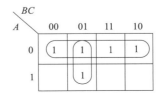

图 2-23 例 2.21 逻辑函数的卡诺图

【例 2.22】用卡诺图化简逻辑函数 $F = \overline{AB}\overline{D} + \overline{B}CD + BC + C\overline{D} + \overline{B}C\overline{D}$

解:作四变量卡诺图,将逻辑函数 F 填入卡诺图,如图 2-24 所示,根据画包围圈的方法画出包围圈分别如图 2-24(a)、(b)所示。

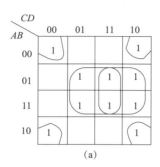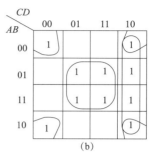

图 2-24　例 2.22 逻辑函数的卡诺图

按图 2-24(a)可得出化简结果为

$$F = BD + BC + \overline{B}\overline{D}$$

按 2-24(b)可得出化简结果为

$$F = BD + C\overline{D} + \overline{B}\overline{D}$$

该例说明,逻辑函数的卡诺图是唯一的,但其最简表达式不是唯一的。或者说,任一逻辑函数经化简后其结果不一定是唯一的,但用卡诺图化简逻辑函数,得到的结果肯定是最简表达式。

通过以上分析,我们掌握了逻辑函数化简的两种基本方法,但逻辑函数化简并没有一个严格的原则,通常遵循以下几条原则:

(1)逻辑电路所用的门最少;

(2)各个门的输入端要少;

(3)逻辑电路所用的级数要少;

(4)逻辑电路能可靠地工作。

第(1)和(2)条主要从成本上来考虑,第(3)条是从速度上来考虑的,第(4)条是针对可靠性方面来考虑的。它们之间常常是矛盾的,如门数少,往往性能、可靠性就要降低。因此,实际中要兼顾各项指标。为了便于比较,确定化简的标准,我们以门数最少和输入端数最少作为化简的标准。

2.7　具有无关项的逻辑函数化简

☑【本节内容简介】

化简具有无关项的逻辑函数时,如果能合理利用这些无关项,一般可以得到更加简单的化简结果。

2.7.1　约束项

在分析某些具体的逻辑函数时,经常会遇到这样一种情况,即输入变量的取值不是任意的。对输入变量取值所加的限制,称为约束。同时,将这一组变量称为具有约束的一组变量。

例如,有三个逻辑变量 A、B、C,它们分别表示一台电动机的正转、反转和停止命令,$A=1$ 表示正转,$B=1$ 表示反转,$C=1$ 表示停止。表示正转、反转和停止工作状态的逻辑函数可写为

$$F_1 = A\overline{B}\overline{C} \quad （正转）$$
$$F_2 = \overline{A}B\overline{C} \quad （反转）$$
$$F_3 = \overline{A}\,\overline{B}C \quad （停止）$$

因为电动机任何时候只能执行其中的一个命令,所以不允许两个以上的变量同时为 1。ABC 的取值只可能是 001、010、100 当中的某一种,而不能是 000、011、101、110、111 中的任何一种。因此,ABC 是一组具有约束的变量。

通常用约束条件来描述约束的具体内容。显然,用上面的这样一段文字叙述约束条件是很不方便的,最好能用简单、明了的逻辑语言表述约束条件。

由于每一组输入变量的取值都使一个、而且仅有一个最小项的值为 1,所以当限制某些输入变量的取值不能出现时,可以用它们对应的最小项恒等于 0 来表示。这样,上面例子中的约束条件可以表示为

$$\begin{cases} \overline{A}\,\overline{B}\,\overline{C} = 0 \\ \overline{A}BC = 0 \\ A\overline{B}C = 0 \\ AB\overline{C} = 0 \\ ABC = 0 \end{cases}$$

或写成

$$\overline{A}\,\overline{B}\,\overline{C} + \overline{A}BC + A\overline{B}C + AB\overline{C} + ABC = 0$$

同时,将这些恒等于 0 的最小项称为函数 F_1、F_2 和 F_3 的约束项。

在存在约束项的情况下,由于约束项的值始终等于 0,所以既可以将约束项写入逻辑函数式,也可以将约束项从函数表达式中删掉,而不影响函数值。

2.7.2　任意项

有时还会遇到另外一种情况,就是在输入变量的某些取值下函数值是 1 还是 0 皆可,并不影响电路的功能。在这些变量取值下,其恒等于 1 的那些最小项称为任意项。

我们仍以上面的电动机正转、反转和停止控制为例。如果电路设计成当 A、B、C 三个控制变量出现两个以上同时为 1 或者全部为 0 时电路能自动切断供电电源,那么这时 F_1、F_2 和 F_3 等于 1 还是等于 0 已无关紧要,电动机肯定会受到保护而停止运行。例如,当出现

$A=B=C=1$ 时,对应的最小项 ABC(m_7)= 1。

如果把最小项 ABC 写入 F_1 式,则当 $A=B=C=1$ 时 $F_1=1$;如果没有把 ABC 这一项写入 F_1 式,则当 $A=B=C=1$ 时 $F_1=0$。因为这时 $F_1=1$ 还是 $F_1=0$ 都是允许的,所以既可以把 ABC 这个最小项写入 F_1 式,也可以不写入。因此,我们把 ABC 称为逻辑函数 F_1 的任意项。同理,在这个例子中 $\overline{ABC}$、$\overline{A}BC$、$A\overline{B}C$、$AB\overline{C}$ 也是 F_1、F_2 和 F_3 的任意项。

因为使约束项的取值等于 1 的输入变量取值是不允许出现的,所以约束项的值始终为 0。而任意项则不同,在函数运行过程中,有可能出现使任意项取值为 1 的输入变量取值。

2.7.3 无关项

我们将约束项和任意项统称为逻辑函数的无关项。这里所说的"无关"是指是否把这些最小项写入逻辑函数式无关紧要,可以写入也可以删除。

前边我们曾经讲到,在用卡诺图表示逻辑函数时,首先将函数化为最小项之和的形式,然后在卡诺图中这些最小项对应的位置上填入 1,其他位置上填入 0。既然可以认为无关项包含在函数式中,也可以认为不包含在函数式中,那么在卡诺图中对应的位置上就可以填入 1,也可以填入 0。为此,在卡诺图中用 × 表示无关项。在化简逻辑函数时,既可以认为它是 1,也可以认为它是 0。

2.7.4 具有无关项的逻辑函数化简

化简具有无关项的逻辑函数时,如果能合理利用这些无关项,一般可以得到更加简单的化简结果。

**具有无关项的
逻辑函数化简**

为达到此目的,加入的无关项应与函数表达式中尽可能多的最小项(包括原有的最小项和已写入的无关项)具有逻辑相邻性。

合并最小项时,究竟把卡诺图中的 × 作为 1(即认为函数式中包含了这个最小项)还是作为 0(即认为函数表达式中不包含这个最小项)对待,应以得到的相邻最小项矩形组合最大、而且矩形组合数目最少为原则。

【例 2.23】化简具有约束的逻辑函数
$$F = \overline{A}\,\overline{B}CD + \overline{A}BCD + A\overline{B}\,\overline{C}\,\overline{D}$$

给定约束条件为
$$F = \overline{A}\,\overline{B}\,\overline{C}D + \overline{A}B\overline{C}D + AB\overline{C}\,\overline{D} + A\overline{B}CD + ABCD + ABC\overline{D} + A\overline{B}C\overline{D} = 0$$

在用最小项之和形式表示上述具有约束的逻辑函数时,也可写成如下形式
$$F(A,B,C,D)=\sum m(1,7,8)+\sum d(3,5,9,10,12,14,15)$$

式中:d 表示无关项(约束项),d 后面括号内的数字是无关项的最小项编号。

解:如果不利用约束项,则 F 已无可化简。但适当地加进一些约束项以后,可以得到:
$$F = (\overline{A}\,\overline{B}CD + \overline{A}BCD) + (\overline{A}\,\overline{B}\,\overline{C}D + \overline{A}B\overline{C}D) + (A\overline{B}\,\overline{C}\,\overline{D} + AB\overline{C}\,\overline{D}) + (AB\overline{C}\,\overline{D} + A\overline{B}\,\overline{C}\,\overline{D})$$

约束项 约束项 约束项 约束项 约束项
$$= (\overline{A}BD + \overline{A}B D) + (A\overline{C}\,\overline{D} + AC\overline{D}) = \overline{A}D + A\overline{D}$$

可见,利用了约束项以后,逻辑函数得以进一步化简。但是,在确定该写入哪些约束项

时尚不够直观。

如果改用卡诺图化简法,则只要将 F 的卡诺图画出,就能从图上直观地判断对这些约束项应如何取舍。

图 2-25 是例 2.23 的逻辑函数的卡诺图。从图中不难看出,为了得到最大的相邻最小项的矩形组合,应取约束项 m_3、m_5 为 1,与 m_1、m_7 组成一个矩形组。同时取约束项 m_{10}、m_{12}、m_{14} 为 1,与 m_8 组成一个矩形组。将两组相邻的最小项合并后得到的化简结果与上面推演的结果相同。卡诺图中没有被圈进去的约束项(m_9 和 m_{15})应当作 0 对待。

【例 2.24】试化简具有无关项的逻辑函数

$$F(A,B,C,D)=\sum m(2,4,6,8)+\sum d(10,11,12,13,14,15)$$

解: 画出函数 F 的卡诺图,如图 2-26 所示。

由图可见,若认为其中的无关项 m_{10}、m_{12}、m_{14} 为 1,而无关项 m_{11}、m_{13}、m_{15} 为 0,则可将 m_4、m_6、m_{12} 和 m_{14} 合并为 $B\overline{D}$,将 m_8、m_{10}、m_{12} 和 m_{14} 合并为 $A\overline{D}$,将 m_2、m_6、m_{10} 和 m_{14} 合并为 $C\overline{D}$,于是得到:

$$F = B\overline{D} + A\overline{D} + C\overline{D}$$

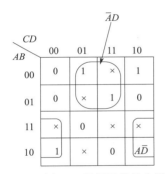

图 2-25　例 2.23 逻辑函数的卡诺图　　　　图 2-26　例 2.24 逻辑函数的卡诺图

2.7.5　逻辑函数化简应遵循的原则

进行逻辑函数化简,并没有一个严格的原则,通常遵循以下几条原则:

(1)逻辑电路所用的门最少;

(2)各个门的输入端要少;

(3)逻辑电路所用的级数要少;

(4)逻辑电路能可靠地工作。

第(1)、(2)条主要是从成本上来考虑的,第(3)条是从速度上来考虑的,第(4)条是从可靠性方面来考虑的。它们之间常常是矛盾的,如门数少,往往性能可靠性就要降低。因此,实际中要兼顾各项指标。为了便于比较,确定化简的标准,我们以门数最少和输入端数最少作为化简的标准。

本章小结

本章学习的重点:基本逻辑运算和逻辑函数的卡诺图化简。

学习的难点:逻辑函数的代数化简法。

1. 基本逻辑运算公式

对逻辑代数中的基本公式、基本规则和常用公式要熟练掌握,并能灵活运用;对于任何逻辑问题可以借助它们来进行推导和变换;用它们可以帮助简化逻辑函数表达式。

逻辑代数在运算中与普通代数运算有相似之处,即可以运用交换律、结合律和分配律。由于逻辑代数式中每个变量是表示客观事物存在的状态,不是数值本身,所以在运算中也有其特殊规律,有重叠律、反演律和互补律等。

反演律(摩根定律)的两种形式会经常用到,即

$$\overline{AB} = \overline{A} + \overline{B}$$

$$\overline{A + B} = \overline{A} \cdot \overline{B}$$

要求同学熟练掌握。

2. 逻辑函数的表示方法

逻辑函数主要有四种表示方法,它们都表示同一逻辑关系,但特点不同。

(1)真值表法:将 n 个输入变量的 2^n 个状态及其对应的输出函数列成一个表格,该表格叫做真值表(或称逻辑状态表)。

(2)逻辑表达式法:通过与、或、非等运算把逻辑表达式的各个变量联系起来,表示逻辑函数。

(3)逻辑图法:按照逻辑表达式用对应的逻辑门符号连接起来,表示逻辑函数。

(4)卡诺图法:卡诺图是逻辑函数的最小项方块图表示法,它用几何位置上的相邻,形象地表示组成逻辑函数的各个最小项之间在逻辑上的相邻性;卡诺图是化简逻辑函数的重要工具。

注意:真值表和卡诺图都是逻辑函数的最小项表示法,由于逻辑函数的最小项——与或表达式是唯一的,所以任何一个逻辑函数都只可能列出唯一的一个真值表或卡诺图;表达式和逻辑图则不是唯一的,由于表达式的变化和化简情况存在不同,同一个逻辑函数可以有多种不同的表达式和逻辑图,它们之间的关系可由图 2-14 粗略地表示。

3. 逻辑函数的代数化简

在分析或设计逻辑电路时,为使逻辑电路简单可靠,需要对逻辑函数进行化简,通常采用代数化简法和卡诺图化简法。

代数化简法就是利用基本公式和常用公式来化简逻辑函数。在逻辑函数为与或表达式时,常采用以下几种化简方法。

(1)吸收法:利用 $A + AB = A$,吸收多余的项。

(2)合并项法:利用 $A + \overline{A} = 1$,把两项合并为一项,并消去一个变量。

(3)消去法:利用 $A + \overline{A}B = A + B$,消去多余因子。

（4）配项法：利用 $A=A(B+\overline{B})=AB+A\overline{B}$ ，将一项变为两项，再与其他项合并进行化简。

4. 卡诺图化简法

代数化简法技巧性强，要求对逻辑代数公式的运用十分熟练，显然这对初学者是比较困难的，尤其是对待较复杂的逻辑函数式进行化简非常不便，可能没化简到最简式就进行不下去了。而卡诺图化简法是一种简便直观、容易掌握、行之有效的方法，在数字逻辑电路中得到广泛应用。总结一下卡诺图的化简法，其步骤如下。

（1）根据给出要化简的逻辑函数画出相应的卡诺图。

（2）画包围圈时要注意以下几点：

①所有的为 1 的最小项必须在某一个包围圈之中；

②包围圈中相邻最小项的个数，必须是 2^n 个，n 可以是 0，1，2…，而相邻的三项、五项、六项……等最小项不能画在一个包围圈内，因为它们不能化简成为一项；

③一般来说圈中 1 的个数越多越好，包围圈的个数越少越好；

④卡诺图中的 1 可以被使用多次，但每个包围圈必须至少有一个 1 是没被其他包围圈包围过；

⑤利用无关项 × 时，利用的项为 1，不利用的项为 0；

⑥圈 1 得出的是原函数，而圈 0 得出的则是反函数；

⑦圈包围圈可以有不同的组合，因此化简的结果也可以是不同的。

（3）把每个包围圈中的最小项进行合并后成为一项。

（4）把每个包围圈合并后的项进行逻辑加就得出逻辑函数化简的表达式。

习题 2

一、填空题

2.1　逻辑代数又称为_____代数。最基本的逻辑关系有_____、_____、_____三种。

2.2　逻辑函数的常用表示方法主要有_____、_____、_____、_____。

2.3　逻辑代数中与普通代数相似的定律有_____、_____、_____。摩根定律又称为_____。

2.4　逻辑函数 $F=\overline{\overline{ABCD}}+A+B+C+D=$_____。

2.5　逻辑函数 $F=\overline{\overline{A\overline{B}+\overline{A}B}+\overline{\overline{A}\overline{B}+AB}}=$_____。

二、选择题

2.6　以下表达式中符合逻辑运算法则的是（　　　）。

A. $C\cdot C=C^2$　　　　　B.1+1=10　　　　　C.0<1　　　　　D.$A+1=1$

2.7　当逻辑函数有 n 个变量时，共有（　　　）个变量取值组合？

A.n　　　　　B.$2n$　　　　　C.n^2　　　　　D.2^n

2.8　$A+BC=$（　　　）。

A.$A+B$　　　　　B.$A+C$　　　　　C.$(A+B)(A+C)$　　　　　D.$B+C$

2.9　在（　　　）种输入情况下，"与非"运算的结果是逻辑 0。

A. 全部输入是 0   B. 任意一输入是 0   C. 仅一个输入是 0   D. 全部输入是 1

2.10   下列逻辑式中,正确的逻辑式是(   )。

A. $A\overline{A}=0$ B. $A\overline{A}=1$ C. $A\overline{A}=\overline{A}$ D. $A\overline{A}=A$

2.11   下列逻辑式中,正确的"或"逻辑式是(   )。

A. $A+\overline{A}=1$ B. $A+\overline{A}=0$ C. $A+\overline{A}=A$ D. $A+\overline{A}=\overline{A}$

2.12   下列逻辑式中,正确的逻辑式是(   )。

A. $\overline{A}+\overline{B}=\overline{AB}$ B. $\overline{A}+\overline{B}=\overline{A+B}$ C. $\overline{A}+\overline{B}=\overline{AB}$ D. $A+0=0$

2.13   下列逻辑式中,正确的"或"逻辑式是(   )。

A. $1+1=1$ B. $1+1=2$ C. $1+1=10$ D. $A+0=1$

2.14   逻辑式 $F=\overline{ABC}$ 可变换为(   )。

A. $F=A+B+C$ B. $F=\overline{A}+\overline{B}+\overline{C}$ C. $F=\overline{A}\overline{B}\overline{C}$ D. $F=\overline{A}+\overline{B}+C$

2.15   在图 2-27 所示的逻辑门中,能使 F 恒为 1 的逻辑门是图(   )。

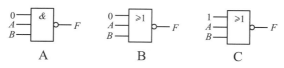

图 2-27   习题 2.15 的图

三、简答题

2.16   如图 2-28 所示电路,若状态赋值规定用 1 表示开关闭合,用 0 表示开关断开,灯亮用 1 表示,求灯 F 点亮的逻辑表达式。

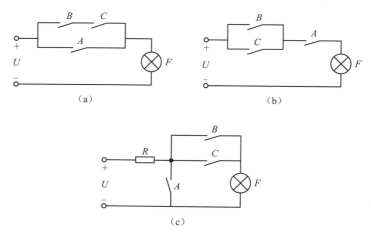

图 2-28   习题 2.16 图

2.17   常用生存时间(TTL)集成门电路的逻辑图如图 2-29(a)所示,已知输入 A、B 波形如图 2-29(b)所示,试写出 F_1、F_2、F_3 的逻辑表达式,并画出各输出波形。

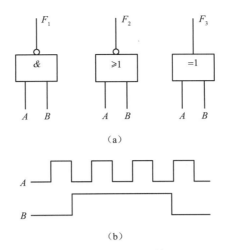

（a）

（b）

图 2-29　习题 2.17 的图

2.18　逻辑函数有哪几种表示方法？ 试举例说明之。

2.19　一个电路有 3 个输入端 A、B、C，当输入信号中有偶数个 1 时，输出端 F 为 1，否则输出为 0。试列出此电路的真值表，写出逻辑函数 F 的逻辑表达式，画出该逻辑函数的卡诺图。

2.20　用逻辑代数的运算规则和基本定律证明下列恒等式：

（1）$ABC + \overline{A} + \overline{B} + \overline{C} = 1$；

（2）$AB\overline{D} + A\overline{B}\overline{D} + \overline{A} = \overline{A} + \overline{D}$；

（3）$A + A\overline{B}\overline{C} + \overline{A}CD + (\overline{C} + \overline{D})E = A + CD + E$；

（4）$\overline{\overline{(A\overline{B} + \overline{A}B \cdot \overline{B})} + \overline{(\overline{A}C + A\overline{C} \cdot C)}} = \overline{A}B + A\overline{C}$；

（5）$\overline{\overline{(A\overline{B}) \cdot (\overline{A}B)}} + \overline{\overline{(\overline{A} + B)} + \overline{(A + \overline{B})}} = 1$。

2.21　写出图 2-30 所示两图的逻辑式。

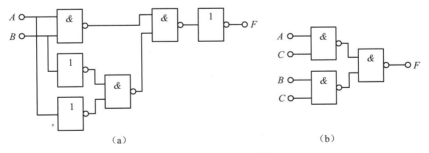

（a）

（b）

图 2-30　习题 2.21 图

2.22　应用逻辑代数运算法则化简下列各式：

（1）$F = AB + \overline{A}B + \overline{A}\overline{B}$；

（2）$F = ABC + \overline{A}B + AB\overline{C}$；

（3）$F = \overline{\overline{(A+\overline{B})} + AB}$；

（4）$F = (AB + \overline{A}B + A\overline{B}) \cdot (A + B + D + \overline{A} \cdot \overline{B} \cdot \overline{D})$；

（5）$F = ABC + \overline{A} + \overline{B} + \overline{C} + D$。

2.23   用代数法将下列逻辑函数表达式化简为最简与或表达式：

（1）$F = A(\overline{A} + B) + B(B + C) + B$；

（2）$F = (AB + \overline{AB})(\overline{A} + \overline{B})\overline{AB}$；

（3）$F = (AB + A\overline{B} + \overline{A}B)(A + B + D + \overline{A}\overline{B}\overline{D})$；

（4）$F = A\overline{B}\overline{C} + \overline{A}BC + AB\overline{C} + ABC + \overline{A}BC + A\overline{C}$；

（5）$F = \overline{\overline{\overline{A\overline{B}} + ABC} + A(B + A\overline{B})}$。

2.24   将最简的与或表达式 $F = B\overline{C} + \overline{A}C + C\overline{D}$ 化成：

（1）与非-与非表达式；

（2）与或非表达式。

2.25   将下列函数展开为最小项表达式：

（1）$F = \overline{A}\overline{B} + B\overline{C} + A\overline{C} + AB\overline{C}$；

（2）$F = \overline{B}\overline{C} + \overline{A}BC + AB\overline{D} + BCD$。

2.26   化简下列逻辑函数，方法不限：

（1）$F = A\overline{B}C + AC + \overline{A}BC + \overline{B}C\overline{D}$；

（2）$F = AB + \overline{A}BC + \overline{A}B\overline{C} + AC$；

（3）$F = AB + \overline{B}C + \overline{(A + \overline{B})}$；

（4）$F = A\overline{B}C + (\overline{B} + \overline{C})(\overline{B} + \overline{D}) + \overline{A + C + D}$；

（5）$F = A\overline{B}CD + AB\overline{C}D + A\overline{B} + \overline{A}\overline{B}C + A\overline{D}$。

2.27   试用逻辑状态表证明 $ABC + \overline{A}\overline{B}\overline{C} = \overline{AB + BC + CA}$。

2.28   用卡诺图化简法将下列函数化为最简的"与或"形式：

（1）$F = ABC + ABD + \overline{C}\overline{D} + A\overline{B}C + \overline{A}C\overline{D} + A\overline{C}D$

（2）$F = A\overline{B} + \overline{A}C + BC + \overline{C}D$

（3）$F = \overline{A}\overline{B} + B\overline{C} + \overline{A} + \overline{B} + ABC$

（4）$F = \overline{A}\overline{B} + AC + \overline{B}C$

（5）$F = A\overline{B}\overline{C} + \overline{A}\overline{B} + \overline{A}D + C + BD$

（6）$F(A, B, C) = \sum m(0, 1, 2, 5, 6, 7)$

（7）$F(A, B, C) = \sum m(1, 3, 5, 7)$

（8）$F(A, B, C) = \sum m(1, 4, 7)$

（9）$F(A, B, C, D) = \sum m(0, 1, 2, 3, 5, 6, 8, 9, 10, 11, 14)$

（10）$F(A,B,C,D) = \sum m(0,1,2,5,8,9,10,12,14)$

（11）$F(A,B,C,D) = \sum m(0,2,4,5,7,13) + \sum d(8,10,11,14,15)$

（12）$F(A,B,C,D) = \sum m(2,4,6,7,12,15) + \sum d(0,1,3,8,9,11)$

（13）$F(A,B,C,D) = \sum m(1,2,4,12,14) + \sum d(5,6,7,8,10)$

（14）$F(A,B,C,D) = \sum m(0,2,3,4,5,6,11,12) + \sum d(8,10,13,14,15)$

（15）$F(A,B,C,D) = \sum m(0,13,14,15) + \sum d(1,2,3,8,9,10,11)$

习题 2 参考答案

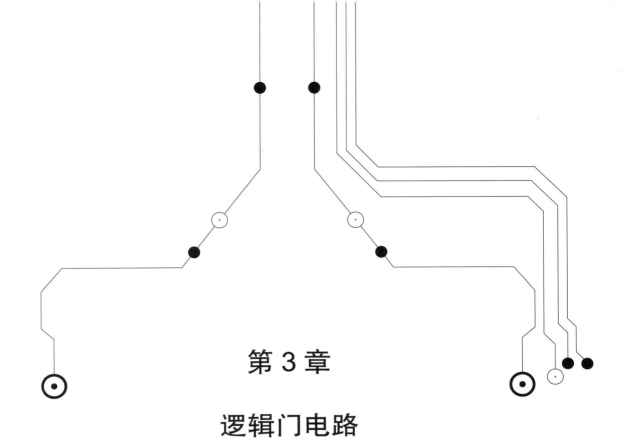

第 3 章

逻辑门电路

本章主要研究 TTL 和 CMOS 逻辑门电路的基础元件及电路原理。应掌握其门电路的主要特点、功能原理及正确的使用方法;采取理论教学、课后作业、网上讨论的形式实施。

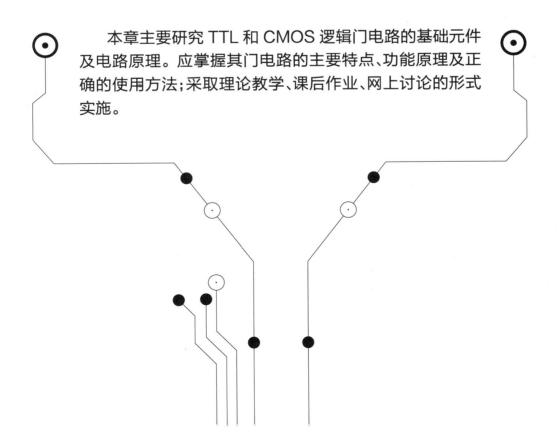

第 3 章　逻辑门电路

☑ 【学习目标】

（1）掌握 TTL 和 CMOS 逻辑门电路的主要特点、功能原理及正确的使用方法。

（2）了解常用的 TTL 和 CMOS 集成电路的型号和功能。

（3）采取理论教学、课后作业、网上讨论的形式实施。

在数字电路系统中，执行基本操作的电路就是基本逻辑电路或门电路。逻辑门电路是逻辑电路中应用极其广泛的一种基本电路。随着微电子技术的飞速发展，由分立元件设计的各种逻辑器件已逐渐被集成电路芯片所取代。采用集成电路进行数字电路系统设计，不仅可以大大简化设计和调试过程，而且使系统具有较高的可靠性、较低的功耗、较低的成本和更容易维护等优点。

3.1　概述

☑ 【本节内容简介】

本节主要概述逻辑门电路的概念、逻辑变量与两状态开关、常用逻辑门电路的类型以及数字集成电路的集成度等知识。

3.1.1　逻辑门电路概念

用以实现基本逻辑运算和复合逻辑运算的单元电路称为逻辑门电路（简称门电路或逻辑门）。逻辑电路的基本单元是逻辑门，其反映了基本的逻辑关系。常用的门电路有与门、或门、非门、与非门、或非门、与或非门、异或门、同或门等。

3.1.2　逻辑变量与两状态开关

数字电路常用 0 和 1 表示某一事物的两种不同状态，比如事物的是与非、真与伪、有与无，或者电路的通与断、电灯的亮与灭、电平的高与低。这里的 0 和 1 在电子电路中用高、低电平来表示，它们对应两个不同而具有确定范围，均不是一个固定的值。

在数字电路中，有两种逻辑约定。一种是正逻辑约定，即将高电平用"1"表示，低电平用"0"表示；另一种是负逻辑约定，即将高电平用"0"表示，低电平用"1"表示。若不特殊声明，均采用正逻辑约定。例如，在正逻辑约定中，高电平可在 2.4~5 V 之间波动，低电平可在 0~0.8 V 之间波动；在负逻辑约定中，高电平可在 0~0.8 V 之间波动，低电平可在 2.4~5 V 之间波动，如图 3-1 所示。

图 3-1　正负逻辑示意图

（a）正逻辑　（b）负逻辑

3.1.3　门电路的常用类型

逻辑门是实现一些基本逻辑关系的电路,按是否为集成元件,分为分立元件门电路和集成门电路。

分立元件门电路目前已很少使用,但所有的集成门电路都是在分立元件门电路基础上发展和演变而来的,所以很有必要了解分立元件门电路的工作原理。

集成逻辑门电路按其逻辑功能的复杂性可分为简单逻辑门电路和复合逻辑门电路;按其半导体材料可分为 TTL 门电路和 CMOS 门电路;按功能特点不同分为普通门、输出开路门、三态门、CMOS 传输门;按制造工艺上还可分为双极型门电路、单极型门电路和混合型门电路。双极型门电路以二极管、三极管作为开关元件,电流通过 PN 结流动;单极型门电路以 MOS 作为开关元件,电流通过导电沟道流动。

3.1.4　数字集成电路的集成度

我们把一块芯片中含有等效门电路或元器件的个数称为数字集成电路的集成度。按照集成度的不同,可把数字集成电路分为六类,见表 3-1。

表 3-1　数字集成电路按集成度分类

小规模集成电路 （Small Scale Integration，SSI）	<10 门/片或 <100 元器件/片
中规模集成电路 （Medium Scale Integration，MSI）	10~99 门/片或 100~999 元器件/片
大规模集成电路 （Large Scale Integration，LSI）	100~9 999 门/片或 1 000~99 999 元器件/片
超大规模集成电路 （Very Large Scale Integration，VLSI）	>10 000 门/片或 >100 000 元器件/片

3.2　分立元件门电路

☑ 【本节内容简介】

　　本节主要概述分立元件门电路的电路结构、工作原理及实现的逻辑关系。比较不同的逻辑运算关系采用分立元件实现门电路的不同的电路结构，以及不同的逻辑符号。

3.2.1　二极管与门电路

　　图 3-2（a）是由二极管组成的与门电路，A、B 是它的两个输入，F 是输出；图 3-2（b）图是该门电路的逻辑符号。

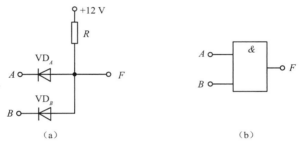

图 3-2　二极管与门电路及其逻辑符号

（a）与门电路　（b）逻辑符号

　　设输入信号电压为 3 V（高电平 1）或 0 V（低电平 0），二极管为理想元件，则电路的工作原理如下：

　　当输入 A、B 都为高电平 1 时，二极管 VD_A、VD_B 均处于正向导通状态，输出 F 为高电平（3 V）；

　　当输入 A、B 都为低电平 0 时，二极管 VD_A、VD_B 亦处于正向导通状态，输出 F 为低电平（0 V）。

　　当输入端一端为高电平、另一端为低电平时，例如 A 为 3 V，B 为 0 V，则 VD_B 优先导通，输出端 F 被钳制在 0 V，输出为低电平。在 VD_B 的钳位作用下，VD_A 处于截止状态。

　　由上述可知，与门电路的输入端中只要有一个为低电平，输出端就是低电平，只有输入端全为高电平时，输出端才是高电平。与门电路的真值表如表 3-2 所示。

　　由真值表可得出与门电路的逻辑表达式：

　　　　$F = A \cdot B$

　　图 3-3 是与门电路的波形图。

表 3-2　与门电路真值表

输入		输出
A	B	F

续表

输入		输出
0	0	0
0	1	0
1	0	0
1	1	1

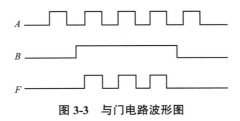

图 3-3 与门电路波形图

3.2.2 二极管或门电路

图 3-4(a)是由二极管组成的或门电路,A、B 为输入,F 是输出;图 3-4(b)是或门的逻辑符号。或门电路的工作原理如下:

当输入 A、B 都处于高电平 1(3 V)时,则 VD_A、VD_B 都处于正向导通状态,输出 F 为高电平 1(3 V)。

当输入端 A、B 都处于低电平 0(0 V)时,则 VD_A、VD_B 亦都正向导通,输出 F 为低电平 0(0 V)。

当输入端一端为高电平,而另一端为低电平时,如 A 为 3 V,B 为 0 V。此时 VD_A 管优先导通,输出端 F 被钳制在 3 V,使输出 F 为高电平;同时 VD_B 管受反向偏置而截止。

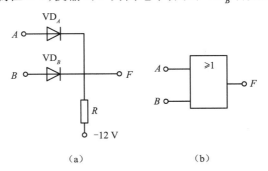

图 3-4 二极管或门电路及其逻辑符号

(a)或门电路 (b)逻辑符号

由上述可知,在或门电路的输入端中,只要有一端为高电平,输出 F 就是高电平,只有输入端全为低电平,输出 F 才为低电平,即具有或逻辑关系。或门电路的真值表如表 3-3 所示。

由真值表可得出其逻辑表达式:

$F = A + B$

图 3-5 是或门电路的波形图

表 3-3　或门电路真值表

输入		输出
A	B	F
0	0	0
0	1	1
1	0	1
1	1	1

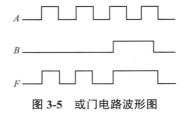

图 3-5　或门电路波形图

3.2.3　三极管非门电路

图 3-6(a)是由三极管组成的非门电路，A 为输入，F 为输出;图 3-6(b)是它的逻辑符号。

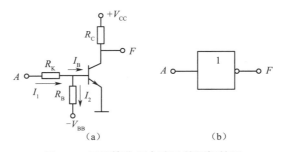

图 3-6　三极管非门电路及其逻辑符号

(a)非门电路　(b)逻辑符号

当 A 为高电平时,三极管工作在饱和状态,输出 F 为低电平;当 A 为低电平时,三极管工作在截止状态,输出 F 为高电平。因此,三极管输出与输入的关系满足非逻辑关系。非门电路也称为反相器,其真值表如表 3-4 所示。

表 3-4 非门电路真值表

输入	输出
A	F
0	1
1	0

非门电路的逻辑表达式为

$$F = \overline{A}$$

3.3 TTL 门电路

☑ 【本节内容简介】

本节主要概述 TTL 门电路的电路结构、工作原理及电压传输特性以及其他类型的 TTL 门电路,包括三态门、OC 门。通过学习,应要求了解 TTL 门电路结构,掌握工作原理及逻辑符号,熟练掌握电路应用并解决一些实际问题。

1.TTL 与非门电路

图 3-7 是集成 TTL 与非门电路及其逻辑符号。VT_1 为多发射极晶体管,它和 R_1 构成电路的输入级,实现与逻辑功能。VT_2 和 R_2、R_3 组成中间级,其作用是从 VT_2 的集电极和发射极同时输出两个相位相反的信号,分别驱动 VT_3 和 VT_5 管。VT_3、VT_4、VT_5 和 R_4、R_5 组成输出级,直接驱动负载,以提高电路带负载的能力。

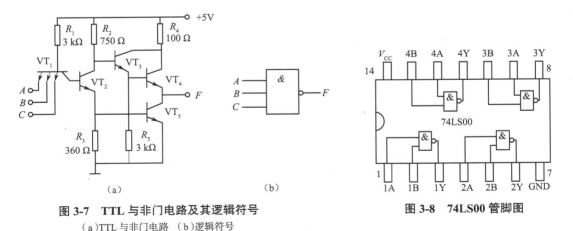

（a）   （b）

图 3-7 TTL 与非门电路及其逻辑符号
（a）TTL 与非门电路 （b）逻辑符号

图 3-8 74LS00 管脚图

图 3-8 是常用的 2 输入 4 与非门 74LS00 的管脚排列图,其内部各与非门相互独立,可以单独使用。

2.TTL 与非门电路工作原理

在图 3-7 所示的电路中,当输入端有一个(或几个)为低电平(约 0.3 V)时,VT_1 管的基极与接低电平的发射极间处于正向偏置,电源通过 R_1 为 VT_1 管提供基极电流。VT_1 的基极电位约为 0.3 V+0.7 V=1 V,其集电极电位为 0.3 V,VT_2 和 VT_5 管均截止。由于 VT_2 截止,其集电极电位接近于电源电压(+5 V),VT_3、VT_4 管导通,输出端 F 的电位为

$$V_F = V_{CC} - I_{B3} R_2 - U_{BE3} - U_{BE4}$$

因为 I_{B3} 很小,可忽略不计,则

$$V_F = 5\ V - 0.7\ V - 0.7\ V = 3.6\ V$$

即输出端为高电平。

当输入端全为高电平(3.6 V)时,VT_1 管的基极电位足以使 VT_1 的集电结、VT_2 和 VT_5 的发射结均处于导通状态,所以 VT_1 的基极电位为

$$V_{B1} = U_{BC1} + U_{BE2} + U_{BE5} = 2.1\ V$$

使 VT_1 的几个发射结均处于反向偏置,电源通过 R_1 和 VT_1 管的集电结向 VT_2 提供足够的基极电流,使 VT_2 饱和, VT_2 的发射极电流在 R_3 上产生的压降,又为 VT_5 提供足够的基极电流,使 VT_5 饱和,输出端的电位为

$$V_F = 0.3\ V$$

即输出为低电平。

上述逻辑关系的真值表如表 3-5 所示。

由真值表可得其逻辑表达式:

$$F = \overline{A \cdot B \cdot C}$$

即输出 F 与输入 A、B、C 之间符合与非逻辑关系。

3.TTL 与非门电路的电压传输特性

TTL 与非门的输出电压 U_o 随输入电压 U_I 变化而变化的关系曲线,称做电压传输特性,如图 3-9 所示。它是通过实验得出的,实验时将某一输入端的电压 U_I 由零逐渐增大,将其他输入端接高电平不变。当 U_I 从零开始增加时,在一定范围内输出高电平基本不变,$U_o \approx 3.6\ V$。当 U_I 上升到一定数值后,输出电压很快下降到低电平,$U_o \approx 0.3\ V$。如 U_I 继续增大,输出低电平基本不变。

表 3-5　3 输入与非门真值表

输入			输出
A	B	C	F
0	0	0	1
0	0	1	1
0	1	0	1
0	1	1	1
1	0	0	1
1	0	1	1

输入			输出
A	B	C	F
1	1	0	1
1	1	1	0

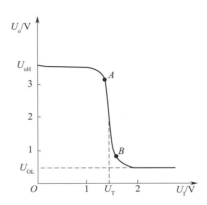

图 3-9　TTL 与非门电压传输特性

4.其他类型的 TTL 门电路

1）三态门（TS 门）

三态与非门电路，又称三态门（TS 门）。与上述与非门电路不同，它的输出除出现高电平和低电平外，还可以出现第三种状态——高阻状态。

图 3-10 是 TTL 三态与非门电路及其逻辑符号。与图 3-7 相比较，图 3-10 中只多出了一个二极管 VD。图中 A、B 是输入，E 是控制。

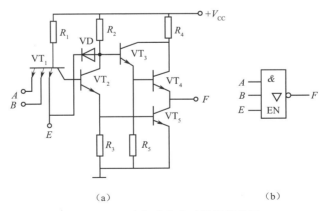

（a）　　　　　　　　　　　（b）

图 3-10　三态与非门电路及逻辑符号

（a）三态与非门电路　（b）逻辑符号

当控制 E 为高电平 1 时，三态门的输出状态决定于输入 A、B 的状态，实现与非逻辑关系，此时电路处于工作状态。

当控制为低电平 0 时,不管输入 A、B 为何电平,VT_2、VT_5 均处于截止状态。同时二极管 VD 将 VT_2 的集电极电位钳位在 1 V,使 VT_4 截止;由于 VT_4、VT_5 都截止,输出端开路而处于高阻状态。

三态与非门的真值表如表 3-6 所示。

表 3-6　三态与非门真值表

控制	输入		输出
E	A	B	F
1	0	0	1
1	0	1	1
1	1	0	1
1	1	1	0
0	×	×	高阻

上述三态与非门在 $E=1$ 时,$F=\overline{A \cdot B}$,故称为控制 E 高电平有效的三态与非门。还有一类三态与非门:控制 $E=1$ 时,F 为高阻状态;$E=0$ 时,$F=\overline{A \cdot B}$,故该三态非门称为控制 E 低电平有效的三态与非门,其逻辑符号如图 3-11 所示。

集成三态门除三态与非门外,还有三态非门、三态缓冲门等。三态门最重要的一个用途是用一条总线轮流传送几个不同的数据或控制信号,如图 3-12 所示,其中 E 高电平有效。当 $E_1=1$、$E_2=E_3=0$ 时,总线上的数据为 $\overline{A_1 B_1}$;若 $E_2=1$、$E_1=E_3=0$,则总线上的数据为 $\overline{A_2 B_2}$ 等。这种用总线传送数据或信号的方法,在计算机中被广泛应用。

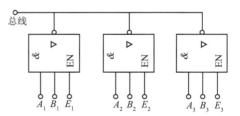

图 3-11　低电平有效三态与非门逻辑符号　　图 3-12　三态门应用举例

2)集电极开路门(OC 门)

在工程实践中,有时需要将几个门的输出端并联使用,完成"与"的逻辑功能,这种不用门电路而直接利用连线实现"与"逻辑功能的方法称为"线与"。但利用普通的 TTL 门电路是无法实现线与的,原因是如果将两个门电路的输出端接在一起,如图 3-13 所示,当一个门的输出处在高电平,而另一个门输出为低电平时,将会产生很大的电流,有可能导致器件损坏,无法实现"线与"逻辑关系。因此,克服上述局限性的方法就是把输出级改为集电极开路的三极管结构,引入这种特殊结构的门电路——集电极开路门电路,称为 OC 门。

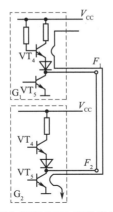

图 3-13　两个普通 TTL 门输出端直接并联

　　OC 门在实际工作时,要在输出的集电极和电源之间加接负载电阻(又称为上拉电阻),只要选择的负载电阻和电源的数值合适,则可满足输出不同电平的需要,可以承受较大的电流和电压。因此,OC 门可以驱动大电流、高电压负载。

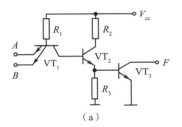

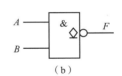

（a）　　　　　　　　　　　　　　　　　　　（b）

图 3-14　集电极开路门电路
（a）电路　（b）逻辑符号

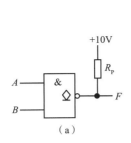

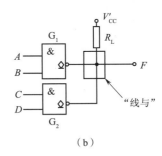

（a）　　　　　　　　　　　　　　　　　　　（b）

图 3-15　集电极开路门电路的正确连线图
（a）一个 OC 门　（b）OC 门线与

　　图 3-14 给出了 OC 门的电路结构和逻辑符号,此时实现了 A、B 逻辑变量的与非逻辑功能,即 $F = \overline{AB}$。图 3-15 给出了一个 OC 门和两个 OC 门的正确连线图,当几个 OC 门线与输出时,可共用一个集电极负载电阻和电源,此时两个 OC 门做线与连接实现了与或非的逻辑功能,即 $F = \overline{AB} \cdot \overline{CD}$。

3.4　常用 TTL 集成门电路的型号和功能

☑ 【本节内容简介】

　　本节主要概述常用 TTL 集成门电路的型号和功能。部分常用数字集成电路的型号和功能见表 3-7。

表 3-7　部分常用集成电路的型号和功能

序　号	型　号	功　能
1	74LS00	2 输入四与非门
2	74LS02	2 输入四或非门
3	74LS04	六反相器
4	74LS07	六同相缓冲/驱动器（OC）
5	74LS08	2 输入四与门
6	74LS10	3 输入三与非门
7	74LS11	3 输入三与门
8	74LS12	3 输入三与非门（OC）
9	74LS14	六反相器（施密特触发）
10	74LS20	四输入双与非门
11	74LS21	四输入双与门
12	74LS27	3 输入三或非门
13	74LS30	8 输入与非门
14	74LS32	2 输入四或门
15	74LS42	BCD 至十进制数 4~10 线译码器
16	74LS51	2 路 2 输入/3 输入四组输入与或非门
17	74LS55	4-4 输入二路与或非门
18	74LS73	双 J-K 触发器（带清零）
19	74LS74	正沿触发双 D 型触发器（带预置和清零）
20	74LS76	双 J-K 触发器（带预置和清零）
21	74LS83	4 位二进制全加器（快速进位）
22	74LS85	4 位比较器
23	74LS86	2 输入四异或门
24	74LS90	十进制计数器（÷2，÷5）
25	74LS92	十二分频计数器（÷2，÷6）
26	74LS93	4 位二进制计数器（÷2，÷8）
27	74LS95B	4 位移位寄存器
28	74LS109A	正沿触发双 J-K 触发器（带预置和清零）
29	74LS110	与输入 J-K 主从触发器（带数据锁定）
30	74LS112	负沿触发双 J-K 触发器（带预置和清零）
31	74LS125	四总线缓冲门（三态输出）
32	74LS138	3-8 线译码器/解调器
33	74LS139	双 2-4 线译码器/解调器
34	74LS151	8 选 1 数据选择器
35	74LS153	双 4 选 1 数据选择器
36	74LS154	4-16 线译码器/分配器
37	74LS157	四 2 选 1 数据选择器/复工器

续表

序 号	型 号	功 能
38	74LS160A	4 位十进制计数器（直接清零）
39	74LS161	4 位二进制计数器（直接清零）
40	74LS164	8 位并行输出串行移位寄存器（异步清零）
41	74LS165	并行输入 8 位移位寄存器（补码输出）
42	74LS174	六 D 触发器
43	74LS175	四 D 触发器
44	74LS176	可预置十进制（二-五进制）计数器 / 锁存器
45	74LS181	算术逻辑单元/功能发生器
46	74LS190	十进制同步可逆计数器
47	74LS191	二进制同步可逆计数器
48	74LS192	十进制同步可逆双时钟计数器
49	74LS193	二进制同步可逆双时钟计数器
50	74LS194	4 位双向通用移位寄存器
51	74LS195	4 位并行存取移位寄存器
52	74LS198	8 位双向通用移位寄存器
53	74LS244	八缓冲器 / 线驱动器 / 线接收器（三态）
54	74LS245	八总线收发器（三态）
55	74LS248	BCD-七段译码器/驱动器（内有升压输出）
56	74LS257	四 2 选 1 数据选择器 / 复工器
57	74LS273	八 D 触发器
58	74LS283	4 位二进制全加器
59	74LS290	十进制计数器（÷2, ÷5）
60	74LS323	八位通用移位 / 存储寄存器（三态输出）
61	LM324	四运算放大器（模拟集成电路）
62	555	集成定时器
63	2114	静态 RAM
64	2716	2 k×8 位 EPROM
65	7800	集成三端稳压器系列
66	7900	集成三端稳压器系列
67	8051	单片微型计算机

3.5 CMOS 门电路

☑ 【本节内容简介】

本节主要概述不同的 CMOS 门电路的电路结构、工作原理。需要掌握 CMOS 传输门、三态门和漏极开路门的电路结构和工作原理以及电路应用。

1. 概述

MOS 逻辑门电路是继 TTL 逻辑门电路之后发展起来的另一种应用广泛的数字集成电路。以 MOS 管作为开关元件的逻辑门电路称为 MOS 门电路，MOS 管中的电流是一种载流子的运动形成的,故 MOS 门电路属于单极型门电路。常用的单极型门电路主要有

NMOS、PMOS、CMOS 和 HMOS 等类型。就其发展趋势来讲，MOS 门电路尤其是 CMOS 门电路也是使用最为广泛、性价比较高的逻辑器件之一。

CMOS 门电路是利用 PMOS 管和 NMOS 管构成的互补型 MOS 门电路，虽其电路结构与 TTL 门电路结构不尽相同，但具有的逻辑功能完全一致，因此，本书仅选取部分典型 CMOS 门电路进行简要介绍。

2.CMOS 门电路特点

（1）工作速度比 TTL 门电路稍低。这是因为 CMOS 门电路的导通电阻及输入电容均比 TTL 门电路大。由于制造工艺不断改进，目前 CMOS 门电路的速度已非常接近 TTL 门电路。

（2）输入阻抗高，可达 10^8 Ω。因为栅极绝缘，所以 CMOS 门电路的输入阻抗只受输入端保护二极管的反向电流的限制。

（3）扇出系数 N_0 大。N_0 的定义是 CMOS 门电路输出端可连接的同类门电路的输入端数。由于 CMOS 门的输入端均是绝缘栅极，当它作负载门时，几乎不向前级门吸取电流，因此在频率不太高时，前级门的扇出系数几乎不受限制。当频率升高时，N_0 有所减小。一般 $N_0 = 50$。

（4）静态功耗小。在静态时，CMOS 门电路总是负载管和驱动管之一导通，另一个截止，因而几乎不向电源吸取电流，故其静态功耗极小。当 $U_{DD} = 5$ V 时，其静态功耗为 2.5~5 μW。

（5）集成度高。因为其功耗小，内部发热量小，因而其集成密度可大大提高。

（6）电源电压允许范围大，约为 3~20 V。不同的产品系列，U_{DD} 的取值范围略有差别。

（7）输出高低电平摆幅大。因为 $U_{OH} \approx U_{DD}$，$U_{OL} \approx 0$ V，所以输出电平摆幅 $\Delta U_O = U_{OH} - U_{OL} \approx U_{DD}$。而 TTL 门电路的摆幅只有 3 V 左右。

（8）抗干扰能力强。CMOS 门电路噪声容限可达 $\frac{1}{3} U_{DD}$，而 TTL 门电路的噪声容限只有 0.4 V 左右。

（9）温度稳定性好。由于是互补对称结构，当环境温度变化时，CMOS 门电路参数有补偿作用。另外 MOS 管靠多数载流子导电，受温度的影响不大。

（10）抗辐射能力强。MOS 管靠多数载流子导电，射线辐射对多数载流子浓度影响不大。所以 CMOS 门电路特别适用于航天、卫星及核能装置。

（11）电路结构简单（CMOS 与非门只由 4 个管子构成，而 TTL 与非门有 5 个管子和 5 个电阻），工艺容易实现（制造一个 MOS 管要比做一个电阻更容易，而且占芯片面积小），故成本低。

（12）输入高电平 U_{IH} 和低电平 U_{IL} 均受电源电压 U_{DD} 的限制。规定：$U_{IH} \geq 0.7U_{DD}$，$U_{IL} \leq 0.3U_{DD}$。例如，当 $U_{DD} = 5$ V 时，$U_{IHmin} = 3.5$ V，$U_{ILmax} = 1.5$ V。其中，U_{IHmin} 和 U_{ILmax} 是允许的极限值。对于不同类型的 CMOS 门，U_{IH} 和 U_{IL} 所选用的典型值各不相同，但都必须在上述限定范围内。

（13）拉电流 $I_{OL} < 5$ mA，要比 TTL 门电路的 I_{OL}（可达 20mA）小得多。CMOS 门电路的参数定义与 TTL 门电路相同，但数值差别较大。CMOS 各系列的主要参数如表 3-8 所示。

表 3-8　各系列 CMOS 门电路的传输延迟时间、功耗及电源电压

系列名称	传输延迟时间/ns		功耗/（mW/门）	电压范围/V			U_{OH}/V	U_{OL}/V
	典型值	最大值		最小	正常	最大		
4000B	30（10 V）	60（10 V）	1.2（10 V）	3	5~18	20	略低于 U_{DD}	近似等于 0
74C	50（5 V）	90（5 V）	0.3（5 V）					
74HC	9	18	0.5	2	5	6		
74HCT				4.5	5	5.5		
74AC	3	5.1	0.5	2	5 或 3.3	6		
74ACT				4.5	5	5.5		

表 3-8 中，括号内的电压值是测试对应参数时的电源电压 U_{DD}。

4000B 系列是 4000 系列的标准型。它采用了硅栅工艺和双缓冲输出结构，由美国无线电公司（RCA 公司）最先开发。

74C 系列的功能及管脚设置均与 TTL74 系列相同，它有若干子系列。

74HC 系列是高速系列；74HCT 系列是高速并且与 TTL 门电路兼容的系列。

74AC 系列是新型高速系列；74ACT 系列是新型高速并且与 TTL 门电路兼容的系列。

3.CMOS 非门电路

CMOS 非门电路（亦称 CMOS 反相器）如图 3-16 所示。图中，驱动管 VT_1 为 N 沟道增强型 MOS 管（NMOS），负载管 VT_2 为 P 沟道增强型 MOS 管（PMOS），两者连成互补对称型结构。

当输入 A 为低电平 0 时，VT_1 截止，VT_2 导通，输出 F 为高电平 1；当输入 A 为高电平 1 时，VT_1 导通，VT_2 截止，输出 F 为低电平 0。该电路实现了非逻辑功能。

4.CMOS 与非门电路

CMOS 与非门电路如图 3-17 所示。驱动管 VT_1、VT_2 为 N 沟道增强型 MOS 管，两者串联。负载管 VT_3 和 VT_4 为 P 沟道增强型 MOS 管，两者并联。A、B 为输入，F 为输出。

当 A、B 两个输入全为高电平 1 时，驱动管 VT_1、VT_2 都导通，负载管 VT_3 和 VT_4 都截止，输出 F 为低电平 0。当 A、B 输入端有一个（或两个）为低电平 0 时，则 VT_1、VT_2 管有一个（或两个）截止，VT_3、VT_4 管有一个（或两个）导通，输出 F 为高电平 1。该电路实现了与非逻辑关系。

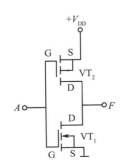

图 3-16　CMOS 非门电路

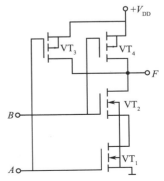

图 3-17　CMOS 与非门电路

5.CMOS 或非门电路

CMOS 或非门电路如图 3-18 所示。VT_1、VT_2 是 N 沟道增强型 MOS 管，VT_3、VT_4 是 P 沟道增强型 MOS 管。

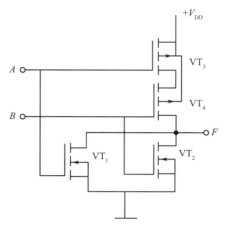

图 3-18　CMOS 或非门电路

当 A、B 均为低电平 0 时，VT_3、VT_4 导通，VT_1、VT_2 截止，输出端 F 为高电平 1；当 A、B 至少有一个为高电平 1 时，VT_3、VT_4 至少有一个截止，VT_1、VT_2 至少有一个导通，输出端 F 为低电平 0。该电路具有或非逻辑功能，其逻辑表达式为

$$F = \overline{A + B}$$

6. 其他类型的 CMOS 门电路

1）CMOS 传输门

CMOS 传输门是 CMOS 门电路的一种基本单元电路，其本质是一种传输信号的可控开关电路。它是由结构上完全对称的 NMOS 管 VT_1 和 PMOS 管 VT_2 并联而成的，两种 MOS 管的源极接在一起作为传输门的输入端，漏极接在一起作为传输门的输出端。PMOS 管的衬底接正电源 V_{CC}，NMOS 管的衬底接地。两个栅极分别接极性相反、幅度相等的一对控制信号 C 和 $\overline{C}$。CMOS 传输门的电路结构及逻辑符号如图 3-19 所示。

图 3-19　CMOS 传输门

（a）电路　（b）逻辑符号

设控制信号的高、低电平分别为 V_{DD}、0 V，那么当 $C=0$，$\overline{C}=1$ 时，只要输入信号 U_1 在

$0 \sim V_{DD}$ 之间,则 VT_1 和 VT_2 同时截止,输入与输出之间呈高阻状态,相当于开关断开,传输门截止。

反之,当 $C=1$、$\bar{C}=0$ 时,若输入信号 U_I 接近于 U_{CH},则 $U_{GS1} \approx 0 \text{ V}$、$U_{GS2} \approx -U_{CH}$,故 VT_2 导通,VT_1 截止;如果 U_I 接近于 0 V,则 VT_1 导通,VT_2 截止;如果 U_I 接近于 $U_{CH}/2$,则 VT_1 和 VT_2 同时导通。因此,这时总有管子处于导通状态,导通电阻约几百欧姆,就相当于一个开关接通一样。

综上所述,当 $C=0$、$\bar{C}=1$ 时,CMOS 传输门截止;当 $C=1$、$\bar{C}=0$ 时,CMOS 传输门导通,其导通和截止取决于控制端的信号。导通时,输入信号可传送到输出端,即 $U_O=U_I$。

由于 MOS 管结构的对称性,即源极和漏极可互换,其输入端和输出端也可互换,因此 CMOS 传输门具有双向性,所以可作为双向开关。

利用 CMOS 传输门和非门可构成模拟开关,如图 3-20 所示。当 $C=1$ 时,模拟开关导通,$U_O=U_I$;当 $C=0$ 时,模拟开关截止,输出和输入之间断开。另外,CMOS 传输门和 CMOS 逻辑门组合在一起,还可以构成各种复杂的 CMOS 电路,如触发器、计数器、移位寄存器、微处理器及存储器等。

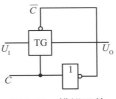

图 3-20 模拟开关

2）CMOS 三态门

三态输出的 CMOS 反相器的电路结构和逻辑符号如图 3-21 所示。从图 3-21（a）可以看出,为了实现三态控制,除了原有的输入 A 以外,又增加了一个三态控制 $\overline{EN}$。当 $\overline{EN}=0$ 时,若 $A=1$,则 G_4、G_5 的输出同为高电平,VT_1 截止,VT_2 导通,$Y=0$;若 $A=0$,则 G_4、G_5 的输出同为低电平,VT_1 导通,VT_2 截止,$Y=1$。因此,$Y=\bar{A}$,反相器处于正常工作状态。而当 $\overline{EN}=1$ 时,不论 A 的状态如何,G_4 输出高电平而 G_5 输出低电平,VT_1 和 VT_2 同时截止,输出呈现高阻状态。

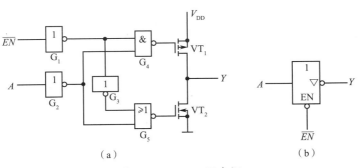

（a）   （b）

图 3-21 CMOS 三态门

（a）电路 （b）逻辑符号

三态门是一种扩展逻辑功能的输出级,也是一种控制开关,主要用于总线的连接。因为总线只允许同时只有一个使用者。通常在数据总线上接有多个器件,每个器件通过 OE/CE 之类的信号选通。如果一个器件没有选通,它就处于高阻态,相当于没有接在总线上,不影响其他器件的工作。设备端口要挂在一条总线上,必须通过三态缓冲器。因为一条总线上同时只能有一个端口输出,这时其他端口必须在高阻态,同时可以输入这个输出端口的数据。所以还需要有总线控制管理,访问到哪个端口,哪个端口的三态缓冲器才可以转为输出状态,这是典型的三态门应用。

（3）CMOS 漏极开路门电路（OD 门）

与 TTL 门电路中集电极开路门（OC 门）类似,在 CMOS 门电路中漏极开路输出的门电路,其输出电路是一个漏极开路的 NMOS 管。也可用于实现"线与"逻辑功能,称为 OD 门。使用 OD 门时,需要在电源和输出外接负载电阻,才能使电路正常工作,实现与非的逻辑功能。CMOS 漏极开路门电路的结构与逻辑符号如图 3-22 所示。

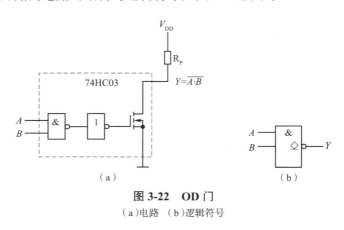

图 3-22 OD 门
（a）电路 （b）逻辑符号

3.6 常用 CMOS 集成门电路的型号和功能

☑【本节内容简介】

本节主要概述常用 CMOS 集成门电路的型号和功能。需要掌握 CMOS 集成门电路的主要参数。

1.CMOS 集成门电路的系列

CMOS 集成门电路诞生于 20 世纪 60 年代,经过制造工艺的不断改进,其在应用的广度上已与 TTL 门电路平分秋色。它的技术参数从总体上说,已经达到或接近 TTL 门电路的水平,其中功耗、噪声容限、扇出系数等参数优于 TTL 门电路。CMOS 集成门电路主要有以下几个系列。

1）基本 CMOS 集成门电路——4000 系列

4000 系列是早期的 CMOS 集成门电路产品,工作电源电压范围为 3~18 V;优点是具有功耗低、噪声容限大、扇出系数大,已得到普遍使用;缺点是工作速度较低,平均传输延迟时间为几十纳秒,最高工作频率小于 5 MHz。

2)高速 CMOS 集成门电路——HC(HCT)系列

HC(HCT)系列电路主要从制造工艺上做了改进,大大提高了工作速度,平均传输延迟时间小于 10 ns,最高工作频率可达 50 MHz。HC 系列的电源电压范围为 2~6 V。HCT 系列的主要特点是与 TTL 器件电压兼容,它的电源电压范围为 4.5~5.5 V;它的输入电压参数为 $V_{IH(min)}$=2.0V, $V_{IL(max)}$=0.8V,与 TTL 门电路完全相同。另外,对于 74HC/HCT 系列与 74LS 系列产品,只要最后 3 位数字相同,则两种器件的逻辑功能、外形尺寸、管脚排列顺序也完全相同,这样就为以 CMOS 门电路产品代替 TTL 门电路产品提供了方便。

(3)先进 CMOS 门电路——AC(ACT)系列

AC(ACT)系列的工作频率得到了进一步的提高,同时保持了 CMOS 超低功耗的特点。其中,ACT 系列与 TTL 器件电压兼容,电源电压范围为 4.5~5.5 V;AC 系列的电源电压范围为 1.5~5.5 V。AC(ACT)系列的逻辑功能、管脚排列顺序等都与同型号的 HC(HCT)系列完全相同。

2. CMOS 门电路的主要参数

CMOS 门电路主要参数与 TTL 门电路相同,以下主要说明 CMOS 门电路的特点。

1)输出高电平与输出低电平

$U_{OH(min)}$=0.9V_{DD}; $U_{OL(max)}$=0.01V_{DD}。所以 CMOS 门电路的逻辑摆幅(即高低电平之差)较大,接近电源电压 V_{DD} 的值。

2)阈值电压

$$U_{TH} \approx V_{DD}/2。$$

3)抗干扰容限

CMOS 非门的关门电平 U_{OFF}=0.45V_{DD},开门电平 U_{ON}=0.55V_{DD}。所以,其高、低电平噪声容限均达 0.45V_{DD}。其他 CMOS 门电路的噪声容限一般也大于 0.3V_{DD},且 V_{DD} 越高,其抗干扰能力越强。

4)传输延迟与功耗

CMOS 门电路的功耗较小,一般小于 1 mW/门;但传输延迟较大,一般为几十纳秒/门,且与电源电压有关,V_{DD} 越高,CMOS 门电路的传输延迟越小、功耗越大。

5)扇出系数

因 CMOS 门电路有较高的输入阻抗,故其扇出系数很大,一般额定扇出系数可达 50。在这里特别指出,扇出系数是指驱动 CMOS 门电路的个数,若就灌电流负载能力和拉电流负载能力而言,CMOS 门电路远远低于 TTL 门电路。

3.7　TTL 与 CMOS 门电路的接口

☑【本节内容简介】

本节主要概述 TTL 与 CMOS 门电路的接口。应掌握 TTL 输出驱动 CMOS 输入、

CMOS 输出驱动 TTL 输入和 TTL 和 CMOS 门电路与其他不同形式电路的连接方式以及实现的电路功能。

在数字电路系统中,为了发挥各类门电路的特点,往往采用多种逻辑器件混合使用的方式,以达到工作速率或功耗指标的要求。对于 TTL 和 CMOS 两种门电路并存的情况,由于每种器件的电压和电流参数各不相同,就必须要考虑两者之间的接口问题:

一是,驱动门必须能对负载门提供足够大的灌电流;

二是,驱动门必须对负载门提供足够大的拉电流;

三是,驱动门的输出电压必须处在负载门所要求的输入电压范围内,包括高、低电压值。

无论是用 TTL 门电路驱动 CMOS 门电路还是用 CMOS 门电路驱动 TTL 门电路,驱动门必须要为负载门提供符合标准的高、低电平和足够的输入电流,即:

驱动门的 $U_{\mathrm{OH(min)}}$ ≥负载门的 $U_{\mathrm{IH(min)}}$;

驱动门的 $U_{\mathrm{OL(max)}}$ ≤负载门的 $U_{\mathrm{IL(max)}}$;

驱动门的 $I_{\mathrm{OH(max)}}$ ≥负载门的 $I_{\mathrm{IH(总)}}$;

驱动门的 $I_{\mathrm{OL(max)}}$ ≤负载门的 $I_{\mathrm{IL(总)}}$。

1)TTL 输出驱动 CMOS 输入

例如:TTL 门电路采用 74LS 系列,CMOS 门电路采用 4000 系列和 74HC 系列。

当 TTL 和 COMS 器件都工作在同一个 5 V 电源下时, TTL 门电路的 $U_{\mathrm{OH(min)}}$ 为 2.4 V 或 2.7 V,而 4000 系列和 74HC 系列电路的 $U_{\mathrm{IH(min)}}$ 为 3.5 V,显然不满足上述要求。此时,可在 TTL 门电路的输出端和电源之间接一个上拉电阻,其阻值取决于负载门的数量及 TTL 和 CMOS 门电路的电流参数,一般在几百欧姆到几千欧姆之间,如图 3-25(a)所示。

当 TTL 和 CMOS 门电路采用不同的电源电压时,则应使用 OC 门,同时使用上拉电阻,如图 3-25(b)所示。

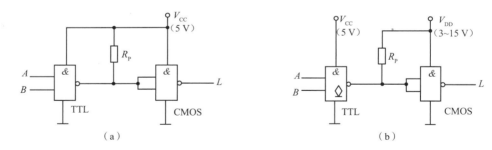

图 3-25　TTL 门电路驱动 CMOS 门电路
（a）电源电压为 5V 时的接口　（b）电源电压不相同时的接口

当 TTL 门电路驱动 74HCT 系列和 74ACT 系列的 CMOS 门电路时,因两类电路性能兼容,故可以直接相连,不用做电平和电流变换,无须外加元件和器件。

2)CMOS 输出驱动 TTL 输入

CMOS 门电路驱动 TTL 门电路时,主要考虑怎样降低电平和 CMOS 能够驱动 TTL 的负载电流的问题。当都采用 5 V 电源时, CMOS 门电路的 $U_{\mathrm{OH(min)}}$ ≥TTL 门电路的 $U_{\mathrm{IH(min)}}$, CMOS 门电路的 $U_{\mathrm{OL(max)}}$ ≤TTL 门电路的 $U_{\mathrm{IL(max)}}$,两者电压参数兼容,但 CMOS 门电路的

I_{OH}、I_{OL} 参数较小。所以,此时主要考虑 CMOS 门电路的输出电流是否满足 TTL 门电路对输入电流的要求。

与 TTL 门电路兼容的 CMOS 门电路可以直接和 TTL 门电路连接。反之，TTL 门电路也可以直接和 CMOS 门电路连接。

如图 3-26 所示,CMOS 与非门的工作电压为 5~18 V,而普通 TTL 门电路的输入电压远小于 CMOS 门电路的输出电压,因此，TTL 门电路不能直接连接到 CMOS 与非门的输出端,可以考虑采用 CC4049 反相缓冲门电路或三极管反相器完成电平转换功能。

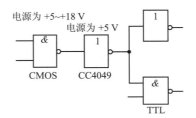

图 3-26　CMOS 与 TTL 接口

3)TTL 和 CMOS 门电路与其他电路的连接

在工程应用的实际场合中,经常需要用 TTL 或 CMOS 门电路去驱动指示灯、发光二极管(LED)及继电器等负载,如图 3-27 所示。注意,对于电流较小、电平能够匹配的负载,门电路可以直接驱动。

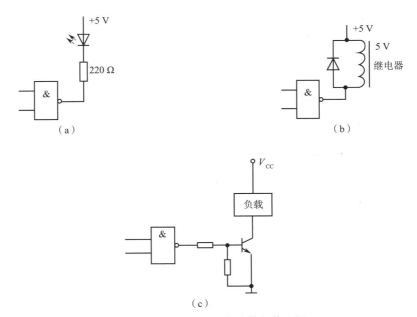

图 3-27　TTL 或 CMOS 电路带负载实例
（a)驱动发光二极管　（b)驱动低电流继电器　（c)驱动其他负载

3.8 集成门电路的正确使用

☑ 【本节内容简介】

本节主要概述 TTL 与 CMOS 门电路的正确使用方法及注意事项。在掌握门电路闲置输入端的处理方法和安装调试时的注意事项。

1. 对门电路中闲置输入端的处理

1）TTL 门

TTL 门电路的输入端悬空,相当于输入高电平。但是,为防止引入干扰,通常不允许其输入端悬空。因为干扰信号易从这些悬空端进入电路,使电路工作不稳定。对与门、与非门多余端的处理方法,如图 3-28（a）所示。对于与或非门中整个不用的与门,可将此与门的输入端全部接地,也可部分接地,部分接高电平。若是某与门中有闲置输入端,应将其接高电平+5 V 电源或 3.6 V,如图 3-28（b）所示。也可将其通过电阻（约几千欧）接+U_{CC},或者通过大于 2 kΩ 的电阻接地。在前级门的扇出系数有富余的情况下,也可以将其和有用输入端并联连接。

对于或门及或非门的多余输入端,可以使其输入低电平。具体措施是通过小于 500 Ω 的电阻接地或直接接地。在前级门的扇出系数有富余时,也可以将其和有用输入端并联连接。对于与或非门,若某个与门多余,则其输入端应全部输入低电平（接地或通过小于 500 Ω 的电阻接地）,或者与另外同一个门的有用端并联连接（但不可超出前级门的扇出能力）。若与门的部分输入端多余,处理方法和单个与门方法一样。

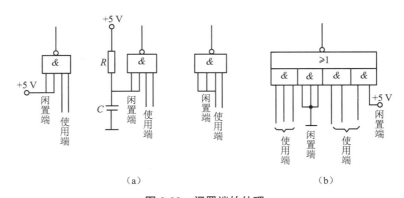

图 3-28 闲置端的处理

2）CMOS 门

CMOS 门电路的输入端是 CMOS 管的绝缘栅极,它与其他电极间的绝缘层很容易被击穿。虽然内部设置有保护电路,但其只能防止稳态过压,对瞬变过压保护效果差,因此 CMOS 门电路的多余端不允许悬空。

由于 CMOS 门电路的输入端是绝缘栅极,所以通过一个电阻 R 将其接地时,不论 R 多大,该端都相当于输入低电平。除此以外,CMOS 门电路的多余输入端处理方法与 TTL 门电路相同。

2. 安装、调试时注意事项

(1)安装时,要注意集成电路外管脚的排列顺序,不要从外管脚根部弯曲,以防折断。

(2)焊接时,用 25 W 的烙铁较合适,焊接时间不要超过 3 s;焊后用酒精擦干净焊点,以防焊剂腐蚀引线。

(3)在调试及使用时,要注意电源电压的大小和极性,以保证 V_{CC} 在+4.75~5.25 V 之间,尽量稳定在+5V,不要超过+7 V,以免损坏集成电路。

(4)输入电压不要高于+6 V,否则输入管易发生击穿损坏。输入电压也不要低于-0.7 V,否则输入管易发生过热损坏。

(5)输出为高电平时,输出端绝对不允许触碰地,否则输出管会过热损坏;输出为低电平时,输出端绝对不允许碰+V_{CC},否则输出管会过热损坏。几个普通 TTL 与非门的输出端不能接在一起。

(6)要注意防止外界电磁干扰的影响,引线要尽量短。若引线不能缩短,要考虑加屏蔽措施或用绞合线。

本章小结

本章的重点:TTL 和 CMOS 门电路的电路结构、工作原理以及典型电路的应用。

学习的难点:TTL 和 CMOS 门电路的电路结构及工作原理。

1.TTL 和 CMOS 门电路

门电路是组成数字电路的基本单元之一,最基本的逻辑门电路有与门、或门和非门。实用中通常采用集成门电路,常用的有与非门、或非门、与或非门、异或门、输出开路门、三态门和 CMOS 传输门等。对门电路的学习重点是常用集成门的逻辑功能、特性和应用方法。

2. 典型电路应用

本章的重点内容是 TTL 和 CMOS 门电路逻辑功能及其逻辑符号,以及 TTL 三态门和 OC 门与 CMOS 传输门、三态门和 OD 门的工作原理及电路应用。

3. 集成门电路的正确使用和注意事项

1)电源电压的正确使用

TTL 门电路只能用+5 V(74 系列允许误差 ±5%)。在 CMOS 门电路中, 4000 系列可用 3~15 V;HCMOS 系列可用 2~6 V;CTMOS 系列用 4.5~5.5 V。一般情况下,CMOS 门电路多用 5 V,以便与 TTL 门电路兼容。

2)输出端的连接

开路门的输出端可并联使用,实现线与,还可用来驱动需要一定功率的负载。

三态输出门的输出端也可并联,用来实现总线结构,但三态输出门必须分时使能。使用三态门时,需注意使能端的有效电平。

普通门(具有推拉式输出结构)的输出端不允许直接并联实现线与。

3）闲置输入端的处理

与门和与非门：多余输入端接正电源或与使用输入端并接。

或门和或非门：闲置输入端接地或与使用输入端并接。

注意：TTL 门电路输入端悬空时，相当于输入高电平；CMOS 门电路闲置输入端不允许悬空；CMOS 门电路闲置输入端与使用输入端的并接仅适用于工作频率很低的场合。

4）信号的正确使用

数字电路中的信号有高电平和低电平两种，其中高电平和低电平为某规定范围的电位值，而非一固定值。门电路种类不同，高电平和低电平的允许范围也不同。

习题 3

一、填空题

3.1　当 TTL 型异或门的一个输入端通过一个 $510\ \Omega$ 的电阻接地，另一个输入端接变量 A 时，异或门的输出 $F=$_____。

3.2　当标准型 TTL 反相器和 CMOS 型反相器的输入端各通过一个 $10\ k\Omega$ 的电阻接地时，输出分别为_____和_____。

3.3　电源电压升高时，CMOS 门电路的抗干扰能力_____，动态功耗_____。

3.4　一般的逻辑门输出不能直接接到一起，输出可接在一起的门能够实现线与_____门的输出接在一起可实现线或。

3.5　某逻辑门的灌电流越大，其输出电平越_____；拉电流越大，其输出电平越_____。

二、简答题

3.6　试说明能否将与非、或非门、异或门当作反相器使用？如果可以，各输入端应如何连接？

3.7　三态门及其输入信号波形如图 3-29 所示，试画出 Z 的输出波形。

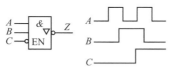

图 3-29　习题 3.7 图

3.8　试判断如图 3-30 所示各电路要求的逻辑关系能否正常工作。若电路接法有错，则改电路；若电路正确但给定的逻辑关系不对，则写出正确的逻辑表达式。已知 TTL 门电路的 I_{OH}/I_{OL}=0.4 mA/10 mA，U_{OH}/U_{OL}=3.6 V/0.3 V；CMOS 门电路的 U_{DD}=5 V，I_{OH}/I_{OL}=0.5 mA/0.5 mA，U_{OH}/U_{OL}=5 V/0 V。

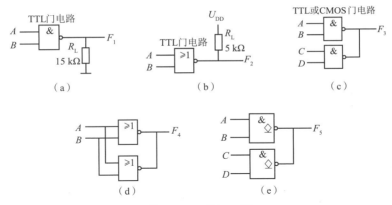

图 3-30　习题 3.8 图

（a）$F_1 = \overline{AB}$　（b）$F_2 = \overline{A+B}$　（c）$F_3 = \overline{AB \cdot CD}$　（d）$F_4 = \overline{A+B}$　（e）$F_5 = \overline{AB \cdot CD}$

3.9　在 CMOS 门电路中,输入端允许悬空吗? 有人说允许,而且其等效逻辑状态和
TTL 门电路中的一样,相当于 1,对吗,为什么?

3.10　如图 3-31 所示,TTL 与非门输入端 1、2 是闲置的,指出哪些接法是错误的?

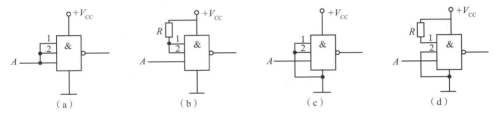

图 3-31　习题 3.5 图

（a）接法 1　（b）接法 2　（c）接法 3　（d）接法 4

3.11　TTL 门组成的电路如图 3-32 所示,写出 F 的表达式,根据输入 A、B、C 的波形画
出输出 F 的波形。

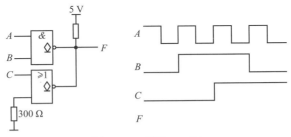

图 3-32　习题 3.11 图

习题 3 参考答案

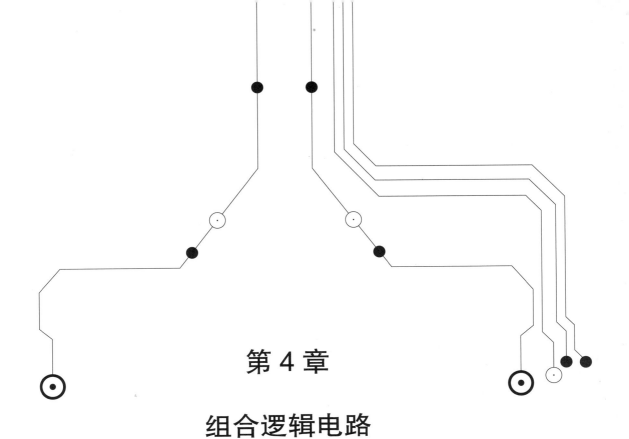

第 4 章

组合逻辑电路

门电路是构成数字电路的基本单元。最基本的门电路有"与"门、"或"门、"非"门。利用与、或、非门还可以构成各种常用的组合逻辑门电路。

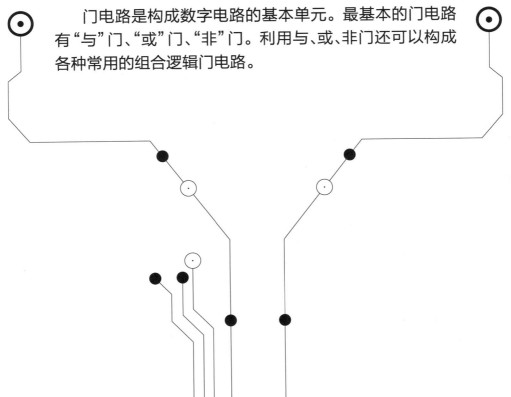

第4章 组合逻辑电路

☑ 【学习目标】

（1）掌握组合逻辑电路的分析和设计方法、步骤；能分析一般组合逻辑电路的功能；能够用各种门电路进行组合逻辑设计。

（2）熟悉常用的几种组合逻辑部件的功能，如加法器、编码器、译码器、数据选择器、数据分配器、比较器；能够用各种门电路和中规模芯片进行组合逻辑设计。

（3）了解组合电路产生竞争与冒险的原因及消除办法。

组合逻辑电路可以实现一定的电路功能，但即使对于可实现同样功能的逻辑电路，所用的元器件个数及类型都有可能不同；当然所选的元器件越少，产品越经济，资源浪费、报废后对环境的污染越少。因此，我们必须培养节约光荣、浪费可耻意识，充分认识"绿水青山就是金山银山"。

逻辑门电路是构成数字电路的基本单元，最基本的门电路有与门、或门、非门，利用它们可以构成各种常用的逻辑门电路。

在数字电路中，输入、输出量一般用高、低电平表示，而电平的高、低则用数字"1"或数字"0"表示。如果用数字 1 代表高电平，数字 0 代表低电平，则称为正逻辑。反之，用数字 0 代表高电平，数字 1 代表低电平，则称为负逻辑。若无特殊说明，本书一律采用正逻辑。

4.1 概述

☑ 【本节内容简介】

组合逻辑电路是由门电路按一定的逻辑功能组合而成的电路，其输出状态只与当前的输入状态有关，而与电路原来所处的状态无关。从电路结构上看，电路中无记忆元件，输入与输出之间无反馈。

1. 组合逻辑电路的概念

如果一个数字电路在任意时刻的输出状态只取决于该时刻的输入状态，而与该时刻前的电路状态无关，则称该数字电路为组合逻辑电路，简称组合电路。组合逻辑电路由门电路构成，具有以下两个特点：

（1）只存在从输入到输出的通路，没有反馈回路；

（2）电路中不存在有记忆功能的元件，均由门电路组成。

时序逻辑电路是指任何时刻的输出状态不仅取决于该时刻输入状态，而且与电路的原来状态有关的电路。电路中存在记忆功能的元件,由触发器电路组成。

2. 组合电路的组成框图

组合逻辑电路的基本组成单元是门电路,它可以有一个或多个输入端及输出端。图 4-1 是组合逻辑电路的组成框图。

图 4-1　组合逻辑电路的组成框图

式(4-1)是组合逻辑电路的逻辑函数表达式。

$$\left.\begin{array}{l} F_1 = f_1(x_1,\ x_2, \cdots x_n) \\ F_2 = f_2(x_1,\ x_2, \cdots x_n) \\ \qquad\vdots \\ F_m = f_m(x_1,\ x_2, \cdots x_n) \end{array}\right\} \tag{4-1}$$

4.2　组合逻辑电路的分析和设计方法

☑【本节内容简介】

本节主要研究组合逻辑电路的分析和设计方法。

4.2.1　组合逻辑电路的分析方法

如果想知道某一电路的功能就要对其进行分析。分析是指对给定的逻辑电路进行逻辑功能分析,就是分析给定逻辑电路的逻辑功能;或者检查电路设计是否合理,验证其逻辑功能是否正确。另外,当一个电路初步设计完成之后,有时也要对其进行分析,以便发现不足之处,进而修改原设计。

☑【特别提示】

组合逻辑电路分析的一般步骤:

(1)由已知的逻辑图,逐级写出逻辑函数表达式;

(2)化简和变换逻辑函数表达式;

(3)由化简后的逻辑函数表达式列出真值表;

(4)根据真值表确定组合逻辑电路的逻辑功能。

【例 4.1】分析图 4-2 所示逻辑电路的逻辑功能。

组合逻辑电路
的分析步骤

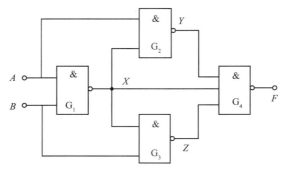

图 4-2　例 4.1 逻辑电路

解：

（1）由逻辑图写出逻辑函数表达式。

G_1 门：　$X = \overline{AB}$

G_2 门：　$Y = \overline{A \cdot X} = \overline{A \cdot \overline{AB}}$

G_3 门：　$Z = \overline{B \cdot X} = \overline{B \cdot \overline{AB}}$

G_4 门：　$F = \overline{X \cdot Y \cdot Z} = \overline{\overline{AB} \cdot \overline{A \cdot \overline{AB}} \cdot \overline{B \cdot \overline{AB}}}$

（2）对逻辑函数表达式进行化简。

$$F = \overline{\overline{AB} \cdot \overline{A \cdot \overline{AB}} \cdot \overline{B \cdot \overline{AB}}}$$

$$= \overline{\overline{AB}} + \overline{\overline{A \cdot \overline{AB}}} + \overline{\overline{B \cdot \overline{AB}}}$$

$$= AB + A \cdot \overline{AB} + B \cdot \overline{AB}$$

$$= AB + A(\overline{A} + \overline{B}) + B(\overline{A} + \overline{B})$$

$$= AB + A\overline{B} + \overline{A}B = A + B$$

（3）根据表达式列出真值表如表 4-1 所示。

表 4-1　例 4.1 逻辑电路的真值表

输入		输出
A	B	F
0	0	0
0	1	1
1	0	1
1	1	1

（4）由化简后的逻辑表达式可知，该电路能实现或逻辑功能。

【例 4.2】分析图 4-3 所示逻辑电路的逻辑功能。

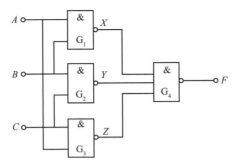

图 4-3　例 4.2 逻辑电路

解:

（1）由逻辑图写出逻辑表达式。

G_1 门: $X = \overline{AB}$

G_2 门: $Y = \overline{BC}$

G_3 门: $Z = \overline{CA}$

G_4 门: $F = \overline{X \cdot Y \cdot Z} = \overline{\overline{AB} \cdot \overline{BC} \cdot \overline{CA}}$

（2）对逻辑表达式进行化简。

$$F = \overline{\overline{AB} \cdot \overline{BC} \cdot \overline{CA}}$$
$$= AB + BC + CA$$

（3）根据逻辑表达式列出真值表,如表 4-2 所示。

表 4-2　例 4.2 逻辑电路的真值表

输入			输出
A	B	C	F
0	0	0	0
0	0	1	0
0	1	0	0
0	1	1	1
1	0	0	0
1	0	1	1
1	1	0	1
1	1	1	1

（4）确定逻辑功能。由真值表可知,当三个输入变量中有两个以上为 1 时,输出 F 为 1,否则输出为 0。该电路为三人表决电路。

【**例 4.3**】分析图 4-4 所示组合逻辑电路的逻辑功能。

解:

（1）由组合逻辑电路写出输出逻辑函数表达式。

$$S_i = A_i \oplus B_i \oplus C_{i-1}$$

$$C_i = (A_i \oplus B_i)C_{i-1} + A_i B_i$$

$$= A_i \overline{B_i} C_{i-1} + \overline{A_i} B_i C_{i-1} + A_i B_i$$

（2）上式已是最简公式，无须化简。

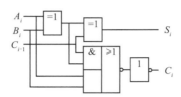

图 4-4　例 4.3 组合逻辑电路

（3）根据逻辑表达式列出真值表，如表 4-3 所示。

表 4-3　例 4.3 组合逻辑电路的真值表

输入			输出	
A_i	B_i	C_{i-1}	S_i	C_i
0	0	0	0	0
0	0	1	1	0
0	1	0	1	0
0	1	1	0	1
1	0	0	1	0
1	0	1	0	1
1	1	0	0	1
1	1	1	1	1

（4）分析该电路的逻辑功能。

将两个一位二进制数 A_i、B_i 与低位来的进位 C_{i-1} 相加；S_i 为本位和，C_i 为向高位产生的进位。这种功能的电路称为全加器。4.3 节将对加法器进行深入研究。

【例 4.4】 分析图 4-5 所示电路的逻辑功能，并指出从使用门电路的数量来看，该电路设计是否合理。

解:

（1）由逻辑图写出逻辑函数表达式，并进行化简。

$$F_1 = A \oplus B, F_2 = \overline{\overline{B + C}}, F_3 = F_1 \cdot C,$$

$$F_4 = F_2 \cdot A, F_5 = \overline{A + B + C}$$

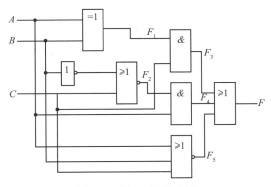

图 4-5 例 4.4 逻辑电路

$$F = F_3 + F_4 + F_5$$

$$= F_1 \cdot C + F_2 \cdot A + \overline{A + B + C}$$

$$= (A \oplus B) \cdot C + \overline{\overline{B + C}} \cdot A + \overline{A + B + C}$$

$$= \overline{A}BC + A\overline{B}C + AB\overline{C} + \overline{A}\overline{B}\overline{C}$$

（2）根据逻辑函数表达式列出真值表，如表 4-4 所示。

表 4-4 例 4.4 逻辑电路的真值表

输入			输出
A	B	C	F
0	0	0	1
0	0	1	0
0	1	0	0
0	1	1	1
1	0	0	0
1	0	1	1
1	1	0	1
1	1	1	0

（3）确定逻辑功能：由真值表可知，当三个输入变量中有偶数个 1 时，输出 F 为 1，否则输出为 0。该电路为偶校验电路。

（4）改进：这个电路使用门的数量太多，设计不合理，可用较少的门电路实现同样的逻辑功能，更改后电路得到优化。变换表达式为

$$F = \overline{A}BC + A\overline{B}C + AB\overline{C} + \overline{A}\overline{B}\overline{C}$$

$$= (A \oplus B)C + \overline{(A \oplus B)}\overline{C}$$

$$= (A \oplus B) \odot C$$

更改后的逻辑电路如图 4-6 所示。

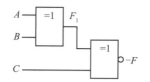

图 4-6　更改后的例 4.4 逻辑电路

4.2.2　组合逻辑电路的设计方法

组合逻辑电路设计,就是根据给定的逻辑要求,设计能够实现逻辑功能的最简单的逻辑电路。

数字设计具有相应的逻辑顺序、研究步骤与设计规则。无论技术怎样进步、社会如何发展,规则都是"基础设施"。用实际行动捍卫规则文明,就是在点亮生活、创造美好未来。有了明确的规则,才能框定人们的行动边界。也只有通过培养人们的规则意识和守则能力,才能推动我们的社会向着有序、文明的方向挺进。

☑ 【特别提示】

组合逻辑电路的设计步骤:

（1）根据给定的逻辑要求列出真值表;

（2）根据真值表写出逻辑函数表达式;

（3）化简或变换逻辑函数表达式;

（4）根据化简后的逻辑函数表达式,画出逻辑图。

组合逻辑电路
的设计步骤

【例 4.5】试用与非门设计一个逻辑电路,A、B 为输入变量,F 为输出变量,当输入变量为 1 的个数为奇数时,F 为 1,否则 F 为 0。

解:

（1）根据题意列出真值表,如表 4-5 所示。

表 4-5　例 4.5 逻辑电路的真值表

输入		输出
A	B	F
0	0	0
0	1	1
1	0	1
1	1	0

（2）由真值表写出逻辑函数表达式

$$F = \overline{A}B + A\overline{B}$$

（3）变换逻辑函数表达式

用与非门实现逻辑要求,可利用摩根定律将逻辑函数表达式进行变换,即

$$F = \overline{\overline{\overline{AB} + A\overline{B}}} = \overline{\overline{\overline{AB}} \cdot \overline{A\overline{B}}}$$

（4）画出逻辑电路图，如图 4-7 所示。

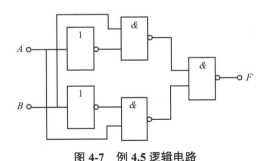

图 4-7　例 4.5 逻辑电路

该电路称做二位奇数校验器。就其逻辑功能来讲，当 A、B 状态相同时，输出 F 为 0；当 A、B 状态相异时，输出 F 为 1。这种逻辑关系称做异或逻辑，表达式为

$$F = \overline{A} B + A \overline{B} = A \oplus B$$

因为该电路是实现异或逻辑功能的电路，因此称为异或门电路，可用图 4-8 所示的逻辑电路表示。

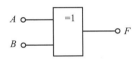

图 4-8　异或门逻辑电路

图 4-9 是集成四异或门集成电路 74LS136 的管脚排列图。图 4-10 是集成四异或（同或）门 74LS135 集成电路的管脚排列图，当 C 端为低电平 0 时，输出端 Y 与输入端 A、B 间为异或逻辑关系；当 C 端为高电平 1 时，Y 端与 A、B 端间为同或逻辑关系。

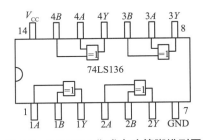

图 4-9　74LS136 集成电路管脚排列图

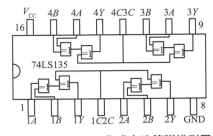

图 4-10　74LS135 集成电路管脚排列图

【**例 4.6**】设计一个三人（变量 A、B、C）表决电路，要求少数服从多数，并用不同的门电路完成设计。

解：

根据题意对逻辑变量赋值如下：三人（A、B、C）每人有一按键，如果赞同，按下，表示"1"；如不赞同，不按下，表示"0"。表决结果用指示灯（F）表示，多数赞同，灯亮为"1"，反之灯不亮为"0"。

（1）三个变量的取值共有 $2^3 = 8$ 种组合，根据题意列出真值表，如表 4-6 所示。

表 4-6 例 4.6 逻辑电路的真值表

A	B	C	F
0	0	0	0
0	0	1	0
0	1	0	0
0	1	1	1
1	0	0	0
1	0	1	1
1	1	0	1
1	1	1	1

（2）写出逻辑表达式

取 $F=1$ 列逻辑函数表达式，F 的逻辑函数表达式就是取对应于 $F=1$ 的那些最小项加起来得到的。若输入变量为 1，则取输入变量本身（如 A）；若输入变量为 0 则取其反变量（如 $\overline{B}$）。

在一种组合中，各输入变量之间是"与"关系，各组合之间是"或"关系。则逻辑函数表达式为

$$F = \overline{A}BC + A\overline{B}C + AB\overline{C} + ABC$$

（3）化简并变换逻辑表达式。

画出卡诺图，如图 4-11 所示。

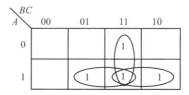

图 4-11 例 4.6 逻辑电路卡诺图

根据卡诺图写出与或逻辑函数表达式：

$$F = AB + BC + AC$$
$$= AB + C(A + B)$$

当题目中没有规定用什么门时，可以选择任意门电路。如果题目规定使用某种门电路，如限定用与非门完成，就得将逻辑函数表达式转换成与非-与非形式：

$$\boldsymbol{F} = \overline{\overline{AB + BC + \boldsymbol{AC}}}$$
$$= \overline{\overline{AB} \cdot \overline{BC} \cdot \overline{AC}}$$

（4）根据不同的逻辑函数表达式，画出对应的逻辑电路图。图 4-12（a）是同与-或逻辑函数表达式 $F = AB + BC + AC$ 对应的逻辑电路；图 4-12（b）是同与-或逻辑函数表达式 $\boldsymbol{F} = AB + C(A + B)$ 对应的逻辑电路；图 4-12（c）是同与非-与非逻辑函数表达式

$F = \overline{\overline{AB} \cdot \overline{BC} \cdot \overline{AC}}$ 对应的逻辑电路；图 4-12（d）是由式 $F = \overline{A}BC + A\overline{B}C + AB\overline{C} + ABC =$ $(\overline{A}B + A\overline{B})C + AB(\overline{C} + C) = (A \oplus B)C + AB$ 对应的与门、或门和异或门组成的逻辑电路，以上电路都是多数表决器电路。

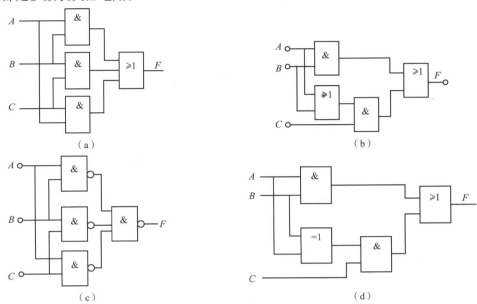

图 4-12　例 4.6 三人表决逻辑电路图

（a）$F = AB + BC + AC$　（b）$F = AB + C(A + B)$　（c）$F = \overline{\overline{AB} \cdot \overline{BC} \cdot \overline{AC}}$　（d）$F = (A \oplus B)C + AB$

由图 4-12 可知，设计一个组合逻辑电路有多种方案，可以根据命题或者具体情况择优选择合适的具体方案。

【例 4.7】设计一个交通信号灯故障报警电路。信号灯由红灯、黄灯、绿灯组成，在正常情况下只有一盏灯亮，否则信号灯故障发出报警信号。

解：

（1）根据题目进行逻辑抽象。

设交通信号灯分别为：红灯（R）、黄灯（A）、绿灯（G）；故障报警信号（F）。信号灯正常工作时：绿灯亮表示通行，黄灯亮表示警示，红灯亮表示停止。信号灯除正常状态外的情况均属故障状态。若设灯亮为 1，灯灭为 0，有故障 F 为 1，无故障 F 为 0。

（2）根据逻辑功能要求，列出逻辑真值表，如表 4-7 所示。

表 4-7　例 4.7 逻辑电路的真值表

R	A	G	F
0	0	0	1
0	0	1	0
0	1	0	0
0	1	1	1

R	A	G	F
1	0	0	0
1	0	1	1
1	1	0	1
1	1	1	1

（3）由真值表写出逻辑函数表达式。

$$F = \overline{R}\,\overline{A}\,\overline{G} + \overline{R}\,AG + R\overline{A}\,G + RA\,\overline{G} + RAG$$

（4）简化和变换以上逻辑函数表达式。

$$F = \overline{R}\,\overline{A}\,\overline{G} + AG + RG + RA$$

（5）画出逻辑图,如图 4-13 所示。

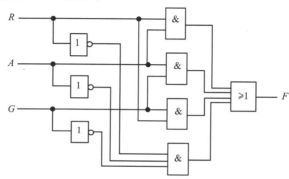

图 4-13　例 4.7 交通信号灯故障报警电路

如果要求用与非门完成电路设计,则逻辑函数表达式应变换为

$$F = \overline{R}\,\overline{A}\,\overline{G} + AG + RG + RA$$
$$= \overline{\overline{\overline{R}\,\overline{A}\,\overline{G} + AG + RG + RA}}$$
$$= \overline{\overline{\overline{R}\,\overline{A}\,\overline{G}} \cdot \overline{AG} \cdot \overline{RG} \cdot \overline{RA}}$$

与之相应的逻辑电路如图 4-14 所示。

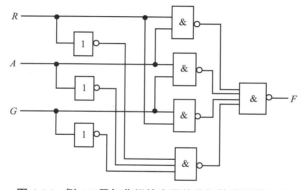

图 4-14　例 4.7 用与非门的交通信号灯故障报警电路

4.3 加法器

☑【本节内容简介】

算术运算电路是计算机中不可缺少的单元电路,最常用的是加法器。加法器按功能又可分为半加器和全加器。

4.3.1 半加器

不考虑来自低位进位的两个一位二进制数的相加为半加,实现半加运算的电路称为半加器。

半加器的工作原理

根据二进制数相加的运算规律,可得半加器的真值表,如表 4-8 所示。其中 A、B 为被加数和加数,S 为半加和,C 为进位数。

由真值表可得半加和 S 与进位数 C 的逻辑函数表达式

$$S = A\,\overline{B} + \overline{A}\,B = A \oplus B$$

$$C = AB$$

由上式可知,半加器可通过一个异或门和一个与门实现,其逻辑电路和符号如图 4-15 所示。

表 4-8 半加器真值表

A	B	S	C
0	0	0	0
0	1	1	0
1	0	1	0
1	1	0	1

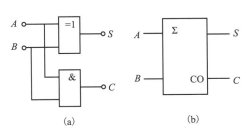

图 4-15 半加器逻辑电路及符号
(a)逻辑电路 (b)逻辑符号

4.3.2 全加器

所谓全加,是指两个多位二进制数做加法运算时,第 n 位的被加数 A_n、加数 B_n 以及来

自相邻低位的进位 C_{n-1} 三者相加,其结果得到本位和 S_n 以及向相邻高位的进位数 C_n 的运算。实现全加运算的逻辑电路叫全加器。全加器的真值表如表 4-9 所示。

表 4-9　全加器真值表

输入			输出	
A_n	B_n	C_{n-1}	S_n	C_n
0	0	0	0	0
0	0	1	1	0
0	1	0	1	0
0	1	1	0	1
1	0	0	1	0
1	0	1	0	1
1	1	0	0	1
1	1	1	1	1

根据真值表可写出和数 S_n、进位 C_n 的逻辑表达式

$$S_n = \overline{A}_n \overline{B}_n C_{n-1} + \overline{A}_n B_n \overline{C}_{n-1} + A_n \overline{B}_n \overline{C}_{n-1} + A_n B_n C_{n-1}$$
$$= (\overline{A}_n B_n + A_n \overline{B}_n) \overline{C}_{n-1} + (\overline{A}_n \overline{B}_n + A_n B_n) C_{n-1}$$
$$= (A_n \oplus B_n) \overline{C}_{n-1} + (\overline{A_n \oplus B_n}) C_{n-1}$$
$$= A_n \oplus B_n \oplus C_{n-1}$$
$$C_n = \overline{A}_n B_n C_{n-1} + A_n \overline{B}_n C_{n-1} + A_n B_n \overline{C}_{n-1} + A_n B_n C_{n-1}$$
$$= (\overline{A}_n B_n + A_n \overline{B}_n) C_{n-1} + A_n B_n (\overline{C}_{n-1} + C_{n-1}) = (A_n \oplus B_n) C_{n-1} + A_n B_n$$

全加器的工作
原理

由上式可知,全加器可由两个半加器和一个或门组成,其逻辑电路和符号如图 4-16 所示。

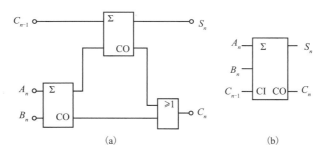

图 4-16　全加器逻辑电路及符号
（a）逻辑电路　（b）逻辑符号

4.3.3　多位加法器

1. 串行进位加法器

实现两个多位二进制数的加法运算,需要多个全加器(最低位可用半加器)。图 4-17 是一个 4 位串行进位加法器的逻辑电路,它是由 4 个全加器组成的,低位全加器的进位输出

CO 接到高位的进位输入 CI, 任一位的加法运算必须在低一位的运算完成之后才能进行, 故称为串行进位。实际应用中, 该电路可选用两片 74LS183 或一片 74LS283 全加器集成电路芯片来完成。74LS183 为 2 位二进制全加器, 74LS283 为 4 位二进制全加器。图 4-18 是用两片 74LS183 组成的 4 位二进制加法器。

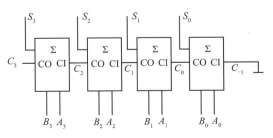

图 4-17　4 位串行进位加法器

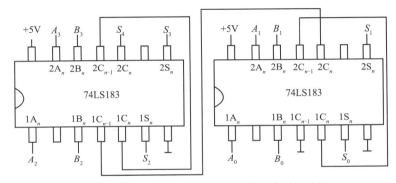

图 4-18　两片 74LS183 组成的 4 位二进制加法器

2. 超前进位加法器

超前进位加法器是指在做多位加法时, 各位的进位输入信号直接由输入二进制数通过超前进位电路产生, 由于该电路与每位加法运算无关, 所以可以加快加法运算的速度。以 4 位二进制加法器为例, 说明超前进位加法器的工作原理。

一位全加器的进位表达式可写为

$$C_n = A_n B_n + B_n C_{n-1} + A_n C_{n-1}$$

且 $(CI)_n = (CO)_{n-1}$

从而可得：

$$n = 0 : (CI)_0 = 0$$

$$S_0 = A_0 \oplus B_0 \oplus (CI)_0$$

$$(CO)_0 = A_0 B_0 + (A_0 + B_0)(CI)_0$$

$$n=1: \quad (CI)_1 = (CO)_0$$
$$S_1 = A_1 \oplus B_1 \oplus (CO)_0$$
$$= A_1 \oplus B_1 \oplus (A_0 B_0 + (A_0 + B_0)(CI)_0)$$
$$(CO)_1 = A_1 B_1 + (A_1 + B_1)(CO)_0$$
$$= A_1 B_1 + (A_1 + B_1)(A_0 B_0 + (A_0 + B_0)(CI)_0)$$
$$n=2: \quad (CI)_2 = (CO)_1$$
$$= A_1 B_1 + (A_1 + B_1)(A_0 B_0 + (A_0 + B_0)(CI)_0)$$
$$(CO)_2 = A_2 B_2 + (A_2 + B_2)(CI)_2$$
$$= A_2 B_2 + (A_2 + B_2)(A_1 B_1 + (A_1 + B_1)(A_0 B_0 + (A_0 + B_0)(CI)_0))$$
$$S_2 = A_2 \oplus B_2 \oplus (CI)_2$$
$$= A_2 \oplus B_2 \oplus (A_1 B_1 + (A_1 + B_1)(A_0 B_0 + (A_0 + B_0)(CI)_0))$$
$$\vdots$$

因此,当两个 4 位二进制数 $A_3 A_2 A_1 A_0$ 与 $B_3 B_2 B_1 B_0$ 及最低位 C_{-1} 确定后,根据 C_0、C_1、C_2、C_3 的表达式确定超前进位电路,产生每位全加器的进位输入,得到 4 位超前进位加法器的电路。

综上所述,超前进位加法器电路的 4 个进位信号可以同时得到,大大提高了运算速度,这种方法也称为并行进位加法器。并行进位加法器的典型产品是 CT74LS283,如图 4-19 所示。

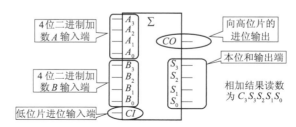

图 4-19　CT74LS283 的端口

【例 4.8】用两片 74LS283 实现 8 位二进制数的相加运算。

解:

8 位二进制数的相加的逻辑电路如图 4-20 所示。

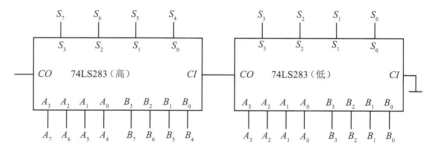

图 4-20　8 位二进制数相加的逻辑电路

4.3.4　用加法器设计组合逻辑电路

若能将生成的函数表达式变换成输入变量与输入变量相加,或者变换成输入变量与常量相加的形式,用加法器设计组合逻辑电路会比较简单。

【例 4.9 】将二-十进制 BCD8421 码转换为余 3 码。

解：以 BCD8421 码为输入,余 3 码为输出,列出真值表如表 4-10 所示。

表 4-10　例 4.9 逻辑真值表

输入				输出			
D	C	B	A	F_3	F_2	F_1	F_0
0	0	0	0	0	0	1	1
0	0	0	1	0	1	0	0
0	0	1	0	0	1	0	1
0	0	1	1	0	1	1	0
0	1	0	0	0	1	1	1
0	1	0	1	1	0	0	0
0	1	1	0	1	0	0	1
0	1	1	1	1	0	1	0
1	0	0	0	1	0	1	1
1	0	0	1	1	1	0	0

由真值表可知,由 $F_3 F_2 F_1 F_0$ 和 $DCBA$ 所代表的二进制数始终相差 0011,即十进制数的 3。则可得：

$$F_3 F_2 F_1 F_0 = DCBA + 0011$$

由上式可知,符合余 3 码的特征。根据上式,用一片 74LS283 便可完成转换电路的设计,如图 4-21 所示。

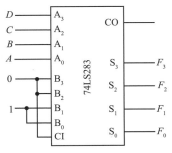

图 4-21　例 4.9 的转换电路

4.4 编码器

☑ **【本节内容简介】**

把具有特定含义的输入信号(文字、数字、符号)转换成二进制代码的过程叫编码,能够实现编码的电路称为编码器,如图 4-22 所示。常用的编码器有二进制编码器、二-十进制编码器、优先编码器等。

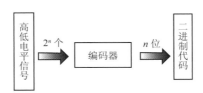

图 4-22 编码器示意图

n 位二进制代码有 2^n 种组合,可以表示 2^n 个信息。要表示 N 个信息所需的二进制代码应满足:

$$2^n \geqslant N$$

4.4.1 二进制编码器

将某种信号转换成二进制代码的电路称为二进制编码器。下面介绍将 $I_0 \sim I_7$ 8 个输入信号进行编码的步骤。

1. 确定二进制代码的位数

现有 8 个信号,应有 8 种状态来表示,根据 $2^n = 8$ 可知 $n = 3$,所以输出应为三位二进制代码,即输出端有 3 个。

2. 列编码表

编码表是将待编码的 8 个信号和对应的二进制代码按一定顺序列成的表格,如表 4-11 所示。

表 4-11　3 位二进制编码表

输入								输出		
I_0	I_1	I_2	I_3	I_4	I_5	I_6	I_7	Y_2	Y_1	Y_0
0	0	0	0	0	0	0	1	1	1	1
0	0	0	0	0	0	1	0	1	1	0
0	0	0	0	0	1	0	0	1	0	1
0	0	0	0	1	0	0	0	1	0	0
0	0	0	1	0	0	0	0	0	1	1
0	0	1	0	0	0	0	0	0	1	0

输入								输出		
0	1	0	0	0	0	0	0	0	0	1
1	0	0	0	0	0	0	0	0	0	0

由编码表可知,对于每一组二进制代码,要求 8 个输入信号中只能有一个输入为 1,其他都为 0。例如,I_7 为 1,其他都为 0 时,对应的代码为 $Y_2 Y_1 Y_0 = 1\ 1\ 1$。

3. 根据编码表写出逻辑函数表达式

$$Y_2 = I_4 + I_5 + I_6 + I_7 = \overline{\overline{I_4 + I_5 + I_6 + I_7}} = \overline{\overline{I_4} \cdot \overline{I_5} \cdot \overline{I_6} \cdot \overline{I_7}}$$

$$Y_1 = I_2 + I_3 + I_6 + I_7 = \overline{\overline{I_2 + I_3 + I_6 + I_7}} = \overline{\overline{I_2} \cdot \overline{I_3} \cdot \overline{I_6} \cdot \overline{I_7}}$$

$$Y_0 = I_1 + I_3 + I_5 + I_7 = \overline{\overline{I_1 + I_3 + I_5 + I_7}} = \overline{\overline{I_1} \cdot \overline{I_3} \cdot \overline{I_5} \cdot \overline{I_7}}$$

4. 由逻辑函数表达式画出逻辑图

用与非门构成的逻辑电路如图 4-23 所示。由于该电路有 8 个输入端,3 个输出端,所以又称为 8 线-3 线编码器。

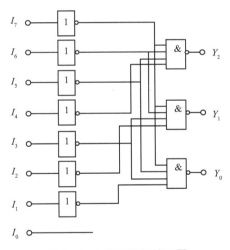

图 4-23   3 位二进制编码器

4.4.2   二-十进制编码器

二-十进制编码器是将十进制的 10 个数码 0~9 编成二进制代码的电路。输入是 0~9 的 10 个数码,输出是对应的二进制代码。用二进制代码表示十进制数,称为二-十进制编码,简称 BCD 编码。

二-十进制编码器的工作原理

1. 确定二进制代码的位数

输入为 10 个数码,有 10 种状态,3 位二进制代码只有 8 种状态,所以输出应为 4 位二进制代码。

2. 列编码表

4 位二进制代码共有 16 种状态,其中任何 10 种状态都可用来表示 0~9 共 10 个数码。最常用的是 BCD8421 编码方式,就是在 4 位二进制代码的 16 种状态中取出前 10 种状态,即 0000~1001,将后 6 种状态去掉。二进制代码各位的 1 所代表的十进制数从高位到低位依次为 8、4、2、1,称之为"权",8421 码由此而得名。二进制代码各位的数码乘以该位的"权"再相加,即得出该二进制代码所表示的一位十进制数。例如,"0101"表示十进制数的 5,因为:

$$0 \times 8 + 1 \times 4 + 0 \times 2 + 1 \times 1 = 5$$

二-十进制编码表如表 4-12 所示。

表 4-12 BCD8421 码编码表

十进制数码	输入										输出			
	S_0	S_1	S_2	S_3	S_4	S_5	S_6	S_7	S_8	S_9	D	C	B	A
0	0	1	1	1	1	1	1	1	1	1	0	0	0	0
1	1	0	1	1	1	1	1	1	1	1	0	0	0	1
2	1	1	0	1	1	1	1	1	1	1	0	0	1	0
3	1	1	1	0	1	1	1	1	1	1	0	0	1	1
4	1	1	1	1	0	1	1	1	1	1	0	1	0	0
5	1	1	1	1	1	0	1	1	1	1	0	1	0	1
6	1	1	1	1	1	1	0	1	1	1	0	1	1	0
7	1	1	1	1	1	1	1	0	1	1	0	1	1	1
8	1	1	1	1	1	1	1	1	0	1	1	0	0	0
9	1	1	1	1	1	1	1	1	1	0	1	0	0	1

3. 由编码表写出逻辑函数表达式

$$A = \overline{S}_1 + \overline{S}_3 + \overline{S}_5 + \overline{S}_7 + \overline{S}_9$$
$$= \overline{\overline{\overline{S}_1 + \overline{S}_3 + \overline{S}_5 + \overline{S}_7 + \overline{S}_9}}$$
$$= \overline{S_1 \cdot S_3 \cdot S_5 \cdot S_7 \cdot S_9}$$
$$B = \overline{S}_2 + \overline{S}_3 + \overline{S}_6 + \overline{S}_7$$
$$= \overline{\overline{\overline{S}_2 + \overline{S}_3 + \overline{S}_6 + \overline{S}_7}}$$
$$= \overline{S_2 \cdot S_3 \cdot S_6 \cdot S_7}$$

同理得 $C = \overline{S_4 \cdot S_5 \cdot S_6 \cdot S_7}$;

$$D = \overline{S_8 \cdot S_9}$$

4. 由逻辑函数表达式画出逻辑电路图

由逻辑函数表达式画出逻辑图,如图 4-24 所示。当按下某一键号时,输出便产生与该键号对应的 8421 码。例如按下 S_6,相应输入"6"为低电平 0,其余输入均为高电平 1,则输出端 $D = 0$,$C = 1$,$B = 1$,$A = 0$,即将十进制的 6 编成了二进制代码 0110。该电路设置了控制标志 S,S = 0 时,电路尚未处于编码状态,输出 DCBA = 0000;S = 1 时,表示 S_0 键被按下,输出 DCBA = 0000,这是十进制 0 的二进制代码。

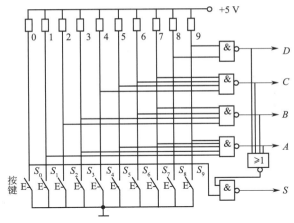

图 4-24 键控 BCD8421 码编码器

4.4.3 优先编码器

上述两种编码电路存在一定的问题,编码器每次只允许出现一个输入信号。如果同时有多个输入信号出现,其输出是混乱的。为解决这一问题,可采用优先编码器。优先编码器允许几个信号同时输入,但电路只对其中优先级别最高的输入信号编码。在实际应用中多采用集成优先编码器,常用的有 74LS147 和 74LS148 等。

图 4-25 所示为 74LS148 为 8 线-3 线优先编码器。

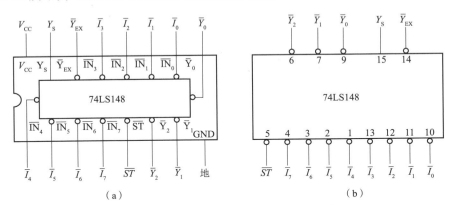

图 4-25 74LSl48 为 8 线-3 线优先编码器
（a）管脚功能 （b）逻辑功能

8 线-3 线 74LS148 优先编码器的功能表如表 4-13 所示,其中 $\overline{ST}$ 可简写为 $\overline{S}$ 。

表 4-13 74LS148 优先编码器功能表

输入									输出				
$\overline{S}$	$\overline{I_0}$	$\overline{I_1}$	$\overline{I_2}$	$\overline{I_3}$	$\overline{I_4}$	$\overline{I_5}$	$\overline{I_6}$	$\overline{I_7}$	$\overline{Y_2}$	$\overline{Y_1}$	$\overline{Y_0}$	$\overline{Y_S}$	$\overline{Y_{EX}}$
1	×	×	×	×	×	×	×	×	1	1	1	1	1
0	1	1	1	1	1	1	1	1	1	1	1	0	1

输入									输出				
0	×	×	×	×	×	×	×	0	0	0	0	1	0
0	×	×	×	×	×	×	0	1	0	0	1	1	0
0	×	×	×	×	×	0	1	1	0	1	0	1	0
0	×	×	×	×	0	1	1	1	0	1	1	1	0
0	×	×	×	0	1	1	1	1	1	0	0	1	0
0	×	×	0	1	1	1	1	1	1	0	1	1	0
0	×	0	1	1	1	1	1	1	1	1	0	1	0
0	0	1	1	1	1	1	1	1	1	1	1	1	0

74LS148 的逻辑功能描述如下。

（1）编码输入端：逻辑符号输入端 I_0、$I_1 \cdots I_7$ 字母上面均有 "—" 号，这表示编码输入低电平有效。输入端中 $\overline{I}_7$ 被编信号优先级最高，$\overline{I}_0$ 优先级最低。优先级从高到低依次为 $\overline{I}_7$、$\overline{I}_6$、$\overline{I}_5$、$\overline{I}_4$、$\overline{I}_3$、$\overline{I}_2$、$\overline{I}_1$、$\overline{I}_0$。当 $\overline{I}_7$ 有效时，其他输入端为任意态，用 × 表示；而当 $\overline{I}_6$ 有效时，$\overline{I}_7$ 必须无效，取值为 1，否则即使 $\overline{I}_6$ 有效，也是对优先级别高的 $\overline{I}_7$ 编码，而其他比 $\overline{I}_6$ 优先级别低的输入信号则为任意态，以此类推。

（2）编码输出端 $\overline{Y}_2$、$\overline{Y}_1$、$\overline{Y}_0$：从功能表可以看出，74LS148 编码器的编码输出是反码。

（3）选通输入端 $\overline{S}$：低电平有效。只有在输入变量 $\overline{S}=0$ 时，编码器才处于工作状态；而在 $\overline{S}=1$ 时，编码器处于禁止状态，所有输出端均被封锁为高电平。

（4）选通输出端 $\overline{Y}_S$ 和扩展输出端 $\overline{Y}_{EX}$：两者为扩展编码器功能而设置。对于两者的变量：$\overline{Y}_S=0$ 表示无编码输入信号；$\overline{Y}_{EX}=0$ 表示有编码输入信号。两者附加输出信号的工作模式如表 4-14 所示。

表 4-14　附加输出信号的工作模式

$\overline{Y}_S$	$\overline{Y}_{EX}$	状态
1	1	不工作
0	1	工作，但无输入
1	0	工作，且有输入
0	0	不可能出现

【例 4.10】试用两片 74LS148 将 8 线-3 线优先编码器扩展成 16 线-4 线优先编码器。

解：两片 74148 扩展成 16 线-4 线优先编码器，两片共 16 个输入端正好构成 16 线-4 线编码器的 16 个输入，$\overline{I}_{15} \sim \overline{I}_8$ 这 8 个优先级高的端口用于其中一个芯片的输入，$\overline{I}_7 \sim \overline{I}_0$ 这 8 个优先级低的端口用于另外一个芯片的输入，将优先级高的芯片的选通输入端输入接地，选通输出端接优先级低的芯片的选通输入，这个过程通常称为芯片的级联。在输出端，将每个芯片相同的输出端相与就可以得到16线-4线编码器的低三位输出,最高位可由优先级高的芯片的扩展端$\overline{Y}_{EX}$获得。扩展电路如图4-26所示。

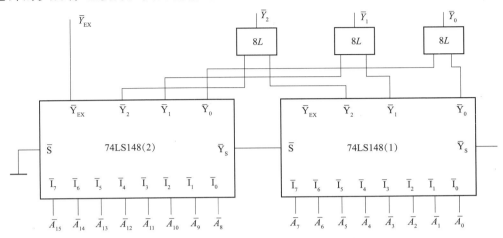

图4-26　例4.10 扩展16线-4线优先编码器电路图

图4-27所示为10线-4线优先编码器74LS147;表4-15为74LS147优先编码器的真值表。

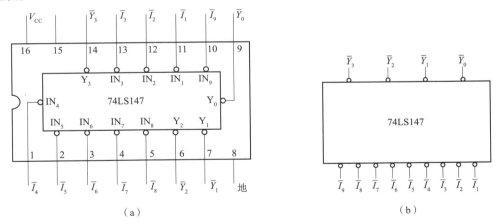

（a）　　　　　　　　　　　　　　　　　　（b）

图4-27　10线-4线优先编码器74LS147
（a）管脚功能　（b）逻辑功能

表4-15　74LS147优先编码器真值表

输入									输出			
$\overline{I}_1$	$\overline{I}_2$	$\overline{I}_3$	$\overline{I}_4$	$\overline{I}_5$	$\overline{I}_6$	$\overline{I}_7$	$\overline{I}_8$	$\overline{I}_9$	$\overline{Y}_3$	$\overline{Y}_2$	$\overline{Y}_1$	$\overline{Y}_0$
1	1	1	1	1	1	1	1	1	1	1	1	1
×	×	×	×	×	×	×	×	0	0	1	1	0
×	×	×	×	×	×	×	0	1	0	1	1	1
×	×	×	×	×	×	0	1	1	1	0	0	0

续表

输入									输出			
×	×	×	×	×	0	1	1	1	1	0	0	1
×	×	×	×	0	1	1	1	1	1	0	1	0
×	×	×	0	1	1	1	1	1	1	0	1	1
×	×	0	1	1	1	1	1	1	1	1	0	0
×	0	1	1	1	1	1	1	1	1	1	0	1
0	1	1	1	1	1	1	1	1	1	1	1	0

被编信号优先级别从高到低的输入变量依次为 $\overline{I}_9$、$\overline{I}_8$、$\overline{I}_7$、$\overline{I}_6$、$\overline{I}_5$、$\overline{I}_4$、$\overline{I}_3$、$\overline{I}_2$、$\overline{I}_1$、$\overline{I}_0$。在使用 74LS147 优先编码器时需要注意的是,其可以对 0~9 十个数字进行编码,但其输入信号只有 9 个,为 1~9,输入信号 0 实际上为隐含输入,当 1~9 都无效时,输出编码为 0 的 BCD 码。

4.5 译码器

☑ 【本节内容简介】

译码是编码的逆过程,即将每一组二进制代码"翻译"成一个相应的输出信号。实现译码功能的逻辑电路称为译码器,如图 4-28 所示。译码器按用途大致分为三大类:一是二进制译码器,又称变量译码器,用来表示输入变量状态的译码器;二是码制变换译码器,常见的是把 BCD 码转换成十进制的译码器,简称二-十进制译码器;三是显示译码器,用来驱动数码管等显示器件的译码器。

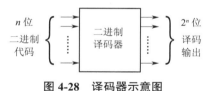

图 4-28 译码器示意图

二进制译码器的工作原理

4.5.1 二进制译码器

1. 2 位二进制译码器

图 4-29 所示电路是一个 2 位二进制译码器,其中 A、B 为输入,输入 2 位二进制代码,$\overline{Y}_0 \sim \overline{Y}_3$ 为 4 个输出信号,所以又称为 2 线-4 线译码器。其逻辑函数表达式为

$$\overline{Y}_0 = \overline{\overline{B}\,\overline{A}}$$
$$\overline{Y}_1 = \overline{\overline{B}A}$$
$$\overline{Y}_2 = \overline{B\overline{A}}$$
$$\overline{Y}_3 = \overline{BA}$$

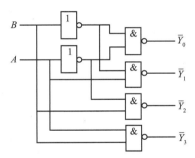

图 4-29　2 线-4 线译码器

当输入 A、B 的状态改变时,输出端有相应的信号输出,其真值表如表 4-16 所示。

表 4-16　2 线-4 线译码器真值表

输入		输出			
B	A	$\overline{Y}_3$	$\overline{Y}_2$	$\overline{Y}_1$	$\overline{Y}_0$
0	0	1	1	1	0
0	1	1	1	0	1
1	0	1	0	1	1
1	1	0	1	1	1

由真值表可看出,对应任何一组代码的输入,都只能有一条相应的输出线有信号输出,在该电路中为低电平 0,而其他输出端均为高电平 1。实现了把输入代码译成特定信号的功能。

常用的集成二进制译码器种类很多,如 74LS139、74LS138 等。74LS139 为双 2 线-4 线译码器,如图 4-30 所示。A_0、A_1 是输入端,$Y_0 \sim Y_3$ 是输出端,$\overline{S}$ 是使能端。

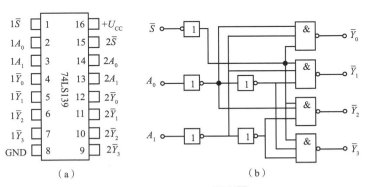

图 4-30　74LS139 译码器
（a）外引线排列图　（b）逻辑图

2. 集成 3 线-8 线译码器 74LS138

74LS138 为 3 线-8 线译码器,图 4-31 所示为其管脚排列图。74LS138 具有三个控制变量 S_1、$\overline{S}_2$ 和 $\overline{S}_3$。当 $S_1 = 0$ 或 $\overline{S}_2 + \overline{S}_3 = 1$ 时,不论其他输入为何状态,输出 $\overline{Y}_0 \sim \overline{Y}_7$ 均为高电平

1，即禁止译码。只有当 $S_1 = 1$ 且 $\overline{S_2} = \overline{S_3} = 0$ 时，才允许译码。译码器输出低电平有效，如当 $A_2 A_1 A_0 = 1\,0\,1$ 时，$\overline{Y}_5 = 0$，其他输出均为高电平 1。

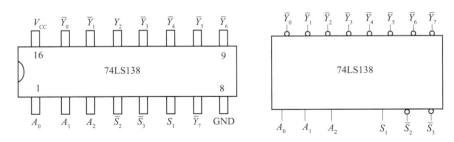

图 4-31　74LSl38 译码器

（a）管脚排列图　（b）逻辑符号图

74LS138 的真值表如表 4-17 所示。

表 4-17　74LS138 真值表

输入			输出							
S_1	$\overline{S_2} + \overline{S_3}$	$A_2 A_1 A_0$	$\overline{Y}_0$	$\overline{Y}_1$	$\overline{Y}_2$	$\overline{Y}_3$	$\overline{Y}_4$	$\overline{Y}_5$	$\overline{Y}_6$	$\overline{Y}_7$
×	1	× × ×	1	1	1	1	1	1	1	1
0	×	× × ×	1	1	1	1	1	1	1	1
1	0	0 0 0	0	1	1	1	1	1	1	1
1	0	0 0 1	1	0	1	1	1	1	1	1
1	0	0 1 0	1	1	0	1	1	1	1	1
1	0	0 1 1	1	1	1	0	1	1	1	1
1	0	1 0 0	1	1	1	1	0	1	1	1
1	0	1 0 1	1	1	1	1	1	0	1	1
1	0	1 1 0	1	1	1	1	1	1	0	1
1	0	1 1 1	1	1	1	1	1	1	1	0

由真值表 4-17，可写出 74LS138 的输出逻辑函数表达式：

$$
\begin{cases}
\overline{Y}_0 = \overline{\overline{A_2}\,\overline{A_1}\,\overline{A_0}} = \overline{m}_0 \\
\overline{Y}_1 = \overline{\overline{A_2}\,\overline{A_1}\,A_0} = \overline{m}_1 \\
\overline{Y}_2 = \overline{\overline{A_2}\,A_1\,\overline{A_0}} = \overline{m}_2 \\
\overline{Y}_3 = \overline{\overline{A_2}\,A_1\,A_0} = \overline{m}_3 \\
\overline{Y}_4 = \overline{A_2\,\overline{A_1}\,\overline{A_0}} = \overline{m}_4 \\
\overline{Y}_5 = \overline{A_2\,\overline{A_1}\,A_0} = \overline{m}_5 \\
\overline{Y}_6 = \overline{A_2\,A_1\,\overline{A_0}} = \overline{m}_6 \\
\overline{Y}_7 = \overline{A_2\,A_1\,A_0} = \overline{m}_7
\end{cases}
$$

由上式可知，74LS138 的输出低电平有效，将输入的 3 位二进制代码都译出来。因此 74LS138 的 8 个输出为 8 个最小项的与非表达式。

3. 用译码器实现组合逻辑函数

综上所述，二进制译码器的输出为输入变量的全部最小项，即每一个输出对应一个最小项，而任何一个逻辑函数都可变换为最小项之和的标准与或形式。因此，用译码器和门电路可实现任何单输出或多输出的组合逻辑电路。当译码器输出低电平有效时，选用与非门综合；当输出为高电平有效时，选用或门综合。

【例 4.11】试用译码器和门电路实现逻辑函数

$$F = AB + BC + AC$$

解：

（1）根据逻辑函数选用译码器。由于逻辑函数中有 A、B、C 三个变量，故应选用 3 线-8 线译码器 74LS138。其输出为低电平有效，选用与非门综合。

（2）写出 F 的标准与或表达式，再转换成与非表达式：

$$F = AB + BC + AC$$
$$= \overline{A}BC + A\overline{B}C + AB\overline{C} + ABC$$
$$= \overline{\overline{A}BC \cdot \overline{A\overline{B}C} \cdot \overline{AB\overline{C}} \cdot \overline{ABC}}$$
$$= \overline{\overline{Y_3} \cdot \overline{Y_5} \cdot \overline{Y_6} \cdot \overline{Y_7}}$$

（3）将逻辑函数与 74LS138 的输出表达式进行比较。设 $A=A_2$、$B=A_1$、$C=A_0$，则根据上式可画出图 4-32 所示的逻辑电路图。

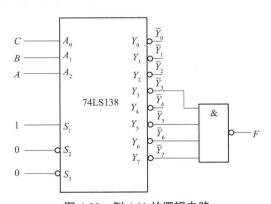

图 4-32　例 4.11 的逻辑电路

【例 4.12】试用两片 74LS138 组成的 4 线-16 线译码器。

解：

（1）确定译码器的个数。

如果构成 4 线-16 线译码器，则可以用两片 3 线－8 线译码器 74LS138 构成。

（2）确定译码器的输入与输出。

$A_3 \sim A_0$ 是四位二进制代码输入。低 3 位码从各译码器的输入端输入。高位码 A_3 与高位片 S_1 和低位片 $\overline{S}_2$ 相连，低位片 S_1 不用，应接有效高电平 1。

1）$A_3 = 0$ 时,高位片不工作,低位片工作,译出与输入 0000～0111 分别对应的 8 个输出信号 $\overline{Y}_0 \sim \overline{Y}_7$。

2）$A_3 = 1$ 时,低位片不工作,高位片工作,译出与输入 1000～1111 分别对应的 8 个输出信号 $\overline{Y}_8 \sim \overline{Y}_{15}$。

3）$\overline{Y}_0 \sim \overline{Y}_{15}$ 是 16 个译码输出端。

（3）确定译码器的使能端。

$\overline{E}$ 作为 4 线-16 线译码器的使能信号,低电平有效。$\overline{E} = 1$ 时,两个译码器都不工作,输出 $\overline{Y}_0 \sim \overline{Y}_{15}$ 都为高电平 1;$\overline{E} = 0$ 时,允许译码。

（4）画出用两片 74LS138 组成的 4 线-16 线译码器的逻辑电路,如图 4-33 所示。

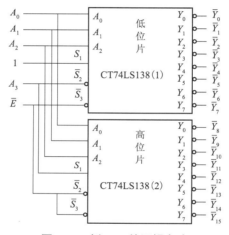

图 4-33 例 4.12 的逻辑电路

4.5.2 二-十进制译码器

二-十进制译码器是将 BCD 码的十组代码译成 0～9 十个对应输出信号的电路,又称 4 线 -10 线译码器。图 4-34 是集成电路二-十进制译码器 74LS42 的管脚排列图。该电路有 4 个输入,从高位到低位依次为 A_3、A_2、A_1 和 A_0。10 个译码输出 $\overline{Y}_0 \sim \overline{Y}_9$,低电平 0 有效。其逻辑功能如表 4-18 所示。

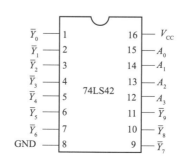

图 4-34 74LS42 二-十进制译码器

表 4-18　74LS42 二-十进制译码器功能表

输入				输出									
A_3	A_2	A_1	A_0	$\overline{Y_9}$	$\overline{Y_8}$	$\overline{Y_7}$	$\overline{Y_6}$	$\overline{Y_5}$	$\overline{Y_4}$	$\overline{Y_3}$	$\overline{Y_2}$	$\overline{Y_1}$	$\overline{Y_0}$
0	0	0	0	1	1	1	1	1	1	1	1	1	0
0	0	0	1	1	1	1	1	1	1	1	1	0	1
0	0	1	0	1	1	1	1	1	1	1	0	1	1
0	0	1	1	1	1	1	1	1	1	0	1	1	1
0	1	0	0	1	1	1	1	1	0	1	1	1	1
0	1	0	1	1	1	1	1	0	1	1	1	1	1
0	1	1	0	1	1	1	0	1	1	1	1	1	1
0	1	1	1	1	1	0	1	1	1	1	1	1	1
1	0	0	0	1	0	1	1	1	1	1	1	1	1
1	0	0	1	0	1	1	1	1	1	1	1	1	1

由表 4-18 可知，当 $A_3A_2A_1A_0 = 0000$ 时，$Y_0 = \overline{A_3}\,\overline{A_2}\,\overline{A_1}\,\overline{A_0}$，即 $\overline{Y_0} = \overline{\overline{A_3}\,\overline{A_2}\,\overline{A_1}\,\overline{A_0}} = 0$，它对应的十进制数为 0，其余输出依次类推。

4.5.3　显示译码器

在数字电路中，常常需要把运算结果用十进制数显示出来，这就要用显示译码器。常见的显示译码器是数字显示电路，它由译码器、驱动器和显示器等部分组成。

1. 显示器件

常用的显示器件有半导体数码管、液晶数码管和荧光数码管等。这里仅介绍半导体数码管。

1）半导体数码管

LED 数码管亦称半导体数码管，其基本结构是 PN 结。制造 PN 结的半导体材料是磷砷化镓、磷化镓等。当 PN 结外加正向电压时，就能发出清晰的光。单个 PN 结可以封装成发光二极管，多个 PN 结可按分段封装成半导体数码管。

半导体数码管的工作电压为 1.5～3 V，工作电流为几毫安到十几毫安。半导体数码管将十进制数码分成 7 段，又称为 7 段数码管，选择不同的字段发光，可显示 0～9 不同的字形，如图 4-35 所示。

在半导体数码管中，7 个发光二极管有共阴极和共阳极两种接法，如图 4-36 所示。在共阴极接法中，接高电平的字段发光，且需要配用输出高电平有效的译码器。在共阳极接法中，接低电平的字段发光，且需要配用输出低电平有效的译码器。使用时，每个发光管要串接约 100 Ω 的限流电阻。

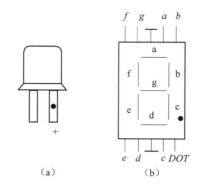

图4-35 半导体数码管和发光二极管

（a）发光二极管 （b）半导体数码管

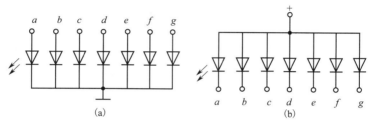

图4-36 7段数码管的两种接法

（a）共阴极 （b）共阳极

2）液晶显示器（LCD）

液晶显示原理：无外加电场作用时，液晶分子整齐排列，入射的光线绝大部分被反射回去，液晶体呈透明状态，不显示数字；当在相应字段的电极上加电压时，液晶体中的导电正离子做定向运动，在运动过程中不断撞击液晶分子，破坏了液晶分子的整齐排列，液晶对入射光产生散射而呈现暗灰色，于是显示出相应的数字；当外加电场断开后，液晶分子又恢复到整齐排列状态，字形随之消失。

液晶显示器的最大优点是功耗极小，每平方厘米的功耗在 $1\ \mu W$ 以下。它的工作电压也很低，在 1 V 以下仍能工作。因此，液晶显示器在电子表及各种小型、便携式仪器、仪表中得到了广泛应用。但是，由于它本身不会发光，仅仅靠反射外界光线显示字形，所以亮度很差。此外，它的响应速度较低（为 10~200 ms），这就限制了它在快速显示系统中的应用。

2. 显示译码器

显示译码器的种类很多。7段显示译码器是把 BCD 码译成驱动 7 段 LED 数码管的信号，显示出相应的十进制数码，其真值表如表 4-19 所示。

表 4-19 7 段显示译码器真值表

输入				输出							显示数字
A_3	A_2	A_1	A_0	a	b	c	d	e	f	g	
0	0	0	0	1	1	1	1	1	1	0	0
0	0	0	1	0	1	1	0	0	0	0	1
0	0	1	0	1	1	0	1	1	0	1	2
0	0	1	1	1	1	1	1	0	0	1	3
0	1	0	0	0	1	1	0	0	1	1	4
0	1	0	1	1	0	1	1	0	1	1	5
0	1	1	0	1	0	1	1	1	1	1	6
0	1	1	1	1	1	1	0	0	0	0	7
1	0	0	0	1	1	1	1	1	1	1	8
1	0	0	1	1	1	1	1	0	1	1	9

由真值表可以看出,该译码器输出为高电平有效,应与共阴极数码管配合使用。对于与共阳极配合使用的显示译码器,其真值表与表 4-19 所示的相反,即将输出状态中的 1 和 0 对换。

集成电路 74LS48 是输出高电平有效的 7 段显示译码器,其管脚排列如图 4-37 所示。该电路除基本输入端和输出端外,还有三个辅助控制变量:试灯输入 $\overline{LT}$,灭零输入 $\overline{RBI}$,灭灯输入/灭零输出 $\overline{BI}/\overline{RBO}$。其中,$\overline{BI}/\overline{RBO}$ 既可以作输入用,也可作输出用。

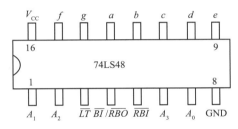

图 4-37 74LS48 管脚排列

1)试灯功能

当 $\overline{LT}=0$,$\overline{BI}/\overline{RBO}$ 为输出且 $\overline{RBO}=1$,无论其他输入端为何状态,输出 $a \sim g$ 均为高电平 1,所有段全亮,显示十进制数字 8。试灯输入端常用于检查 74LS48 显示译码器及 LED 数码管的好坏。$\overline{LT}=1$ 时,方可进行译码显示。

2)灭灯功能

当 $\overline{BI}/\overline{RBO}$ 为输入,且 $\overline{BI}=0$,无论其他输入端为何状态,输出 $a \sim g$ 均为低电平 0,数码管各段均熄灭。

3)灭零功能

当 $\overline{BI}/\overline{RBO}$ 为输出,且 $\overline{LT}=1$、$\overline{RBI}=0$,若 $A_3 A_2 A_1 A_0$=0000,则输出 $a \sim g$ 均为低电平 0,实现灭零功能。与此同时,$\overline{BI}/\overline{RBO}$ 输出低电平 0,表示译码器处于灭零状态。而对非 0000 状态的数码输入,则照常显示,$\overline{BI}/\overline{RBO}$ 输出高电平。

$\overline{RBO}$ 和 $\overline{RBI}$ 配合使用,可实现无意义位的"消隐"。例如 5 位数显示器显示数为"03.150",将无意义位的 0 消隐后,则显示"3.15"。

译码显示器 74LS48 与共阴极半导体数码管的连接示意图如图 4-38 所示。显示数字 9 的工作示意图如图 4-39 所示。

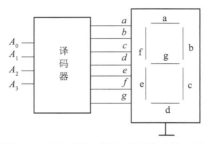

图 4-38 显示译码器与数码管连接示意

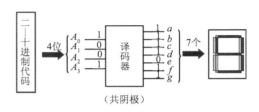

图 4-39 显示数字 9 的工作示意图

图 4-40 给出了用 74LS48 驱动 BS201A 半导体数码管的连接方法。

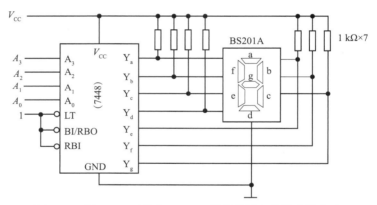

图 4-40 用 74LS48 驱动 BS201A 半导体数码管的连接方法

4.6 数据选择器与数据分配器

☑ 【本节内容简介】

在数字系统中,当需要进行远距离多路数据传送时,为了减少传输线的数目,发送端常通过一条公共传输线并用数据选择器分时发送数据到接收端,接收端利用数据分配器分时将数据分配给各路接收端。

数据选择器实质上是一个受控的多路开关,具有多个输入端和一个输出端,由数据选择控制端信号决定选择哪一路输入与输出相连,称为"多选一"。数据分配器的功能与数据选择器相反,具有一个输入端和多个输出端,由数据分配控制端信号决定输入分配给哪一路接收端,称为"一分多"。数据选择器和数据分配器如图 4-41 所示。

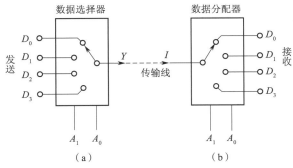

图 4-41　数据选择器与数据分配器

（a）数据选择控制　（b）数据分配控制

数据选择器的
工作原理

4.6.1　数据选择器

1. 数据选择器工作原理

数据选择器广泛应用于多路模拟量的采集及 模数（A/D）转换器中。图 4-42 为 4 选 1 数据选择器的逻辑图,其有四路输入数据 $D_0 \sim D_3$,一路数据输出 Y,输出与输入的哪一路相连由数据选择控制信号 A_1、A_0 的状态决定,如表 4-20 所示。$\overline{S} = 1$ 时, $Y = 0$,禁止选择;$\overline{S} = 0$ 时,正常工作。数据选择器的输入信号个数 N 与地址码个数 n 的关系为 $N = 2^n$。

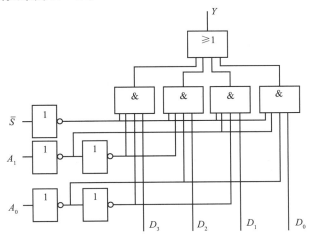

图 4-42　4 选 1 数据选择器逻辑图

表 4-20　4 选 1 数据选择器真值表

选择控制与输入数据							输出
$\overline{S}$	A_1	A_2	D_3	D_2	D_1	D_0	Y
1	×	×	×	×	×	×	0

续表

选择控制与输入数据							输出
0	0	0	×	×	×	D_0	D_0
0	0	1	×	×	D_1	×	D_1
0	1	0	×	D_2	×	×	D_2
0	1	1	D_3	×	×	×	D_3

根据逻辑图求得的 4 选 1 数据选择器逻辑函数表达式为

$$Y = D_0 \overline{A_1}\,\overline{A_0} S + D_1 \overline{A_1} A_0 S + D_2 A_1 \overline{A_0} S + D_3 A_1 A_0 S$$

了解了 4 选 1 数据选择器的电路结构和工作原理,就不难理解 8 选 1、16 选 1 等数据选择器了。所不同的是,它们的数据选择控制代码由 2 位变为 3 位、4 位,分别用来选择 8 路和 16 路的输入数据。数据选择器一般都具有选择允许控制端 $\overline{S}$(低电平有效),该端通过一个非门作为所有与门的一个输入端,便可实现选择允许控制的功能。

图 4-43 所示为常用的双 4 选 1 数据选择器 74LS153 的管脚排列和逻辑图。这两个 4 选 1 数据选择器共用一个数据选择控制端,但各有自己的选择允许端、数据输入端及输出端,选择控制端 $1\overline{S}$、$2\overline{S}$ 低电平有效。

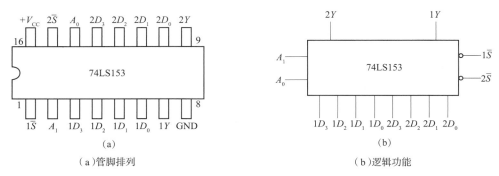

（a）管脚排列　　　　　　　　　　　（b）逻辑功能

图 4-43　数据选择器 74LS153 的管脚排列和逻辑功能图

图 4-44 所示为 8 选 1 数据选择器 74LS151 的管脚排列和逻辑图,其输入、输出逻辑关系如表 4-21 所示。$\overline{S} = 1$ 时,$Y = 0$,禁止数据选择器工作;$\overline{S} = 0$ 时,数据选择器工作。选择哪一路信号输出由地址码决定。

74LS151 的输出函数表达式为

$$Y = \overline{A_2}\,\overline{A_1}\,\overline{A_0} D_0 + \overline{A_2}\,\overline{A_1} A_0 D_1 + \overline{A_2} A_1 \overline{A_0} D_2 + \overline{A_2} A_1 A_0 D_3 + A_2 \overline{A_1}\,\overline{A_0} D_4 + A_2 \overline{A_1} A_0 D_5 +$$
$$A_2 A_1 \overline{A_0} D_6 + A_2 A_1 A_0 D_7$$
$$= m_0 D_0 + m_1 D_1 + m_2 D_2 + m_3 D_3 + m_4 D_4 + m_5 D_5 + m_6 D_6 + m_7 D_7$$

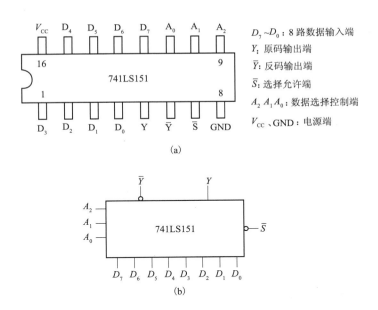

$D_7 \sim D_0$：8 路数据输入端

Y：原码输出端

$\overline{Y}$：反码输出端

$\overline{S}$：选择允许端

$A_2 A_1 A_0$：数据选择控制端

V_{CC}、GND：电源端

(a)

(b)

图 4-44　74LS151 的管脚排列和逻辑功能

（a）管脚排列　（b）逻辑功能

表 4-21　74LS151 输入、输出逻辑关系

输入				输出	
$\overline{S}$	A_2	A_1	A_0	Y	$\overline{Y}$
1	×	×	×	0	1
0	0	0	0	D_0	$\overline{D_0}$
0	0	0	1	D_1	$\overline{D_1}$
0	0	1	0	D_2	$\overline{D_2}$
0	0	1	1	D_3	$\overline{D_3}$
0	1	0	0	D_4	$\overline{D_4}$
0	1	0	1	D_5	$\overline{D_5}$
0	1	1	0	D_6	$\overline{D_6}$
0	1	1	1	D_7	$\overline{D_7}$

　　当数据选择器输入端的个数不足时，可以通过选择允许控制端进行通道扩展。例如，用两片 74LS151 完成 16 选 1 的工作，扩展图如图 4-45 所示。当 $\overline{S}$ =0 时，选中数据选择器（1），根据地址输入 $A_2 \sim A_0$ 的取值组合，从 $D_7 \sim D_0$ 中选取一路进行传送；当 $\overline{S}$ =1 时，选中数据选择器（2），根据地址输入 $A_2 \sim A_0$ 的取值组合，从 $D_{15} \sim D_8$ 中选取一路进行传送，从而实现 16 选 1 的功能。

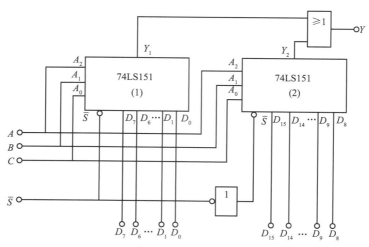

图 4-45　两片 74LS151 完成 l6 选 1

2. 用数据选择器实现组合逻辑函数

由于数据选择器在输入数据全部为 1 时,输出为地址输入变量全体最小项的和。而任何一个逻辑函数都可表示成最小项表达式,因此数据选择器除完成对多路数据进行选择的基本功能外,在逻辑设计中还可用数据选择器实现任何组合逻辑函数的功能。当逻辑函数的变量个数和数据选择器的地址输入变量个数相同时,可直接将逻辑函数输入变量有序地接数据选择器的地址输入端。

（1）当逻辑函数的变量个数和数据选择器的地址变量个数相同时,将变量和地址码对应相连,这时,可直接用数据选择器来实现逻辑函数。具有 n 位地址输入的数据选择器,可产生任何形式的输入变量不大于 $n+1$（含 D）的组合函数。

（2）当逻辑函数的变量个数多于数据选择器的地址变量个数时,应分离出多余的变量用数据代替,将余下的变量分别有序地加到数据选择器的地址输入端。

【例 4.13】 用数据选择器实现如下逻辑函数的功能

$$F = A\overline{B}C + \overline{A}B + A\overline{C}$$

解：

由于给定函数为一个三变量函数,故可采用 8 选 1 数据选择器实现其功能。

将逻辑函数表示为每个与项中包含全部输入变量的与或表达形式：

$$F = A\overline{B}C + \overline{A}B + A\overline{C}$$
$$= A\overline{B}C + \overline{A}B(\overline{C} + C) + A\overline{C}(\overline{B} + B)$$
$$= A\overline{B}C + \overline{A}B\overline{C} + \overline{A}BC + A\overline{B}\,\overline{C} + AB\overline{C}$$

8 选 1 数据选择器的输出表达式为

$$Y = \overline{A}_2\overline{A}_1\overline{A}_0 D_0 + \overline{A}_2\overline{A}_1 A_0 D_1 + \overline{A}_2 A_1 \overline{A}_0 D_2 + \overline{A}_2 A_1 A_0 D_3 +$$
$$A_2 \overline{A}_1 \overline{A}_0 D_4 + A_2 \overline{A}_1 A_0 D_5 + A_2 A_1 \overline{A}_0 D_6 + A_2 A_1 A_0 D_7$$

比较上述两个表达式可知：要使 $F=Y$,只需令 $A_2=A$,$A_1=B$,$A_0=C$,且 $D_0=D_1=D_7=0$,$D_2=D_3=D_4=D_5=D_6=1$,即可。图 4-46 所示为用 74LS151 实现给定函数的逻辑功能。

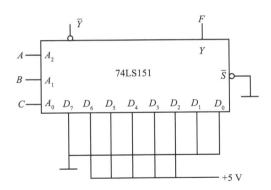

图 4-46　例 4.13 的逻辑功能图

4.6.2　数据分配器

数据分配器是根据地址码的要求,确定将一路数据分配到指定输出通道上去的电路,称为"一分多"路。

数据分配器的工作原理

1.1 路-4 路数据分配器

1 ）逻辑抽象

一路输入数据,用"D"表示, 2 个输入选择控制信号,用 A_1、A_0 表示, 4 个数据输出,用 $Y_0 \sim Y_3$ 表示。令 $A_1 A_0$=00 时,选中 Y_0, 即 $Y_0 = D$; $A_1 A_0$=01 时选中 Y_1,即 $Y_1 = D$; $A_1 A_0$=10 时选中 Y_2, 即 $Y_2 = D$; $A_1 A_0$=11 时选中 Y_3, 即 $Y_3 = D$。

2 ）真值表

数据分配器的输入输出逻辑关系真值表见表 4-22。

表 4-22　数据分配器的真值表

输入	控制		输出			
	A_1	A_0	Y_3	Y_2	Y_1	Y_0
D	0	0	0	0	0	D
	0	1	0	0	D	0
	1	0	0	D	0	0
	1	1	D	0	0	0

3 ）逻辑函数表达式

由表 4-22 可得逻辑函数表达式:

$$Y_0 = D\overline{A_1}\,\overline{A_0} \qquad\qquad Y_1 = D\overline{A_1}A_0$$

$$Y_2 = DA_1\overline{A_0} \qquad\qquad Y_3 = DA_1A_0$$

4 ）逻辑图

数据分配器是用与门的控制作用实现的,图 4-47 示出 1 路-4 路分配器的逻辑图。

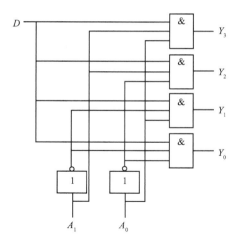

图 4-47　1 路-4 路数据分配器的逻辑图

2. 集成数据分配器

从图 4-47 所示的逻辑图可以看出,数据分配器和译码器有着相同的基本电路结构形式——由与门组成的阵列。在数据分配器中,D 是数据输入端,A_1、A_0 是选择信号;在译码器中,与 D 相与的是选通控制信号端,A_1、A_0 是二进制数据的输入端。其实,集成数据分配器就是带选通控制端(也叫使能端)的二进制集成译码器,只要在使用时,把二进制集成译码器的选通控制端当作数据输入端,把二进制代码输入端当作选择控制端就可以了。例如,74LS138 是集成 3 线-8 线译码器,也是集成 1 路-8 路数据分配器,而且它们的型号也相同。

【例 4.14】试用 3 线-8 线译码器 74LS138 连成 1 路-8 路分配器。

解:

如果将 3 线-8 线译码器的输入端 $A_2A_1A_0$ 作为分配器的分配控制端,则 $\overline{Y}_0 \sim \overline{Y}_7$ 为分配器的 8 路输出,如图 4-48 所示,输入数据 D 与 $\overline{S}_2$ 相连,输出和输入的逻辑关系如表 4-23 所示。

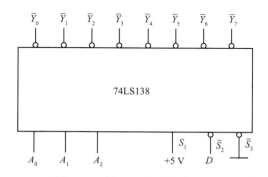

图 4-48　例 4.14 的逻辑功能图

表 4-23　输出和输入的逻辑关系

分配控制			输出							
A_2	A_1	A_0	$\overline{Y}_7$	$\overline{Y}_6$	$\overline{Y}_5$	$\overline{Y}_4$	$\overline{Y}_3$	$\overline{Y}_2$	$\overline{Y}_1$	$\overline{Y}_0$
0	0	0	1	1	1	1	1	1	1	D
0	0	1	1	1	1	1	1	1	D	1
0	1	0	1	1	1	1	1	D	1	1
0	1	1	1	1	1	1	D	1	1	1
1	0	0	1	1	1	D	1	1	1	1
1	0	1	1	1	D	1	1	1	1	1
1	1	0	1	D	1	1	1	1	1	1
1	1	1	D	1	1	1	1	1	1	1

4.7　数值比较器

☑【本节内容简介】

在计算机、数字仪器仪表和自动控制设备的使用中，经常需要比较两个数字的大小，或两者是否相等。被比较的数可以是二进制数，也可以是由二进制代码表示的符号、字母等。能进行两个数码比较的电路称为数值比较器。

4.7.1　一位数值比较器

以一位数值比较器为例，设两个一位二进制数为 A 和 B，比较结果有三种可能：

（1）$A>B$，只有当 $A=1$、$B=0$ 时，$A>B$ 才为真；

（2）$A<B$，只有当 $A=0$、$B=1$ 时，$A<B$ 才为真；

（3）$A=B$，只有当 $A=B=0$ 或 $A=B=1$ 时，即 $A=B$ 才为真。

一位数值比较器的逻辑功能表，如表 4-24 所示。

数值比较器的
工作原理

表 4-24　1 位数值比较器逻辑功能

A　B	$Y_{(A>B)}$	$Y_{(A<B)}$	$Y_{(A=B)}$
0　　0	0	0	1
0　　1	0	1	0
1　　0	1	0	0
1　　1	0	0	1

由逻辑功能表 4-24 可写出逻辑表达式为

$$\begin{cases} Y_{(A>B)} = A\overline{B} \\ Y_{(A<B)} = \overline{A}B \\ Y_{(A=B)} = \overline{A}\,\overline{B} + AB = \overline{A \oplus B} \end{cases}$$

根据逻辑表达式可画出一位比较器的逻辑图,如图 4-49 所示。

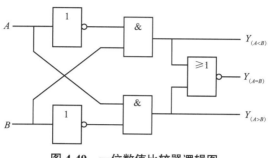

图 4-49　一位数值比较器逻辑图

4.7.2　四位数值比较器

对两个四位二进制数 $A=A_3A_2A_1A_0$ 和 $B=B_3B_2B_1B_0$ 进行比较时,则需从高位到低位逐位进行比较。只有在高位数相等时,才能进行低位数的比较。当比较到某一位数值不等时,其结果便为两个四位数的比较结果。如 $A_3>B_3$ 时,则 $A>B$;如 $A_3<B_3$ 时,则 $A<B$;如 $A_3=B_3$,$A_2>B_2$ 时,则 $A>B$;如 $A_3=B_3$,$A_2<B_2$ 时,则 $A<B$。其余依此类推,直到比较出结果为止。

图 4-50 所示为四位数值比较器 74LS85 的逻辑功能示意。其中 A_3、A_2、A_1、A_0 和 B_3、B_2、B_1、B_0 为两组比较的四位二进制数的输入端;$I_{(A>B)}$、$I_{(A<B)}$、$I_{(A=B)}$ 为级联输入端;$Y_{(A>B)}$、$Y_{(A<B)}$、$Y_{(A=B)}$ 为比较结果输出端。该比较器的真值表如表 4-25 所示。

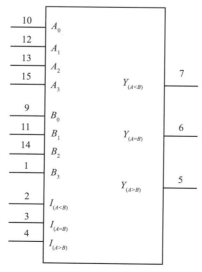

图 4-50　四位数值比较器 74LS85 的逻辑功能示意

表 4-25　四位数值比较器 74LS85 的逻辑功能表

输入				级联输入	输出
A_3　B_3	A_2　B_2	A_1　B_1	A_0　B_0	$I_{(A>B)}I_{(A<B)}I_{(A=B)}$	$Y_{(A>B)}Y_{(A<B)}Y_{(A=B)}$
1　0	×	×	×	× × ×	1　0　0
0　1	×	×	×	× × ×	0　1　0
$A_3=B_3$	1　0	×	×	× × ×	1　0　0
$A_3=B_3$	0　1	×	×	× × ×	0　1　0
$A_3=B_3$	$A_2=B_2$	1　0	×	× × ×	1　0　0
$A_3=B_3$	$A_2=B_2$	0　1	×	× × ×	0　1　0
$A_3=B_3$	$A_2=B_2$	$A_1=B_1$	1　0	× × ×	1　0　0
$A_3=B_3$	$A_2=B_2$	$A_1=B_1$	0　1	× × ×	0　1　0
$A_3=B_3$	$A_2=B_2$	$A_1=B_1$	$A_0=B_0$	1　0　0	1　0　0
$A_3=B_3$	$A_2=B_2$	$A_1=B_1$	$A_0=B_0$	0　1　0	0　1　0
$A_3=B_3$	$A_2=B_2$	$A_1=B_1$	$A_0=B_0$	0　0　1	0　0　1
$A_3=B_3$	$A_2=B_2$	$A_1=B_1$	$A_0=B_0$	× × 1	0　0　1

由功能表可知,如只对两个四位二进制数进行比较时,由于没有来自低位的比较信号输入,故取 $I_{(A>B)}=0$, $I_{(A<B)}=0$, $I_{(A=B)}=1$。

4.7.3　数值比较器的扩展

利用数值比较器的级联输入端可很方便地构成位数更多的数值比较器。

【例 4.15】试用两片 74LS85 构成一个八位数值比较器。

解:

根据多位二进制数的比较规则,在高位数相等时,则比较结果取决于低位数。因此,应将两个八位二进制数的高四位数接到高位片上,低四位数接到低四位片上。图 4-51 所示为根据上述要求用两片 74LS85 构成的一个八位数值比较器。两个八位二进制数的高四位数 $A_7A_6A_5A_4$ 和 $B_7B_6B_5B_4$ 接到高位片 74LS85(2)的数据输入端上,而低四位数 $A=A_3A_2A_1A_0$ 和 $B=B_3B_2B_1B_0$ 接到低位片 74LS85(1)的数据输入端上,并将低位片的比较输出端 $Y_{(A>B)}$、$Y_{(A<B)}$、$Y_{(A=B)}$ 和高位片的级联输入端 $I_{(A>B)}$、$I_{(A<B)}$、$I_{(A=B)}$ 对应相连。

低位数值比较器的级联输入端应取 $I_{(A>B)}=0$, $I_{(A<B)}=0$, $I_{(A=B)}=1$,这样,当两个八位二进制数相等时,比较器的总输出 $Y_{(A=B)}=1$。

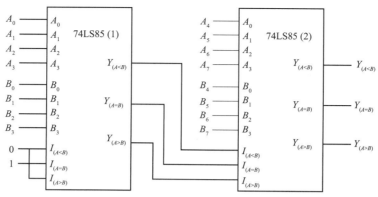

图 4-51　两片 74LS85 组成的八位数值比较器

4.8　组合逻辑电路的竞争-冒险

☑ 【本节内容简介】

　　分析高速数字系统时必须考虑逻辑门传输时间的影响,包括:限制了数字系统的最高频率;数字信号在传输过程中波形变坏;会产生竞争冒险现象。

　　本节分析竞争冒险现象产生的原因,判别逻辑电路是否存在冒险及消除它的方法。

4.8.1　竞争冒险的概念及产生原因

1. 竞争

　　在组合逻辑电路中,某个输入变量通过两条或两条以上途径传到输出门的输入端,由于每条途径的延迟时间不同,故到达输出门的时间就有先有后,这种现象称为竞争。在图 4-52 中,变量 A 经过两条途径到达 G_4 门的输入端,A 被称为具有竞争能力的变量;而变量 B 和 C 只经过一条途径到达 G_4 门的输入端,所以它们是无竞争能力变量。

　　从图 4-52 看出变量 A 经过两条途径到达 G_4 门的输入端,一条途径经过 G_1、G_2 和 G_4 三个门传输,另一条途径经过 G_3 和 G_4 门传输。若 4 个门的传输时间是一样的,则就会出现竞争现象。但是,逻辑门的传输时间离散性很大, 3 个门的传输时间不一定比 2 个门的传输时间长,故竞争现象是随机出现的。

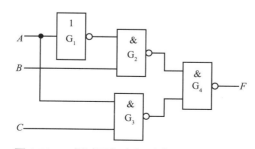

图 4-52　A 经过两条途径到达 G_4 门的逻辑图

出现竞争现象后,可能出现暂时的或永久性的错误输出。常把不会产生错误的竞争现象称为非临界竞争,把能产生暂时性的或永久性错误的竞争现象称为临界竞争。竞争现象并不一定都是坏事,有时人们还利用竞争现象实现某种功能,如利用竞争现象产生一个窄脉冲。

2. 冒险

冒险或者说险象是指数字电路中,某个瞬间出现了非预期信号的现象,即某一瞬间数字电路出现了违背真值表所规定的逻辑电平。这样就出现了不该出现的尖脉冲。这个尖脉冲可能对后面的电路产生干扰。

产生错误输出的竞争就引起冒险。另外,当门电路的两个输入信号同时向相反的状态变化时(一个信号从 0 变 1,另一个信号从 1 变 0),如果信号的波形不好,是可能产生冒险的。下面通过例子加以说明。

在图 4-53 所示的逻辑图中,当 $B=C=1$ 时,就会出现一个不应出现的尖脉冲。

输出函数的逻辑表达式为

$$F=AB+\overline{A}C \tag{4-14}$$

当 $B=C=1$ 时, $F=\overline{A}+A=1$,即输出函数始终为高电平。但是,考虑门的传输时间时,输出波形就出现了尖脉冲,如图 4-54 所示。瞬间出现了非预期信号,即 F 的波形瞬间出现了 0 电平。凡是输出产生不应有的负尖脉冲,称为"0"冒险。

一个函数式只剩下某一个有竞争能力的变量,其表达式为原变量和反变量逻辑加,就会产生"0"冒险。从逻辑图上看,一个变量的原变量和反变量同时加到或门上,同样产生"0"冒险。

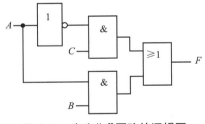

图 4-53　产生"0"冒险的逻辑图

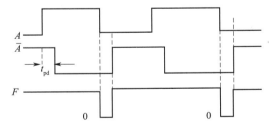

图 4-54　产生"0"冒险的波形

图 4-55 所示为逻辑函数表达式 $F=(A+C)(\overline{A}+B)$ 的逻辑图。当 $B=C=0$ 时, $F=A \cdot \overline{A}=0$。由于门的传输时间,使得输出波形出现了 1 电平,即出现了冒险现象。凡是输出产生不应有的正尖脉冲,称为"1"冒险(有的教材中称为"0"冒险)。一个变量的原变量和反变量同时加到一个与门上时,就会产生"1"冒险,波形如图 4-56 所示。

图 4-57(a)所示为一与非门,它的两个输入 A 和 B 的波形如图 4-57(b)所示。由于波形边沿质量差,并且两个信号同时向相反的状态变化,也会产生冒险现象。如图 4-57(b)所示,因 $t_1{\sim}t_2$ 期间, A 和 B 同时为高电平,故该门电路输出为低电平。

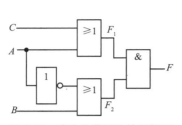

图 4-55 产生"1"冒险的逻辑图

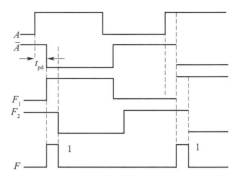

图 4-56 产生"1"冒险的波形

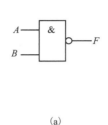

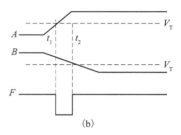

（a） （b）

图 4-57 信号边沿质量差产生的冒险现象

（a）与非门 （b）波形图

4.8.2 冒险现象的判别

1.代数法

在逻辑函数表达式中,某个变量以原变量和反变量出现,就具备了竞争条件。去掉其他变量留下被研究的变量,得到的表达式为 $F=A+\overline{A}$ 时,产生"0"冒险；$F=A\cdot\overline{A}$ 时,产生"1"冒险。

【例 4.16】判别 $F=\overline{A}B+A\overline{C}+\overline{B}C$ 是否存在冒险现象。

解：

当　$B=0$、$C=0$ 时,$F=A$；

　　$B=0$、$C=1$ 时,$F=1$；

　　$B=1$、$C=0$ 时,$F=A+\overline{A}$,出现"0"冒险；

　　$B=1$、$C=1$ 时,$F=\overline{A}$。

当　$A=0$、$B=0$ 时,$F=C$；

　　$A=0$、$B=1$ 时,$F=1$；

　　$A=1$、$B=0$ 时,$F=C+\overline{C}$,出现"0"冒险；

　　$A=1$、$B=1$ 时,$F=\overline{C}$。

当　$C=0$、$A=0$ 时,$F=B$；

　　$C=0$、$A=1$ 时,$F=1$；

$C=1$、$A=0$ 时，$F=B+\overline{B}$，出现"0"冒险；

　　　　$C=1$、$A=1$ 时，$F=\overline{B}$。

从上述分析得出此逻辑表达式存在"0"冒险。

【例 4.17】判别 $F=(A+C)(\overline{A}+B)(B+\overline{C})$ 是否存在冒险现象。

解：

当　$A=0$、$B=0$ 时，$F=C\cdot\overline{C}$，出现"1"冒险；

　　　$A=0$、$B=1$ 时，$F=C$；

　　　$A=1$、$B=0$ 时，$F=0$；

　　　$A=1$、$B=1$ 时，$F=1$。

当　$B=0$、$C=0$ 时，$F=A\cdot\overline{A}$，出现"1"冒险；

　　　$B=0$、$C=1$ 时，$F=0$；

　　　$B=1$、$C=0$ 时，$F=A$；

　　　$B=1$、$C=1$ 时，$F=1$。

从上述分折得出此逻辑表达式存在"1"冒险。

2. 卡诺图法

将例 4.16 和例 4.17 中逻辑表达式的 F 分别填入卡诺图中，如图 4-58 和图 4-59 所示。从中可以找出用卡诺图判别冒险的方法。已知，例 4.16 和例 4.17 中，F 存在冒险现象，从图 4-58 和图 4-59 看出，只要在卡诺图中，存在两个圈相切即两个圈相邻而不相交，就会产生冒险现象。

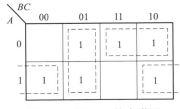

图 4-58　例 4.16 的卡诺图

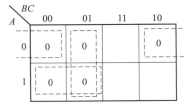

图 4-59　例 4.17 的卡诺图

4.8.3　消除竞争冒险的方法

1. 加封锁脉冲

在输入信号发生竞争的时间内，引入一脉冲将可能产生干扰脉冲的门封住。

2. 修改逻辑设计加冗余项

1）代数法

在产生冒险现象的逻辑函数表达式中，加入多余项或乘上多余因子，使之不会出现 $\overline{A}+A$ 或 $A\cdot\overline{A}$ 的形式，即可消除冒险现象。

逻辑函数 $F=AB+\overline{A}C$，在 $B=C=1$ 时，产生冒险现象。从常用公式知道 $F=AB+\overline{A}C+BC=AB+\overline{A}C$。在 $F=AB+\overline{A}C$，加入冗余项 BC，就可以消除冒险现象。校验结果如下：

$$F = AB + \overline{A}C + BC$$

当 $B=0$、$C=0$ 时，$F=0$；

$B=0$、$C=1$ 时，$F = \overline{A}$

$B=1$、$C=0$ 时，$F=A$

$B=1$、$C=1$ 时，$F=1$。

可见加入了多余项 BC 之后，消除了冒险现象。

逻辑函数 $F = (A+C)(\overline{A}+B)$，在 $B=C=0$ 时，产生冒险现象。B 和 C 取值有一个是 1 或者全是 1 时，$B+C=1$。这时 $(A+C)(\overline{A}+B)$ 乘上多余因子 $(B+C)$ 之后，就消除了冒险现象。校验结果如下：

$$F = (A+C)(\overline{A}+B)(B+C)$$

当 $B=0$、$C=0$ 时，$F=0$；

$B=0$、$C=1$ 时，$F = \overline{A}$；

$B=1$、$C=0$ 时，$F=A$；

$B=1$、$C=1$ 时，$F=1$。

可见乘上多余因子 $(B+C)$ 之后，冒险现象被消除了。

2）卡诺图法

将卡诺图中相切的圈用一个多余的圈连接起来，如图 4-60 中实线圈，即可消除冒险现象。

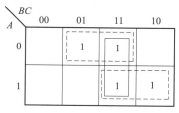

图 4-60　加多余圈消除冒险

将 $F = AB + \overline{A}C$ 填入卡诺图，两个虚线圈得到 AB 和 $\overline{A}C$ 两项，为消除冒险现象，用实线圈将 $\overline{A}BC$ 和 ABC 两个最小项圈起来，由此卡诺图得到的函数表达式 $F = AB + \overline{A}C + BC$，就不会产生冒险现象。

3. 引入选通脉冲

选通法是指，当有冒险脉冲时，利用选通脉冲把输出级封锁住，使冒险脉冲不能输出；而当冒险脉冲消失之后，选通脉冲又允许正常输出。

多数的时序电路采用同步工作方式。这样就可以用同步脉冲作为选通脉冲，去控制产生冒险现象电路的输出级。在图 4-61 中，在输出级加入了选通脉冲。当选通脉冲为 0 时，电路的输出与 A、B、C 无关，当选通脉冲为 1 时，电路才有输出。由于冒险脉冲是在瞬间产生的，在选通脉冲为 1 之前已经消失，故选通脉冲为 1 时，就不会有冒险脉冲输出。如果输出级是或门或者是或非门，选通脉冲的工作情况和与非门相反，有冒险时选通脉冲为 1。

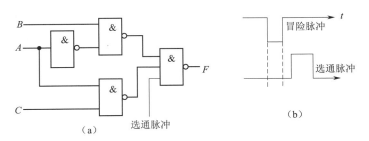

图 4-61 加选通脉冲消除冒险

（a）逻辑图 （b）选通脉冲与冒险脉冲的波形

4.输出端并滤波电容

在可能产生干扰脉冲的那些门电路的输出端并接一个不大的几百皮法滤波电容,可以把干扰脉冲吸收掉。

4.9 组合逻辑电路应用电路

4.9.1 声光控制楼道灯电路

图 4-62 所示为声光控制楼道灯电路。位于电路左边的驻极体话筒 BM(接收声音信号)和光电二极管 VD(接收光信号)是电路的输入端,位于电路右边的照明灯 H 是负载,信号处理流程方向为从左到右。识图方法是按照从左到右的顺序,从输入端到输出端依次分析。

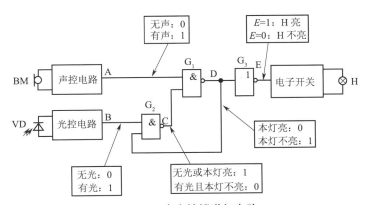

图 4-62 声光控楼道灯电路

当驻极体话筒 BM 接收到声音信号时,经声控电路放大、整形和延时后,其输出端 A 输出为"1",该信号送入与非门 G_1 的上输入端。如果这时是在夜晚(无光亮),光控电路输出端 B 输出为"0",同时由于本灯未亮,故 D 点电平为"1",所以与非门 G_2 输出端 C 电平为"1",该信号送入与非门 G_1 的下输入端。由于与非门 G_1 的两个输入端电平都为"1",其输出端 D 点电平变为"0",反相器 G_3 输出端 E 点电平为"1",使电子开关导通,照明灯 H 点亮。由于声控电路中含有延时电路,声音信号消失后再延时一段时间, A 点电平才变为

"0"，使照明灯 H 熄灭。当灯 H 点亮时，D 点的"0"同时加至 G_2 的下输入端，并将其关闭，使得 B 点的光控信号无法通过。这样，即使灯的灯光照射到光电二极管 VD 上，系统也不会误认为是白天而造成照明灯刚点亮就立即又被熄灭。

如果是在白天，环境光被光电二极管 VD 接收，光控电路输出端 B 点电平为"1"，由于灯未亮故 D 点电平也为"1"，所以与非门 G_2 输出端 C 点电平为"0"。该信号送入与非门 G_1 的下输入端，关闭了与非门 G_1，此时不论声控电路输出如何，G_1 输出端 D 点电平恒为"1"，E 点电平则为"0"，使电子开关关断，照明灯 H 不亮。

通过以上分析，我们可以知道，声光控楼道灯的逻辑控制功能如下：

（1）白天整个楼道灯不工作；

（2）晚上有一定声音时楼道灯打开；

（3）声音消失后楼道灯延时一段时间关闭；

（4）照明灯点亮后不会被误认为是白天。

4.9.2 两地控制一灯的电路

有时为了方便，楼梯上使用的照明灯，要求在楼上、楼下都能控制其点亮或熄灭。此时需用两只双联开关，还需要多用一根连线。图 4-63 所示为楼上楼下两地用两只双联开关控制一盏灯的电路。该电路用两根导线把 A、B 两地的两只双联开关连接起来，在两地方通过两只开关中任意一个开关都可以控制一盏白炽灯的开或者关。无论在哪一端，扳动一下开关，灯即点亮；再扳动一下开关，灯即熄灭。这样可以很方便地在两地同时控制一盏灯，该电路适用于需两地控制一盏灯的场合，如控制楼梯、走廊中的照明灯。

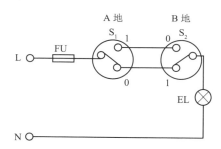

图 4-63　用两只双联开关控制一盏灯的电路

用图 4-64 所示的组合逻辑电路就可表示在 A、B 两地控制一盏照明灯的电路。当 $F=1$ 时，灯亮；反之则灭。

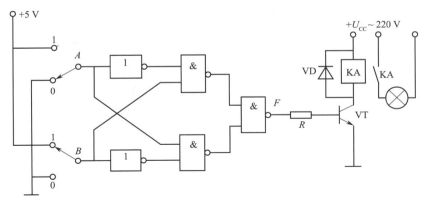

图 4-64　两地控制一盏灯的逻辑图

由图 4-64 可写出逻辑函数表达式：

$$F = \overline{\overline{\overline{AB}} \cdot \overline{\overline{A}\,\overline{B}}} = \overline{\overline{AB}} + \overline{\overline{A}\,\overline{B}} = \overline{A}B + A\overline{B} = A \oplus B$$

由逻辑函数表达式可列出逻辑状态表,见表 4-26。

表 4-26　两地控制一盏灯电路的逻辑状态表

开关		输出	照明灯
A	B	F	
0	0	0	灭
0	1	1	亮
1	0	1	亮
1	1	0	灭

由逻辑状态表可知,该电路满足异或逻辑关系。

图 4-64 所示的逻辑图可用一片 74LS20 型双 4 输入与非门和一片 74LS00 型四组 2 输入与非门完成,组成如图 4-65 所示的电路。

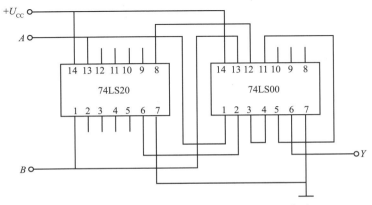

图 4-65　由集成电路构成的两地控制一盏灯电路

4.9.3　水位检测电路

图 4-66 是用 CMOS 与非门组成的水位检测电路。当水箱中无水时,检测杆上的铜箍 A~D 端与 U 端(电源正极)之间断开,与非门 G_1~G_4 的输入端均为低电平,输出端均为高电平。调整 3.3 kΩ 电阻的阻值,使发光二极管 VL 处于微导通状态,微亮度适中。

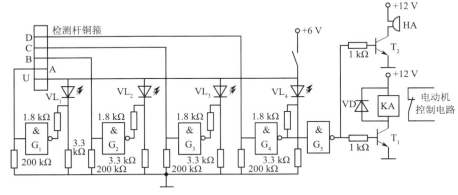

图 4-66　水位检测电路

当向水箱中注水时,先注到铜箍 A 的高度, U 与 A 之间通过水接通,这时 G_1 的输入为高电平,输出为低电平,将相应的发光二极管 VL_1 点亮。随着水位的升高,发光二极管 VL_2、VL_3、VL_4 逐个依次点亮。当最后一个 VL_4 点亮时,说明水已注满。这时 G_4 输出为低电平,而使 G_5 输出为高电平,晶体管 T_1 和 T_2 因而导通。T_1 导通,断开电动机的控制电路,电动机停止带动水泵注水;T_2 导通,使蜂鸣器 HA 发出报警声响。

本章小结

本章学习的重点:组合逻辑电路的分析和设计;译码器和数据选择器的应用。

本章学习的难点:组合逻辑电路的设计;组合逻辑部件的应用。

1. 门电路

利用三种基本逻辑关系组成了与门、或门和非门,还可由这三种基本门电路组成其他多种复合门电路。门电路可以用二极管、三极管等分立元件组成,目前广泛使用的是集成门电路。

各种门电路的基本图形符号和逻辑功能如表 4-27 所示,应当熟记并会运用。

表 4-27　几种门电路的图形符号和逻辑功能

名称	图形符号	逻辑表达式	功能说明
与门	A B —&— F	$F = AB$	输入全 1,输出为 1 输入有 0,输出为 0
或门	A B —≥1— F	$F = A + B$	输入有 1,输出为 1 输入全 0,输出为 0

续表

名称	图形符号	逻辑表达式	功能说明
非门	$A - \boxed{1} - F$	$F = \overline{A}$	输入为1,输出为0 输入为0,输出为1
与非门	$\begin{array}{c}A \\ B\end{array} - \boxed{\&} - F$	$F = \overline{AB}$	输入全1,输出为0 输入有0,输出为1
或非门	$\begin{array}{c}A \\ B\end{array} - \boxed{\geqslant 1} - F$	$F = \overline{A + B}$	输入有1,输出为0 输入全0,输出为1
异或门	$\begin{array}{c}A \\ B\end{array} - \boxed{=1} - F$	$F = A\overline{B} + \overline{A}B$ $= A \oplus B$	输入相异,输出为1 输入相同,输出为0
同或门	$\begin{array}{c}A \\ B\end{array} - \boxed{=1} - F$	$F = \overline{A}\,\overline{B} + AB$ $= A \odot B$	输入相同,输出为1 输入相异,输出为0

2. 组合逻辑电路的分析

组合逻辑电路的特点是任意时刻电路的输出状态只取决于该时刻输入逻辑变量取值的组合。

3. 组合逻辑电路的设计

组合逻辑电路设计的任务是设计出能够完成任务要求的电路。设计过程和分析过程相反。

在进行组合逻辑电路设计时,可用不同方法化简逻辑函数,虽然结果可能不同,但只要结果正确,它们都可以满足要求。

逻辑函数最简并不等于逻辑电路最简,通过优化可以使逻辑电路最简。

4. 常用组合逻辑电路部件

组合逻辑部件是指具有某种逻辑功能的中规模集成组合逻辑电路芯片,重点应掌握这些逻辑部件的外部特性,即它们的输入、输出逻辑关系和应用方法。

1）加法器

加法器分为半加器和全加器。应分别了解半加器和全加器的含义以及它们的状态表、逻辑图和图形符号;能区别二进制加法运算和逻辑加法运算的含义。

2）编码器

编码器是对输入信号进行编码的部件,输出的是由若干个 0 和 1 按一定规律排列的代码。例如二-十进制编码器的输入信号是十个十进制数,输出的是对应的用四位二进制数按 BCD8421 编码表示的代码。

3）译码器

译码是编码的逆过程,是将代码所表示的信息翻译过来的过程。实现译码功能的电路称为译码器。例如, 3 线-8 线译码器,输入三位二进制代码,输出对应的八个信号。分析编码器和译码器的步骤都是:列真值表,写逻辑表达式,画出逻辑图。

二-十进制七段显示译码器可低电平输出有效(如 CT74LS247),配共阳极 LED 数码管(如 BS204);也可高电平输出有效(如 CT74LS248),配共阴极 LED 数码管(如 BS201)。

4）数据选择器与数据分配器

数据选择器实质上是一个受控的多路开关,具有多个输入端和一个输出端,由数据选择控制端信号,以决定选择哪一路输入与输出相连,称为"多选一"。数据分配器的功能与数据选择器的相反,具有一个输入端和多个输出端,由数据分配控制端信号决定输入分配给哪一路接收端,称为"一分多"。

5）数值比较器

在计算机、数字仪器仪表和自动控制设备的工作中,经常需要比较两个数字的大小,或两者是否相等。被比较的数可以是二进制数,也可以是由二进制代码表示的符号、字母等。能进行两个数码比较的电路称为数值比较器。

5. 组合逻辑电路的竞争-冒险

竞争会引起冒险,但不一定产生冒险。冒险现象对时序电路影响很大,故应予以注意。当电路逻辑设计上合理,却又出现误动作时,就要分析是否有冒险现象,如果从示波器上观察到有不该出现的窄脉冲,就说明出现了冒险现象。这时必须对电路进行修改,以消除冒险现象。

习题 4

一、填空题

4.1 按逻辑功能的不同,数字电路可分为_____和_____两大类。

4.2 在译码器、寄存器、全加器三者中,不是组合逻辑电路的是_____。

4.3 对 16 个输入信号进行编码,至少需要_____位二进制数码。

4.4 二进制编码器有 2^n 个输入信号,则输出信号是_____位二进制数。

4.5 设同或门的输入信号为 A 和 B,输出为 F。若令 $B=0$,则 $F=$____ 。若令 $B=1$,则 $F=$____ 。

4.6 组合逻辑电路和时序逻辑电路的主要区别是:_____。

4.7 全加器是实现两个一位二进制数和_____三个数相加的电路。

4.8 半导体数码显示器的内部接法有两种形式:共____接法和共____接法。

4.9 在时间上和数值上均做连续变化的电信号称为_____信号;在时间上和数值上离散的信号叫做_____信号。

二、选择题

4.10 二输入二进制译码器,其输出端个数是(   )。

A. 4   B. 5   C. 6   D. 2

4.11 32 个输入端的二进制编码器,其输出端的个数是(   )。

A. 4   B. 5   C. 6   D. 7

4.12 组合逻辑电路通常由(   )组合而成。

A. 门电路   B. 触发器   C. 计数器

4.13 在下列逻辑电路中,不是组合逻辑电路的有(   )。

A. 译码器   B. 编码器   C. 全加器   D. 寄存器

4.14 现有 100 名学生,需要用二进制编码器对每位学生进行编码,则编码器输出至少( )位二进制数才能满足要求。

A. 5   B. 6   C. 7   D. 8

4.15 要使 3 线-8 线译码器 74LS138 能正常工作,其使能端 S_1、$\overline{S_2}$、$\overline{S_3}$ 的电平信号应是( )。

A. 100   B. 111   C. 000   D. 011

4.16 一个 8 选 1 数据选择器的数据输入端有( )个。

A. 1   B. 2   C. 3   D. 8

4.17 在以下电路中,加以适当辅助电路,适于实现单输出组合逻辑电路的是( )。

A. 二进制译码器   B. 数据选择器

C. 数值比较器   D. 七段显示译码器

4.18 八输入端的编码器按二进制数编码时,输出端的个数是( )。

A. 2 个   B. 3 个   C. 4 个   D. 8 个

4.19 四输入的译码器,其输出端最多为( )。

A. 4 个   B. 8 个   C. 10 个   D. 16 个

三、简答题

4.20 已知异或门两输入 A,B 的波形如图 4-67 所示。试画出输出 F 的波形图,写出状态表及逻辑式,画出逻辑图。

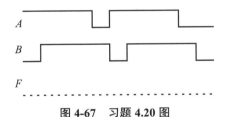

图 4-67 习题 4.20 图

4.21 试分别写出图 4-68 所示各电路的逻辑函数表达式。

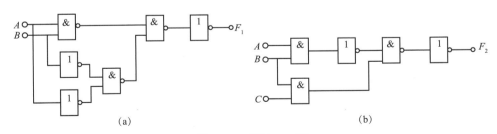

(a)   (b)

图 4-68 习题 4.21 图

(a)电路 1 (b)电路 2

4.22　两电路的逻辑图如图 4-69 所示,分别写出逻辑函数表达式。

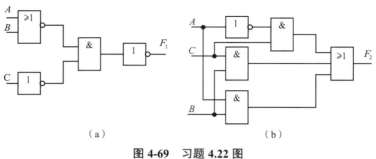

（a）　　　　　　　　　　　（b）

图 4-69　习题 4.22 图

（a）电路 1　（b）电路 2

4.23　某电路的逻辑图如图 4-70 所示,写出逻辑函数表达式。

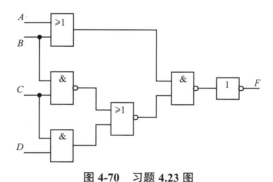

图 4-70　习题 4.23 图

4.24　图 4-71 所示是一密码锁控制电路。开锁条件:拨对密码;钥匙插入锁眼将开关闭合。当两个条件同时满足时,开锁信号为 1,将锁打开;否则报警信号为 1,接通警铃。试分析密码 $ABCD$ 是什么?

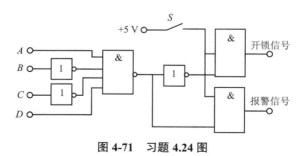

图 4-71　习题 4.24 图

4.25　写出图 4-72 所示逻辑电路的逻辑函数表达式,并请化简且用最少的与非门实现该逻辑函数。

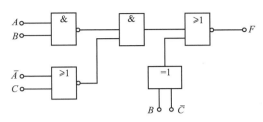

图 4-72 习题 4.25 图

4.26 试设计用单刀双掷开关来控制楼梯照明灯的电路。要求在楼下开灯后,在楼上可关灯;同样在楼上开灯后,在楼下也可关灯。用与非门实现上述逻辑功能。

4.27 试用与非门设计一个 3 输入、3 输出的组合逻辑电路。输出 F_1、F_2、F_3 为 3 台工作电动机,由 3 个输入信号 A、B、C 控制。当 A、B 有信号时,F_1 电动机工作;B、C 有信号时,F_2 电动机工作,C、A 有信号时,F_3 电动机工作。

4.28 旅客列车分为特快、快车、慢车 3 种,它们从车站开出的优先顺序由高到低依次是特快、快车、慢车。试设计一个列车从车站开出的逻辑电路。

4.29 已知半加器的逻辑式为 $S = \overline{A}B + A\overline{B}$,$C = AB$。其中:$A$ 为被加数,B 为加数,C 为向高位的进位数,S 为本位和。要求:①列出其逻辑状态表;②画出逻辑图。

4.30 某逻辑电路的逻辑图如图 4-73 所示。试写出逻辑函数表达式,并化简之;列出状态表,说明它是什么逻辑部件。

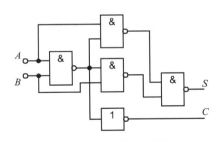

图 4-73 习题 4.30 图

4.31 仿照半加器和全加器的设计方法,试设计一个半减器和全减器。

4.32 有两个 4 位的二进制数,A 为 1001,B 为 1101,若把它们并行相加起来需要几个全加器,画出逻辑图,和数 S 为多少。

4.33 某车间有 3 台大电炉,当一台电炉工作时,只需启动 A 电源;当两台电炉工作时,只需启动 B 电源;当 3 台电炉都工作时,则同时启动 A、B 两台电源供电。要求:①用与非门设计能够完成上述供电任务的逻辑电路;②用全加器实现上述供电任务。

4.34 已知某组合逻辑电路的输入 A、B、C 及输出 F 的波形如图 4-74 所示。试列出真值表,画出卡诺图,写出逻辑函数表达式并画出逻辑图。

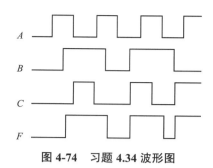

图 4-74 习题 4.34 波形图

4.35 用与非门设计一个 7 段显示译码器,要求能够显示 A、B、C、D、E 5 个字符。

4.36 图 4-75 所示是用两个 3 线-8 线译码器 74LS138 组成的 4 线-16 线译码电路,试分析其逻辑功能,并列出真值表。

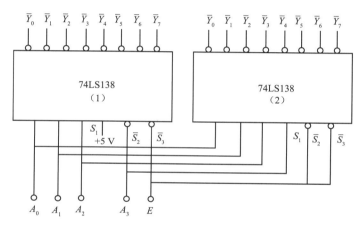

图 4-75 习题 4.36 图

4.37 用集成二进制译码器 74LS138 和必要的与非门电路构成全加器和全减器。

4.38 用集成二进制译码器 74LS138 和必要的与非门电路实现下列逻辑函数表达式,并画出逻辑图。

$$F_1 = ABC + \overline{A}(B + C)$$

$$F_2 = A\overline{B} + \overline{A}B$$

$$F_3 = \overline{(A + B)(\overline{A} + \overline{C})}$$

$$F_4 = ABC + \overline{A} \cdot \overline{B} \cdot \overline{C}$$

4.39 图 4-76 所示逻辑电路为用 8 选 1 多路选择器 74LS151 和 3 线-8 线译码器 74LS138 组成的多路数据传输系统。使用该系统从甲地向乙地传送数据,试将两地各通道之间的控制码 A_0、A_1、A_2 求出。

(1)将甲地通道 b 的数据传送到乙地通道 c;

(2)将甲地通道 d 的数据传送到乙地通道 e;

(3)将甲地通道 f 的数据传送到乙地通道 g。

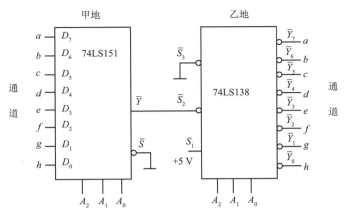

图 4-76　习题 4.39 图

4.40　用 8 选 1 数据选择器 74LS151 产生下列逻辑函数表达式。

$$F = A\overline{C}D + \overline{A} \cdot \overline{B}CD + BC + B\overline{C} \cdot \overline{D}$$

4.41　用 8 选 1 数据选择器 74LS151 实现一位二进制全加器。

4.42　若使用 4 位数值比较器 74LS85 组成十位数值比较器，画出逻辑电路连接图。

4.43　图 4-77 所示逻辑电路是否存在冒险现象？是哪一种冒险？

4.44　图 4-78 所示逻辑电路是否存在冒险现象？是哪一种冒险？

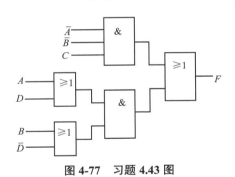

图 4-77　习题 4.43 图

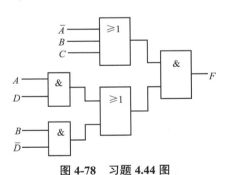

图 4-78　习题 4.44 图

习题 4 参考答案

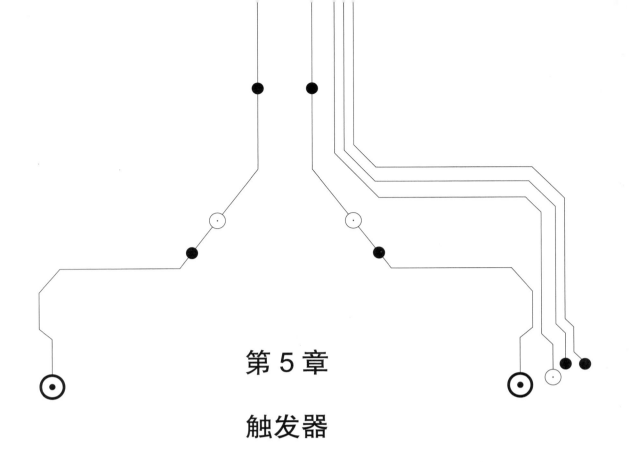

第 5 章

触发器

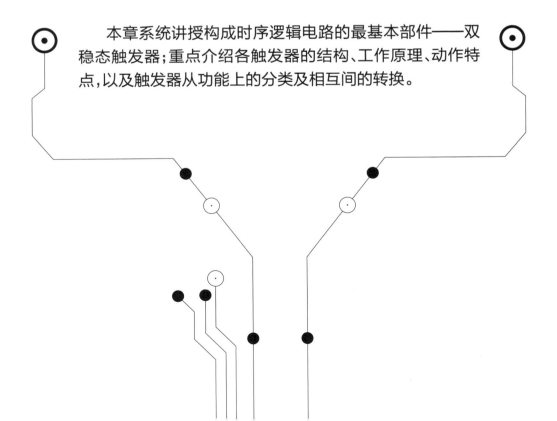

本章系统讲授构成时序逻辑电路的最基本部件——双稳态触发器;重点介绍各触发器的结构、工作原理、动作特点,以及触发器从功能上的分类及相互间的转换。

第 5 章　触发器

☑ 【学习目标】

（1）了解双稳态的概念与双稳态存储单元电路功能；
（2）理解锁存器与触发器的特点；
（3）掌握锁存器与触发器的结构、工作原理；
（4）掌握各种锁存器与触发器逻辑功能的描述方式。

本章系统讲授构成时序逻辑电路的最基本部件——双稳态触发器；重点介绍各触发器的结构、工作原理、动作特点，以及触发器从功能上的分类及相互间的转换。

本章从组成各类触发器的基本部分——SR 锁存器入手，介绍触发器的结构、逻辑功能、动作特点等，分别介绍 JK 触发器、D 触发器、T 触发器、T′ 触发器等，并给出触发器的描述方程、状态转换表、状态转换图等。

本章重点讲述各触发器的功能表、逻辑符号、触发电平、状态方程的描述等。

上一章介绍的组合逻辑电路是没有记忆功能的，而通过分析触发器的电路就会知道触发器是有记忆功能的。记忆是通过输出端反馈到输入端获得的。本章分析触发器的输出是内因（前一刻的电路状态）和外因（此刻的输入状态）共同作用的结果。内因是输出状态的根据和源泉，是根本原因；外因是输出状态的条件，是不可缺少的。在触发器中，当前的输入状态起着非常重大的作用。

5.1　概述

☑ 【本节内容简介】

本节主要概述触发器的定义、分类和表述方式。触发器是数字电路中最基本的存储单元，每一个触发器可以存储一位信息，是组成时序逻辑电路的基础。

5.1.1　触发器的定义

在第 4 章中，我们介绍了组合逻辑电路的分析和设计方法。组合逻辑电路的特点是没有记忆功能，即在任一时刻，电路的输出仅取决于该时刻的输入，与电路原来的状态无关。本章开始讨论时序电路，这种电路的特点是电路具有记忆功能，即任一时刻，电路的输出不仅仅取决于该时刻的输入，与电路原来的状态也有关。触发器是能够实现记忆功能的元件，各种时序电路通常都是由触发器构成的。

触发器有两个能够保持的稳定状态（分别为"1"和"0"），其状态用 Q 和 $\overline{Q}$ 表示。若输入不发生变化,触发器必定处于某一个稳定状态,并且可以长期保持下去。在输入信号的作用下,触发器可以从一个稳定状态转换到另一个稳定状态,并再继续稳定下去,直到下一次输入发生变化,才可能再次改变状态。

触发器的输出不仅与输入有关,而且与之前的状态有关,没有前期的积累,无法得到最后的成果,荀子曾经说过:"不积跬步,无以至千里;不积小流,无以成江海。"一步一步地走,日复一日,年复一年,不断坚持、不断积累。梦想看似遥不可及,但若分成很多的小目标,将每一个小目标当作一个终点,不知不觉中你已经走完了看似遥不可及的路程。

5.1.2　触发器的分类

1. 触发器分类

触发器的种类很多,可按以下几种方式进行分类。

(1)根据晶体管性质分,可将触发器分为双极型晶体管集成电路触发器和 MOS 型集成电路触发器。

(2)根据存储数据的原理分,可将触发器分为静态触发器(靠电路状态的自锁存储数据)和动态触发器(通过在 MOS 管栅极输入电容上存储电荷存储数据)。本章只介绍静态触发器。

(3)根据是否有时钟脉冲输入端,可将触发器分为基本触发器和时钟控制触发器。

(4)根据电路结构的不同,可将触发器分为基本触发器、同步触发器、维持阻塞触发器、主从触发器、边沿触发器。

(5)根据触发方式的不同,可将触发器分为电平触发器、主从触发器、边沿触发器。

(6)根据逻辑功能的不同,可将触发器分为 RS 触发器、D 触发器、JK 触发器、T 触发器和 T′ 触发器。

2. 不同触发器逻辑功能

触发器按逻辑功能分为 5 种,它们的逻辑功能总结如下。

(1)RS 触发器具有保持、置"1"、置"0"功能;

(2)JK 触发器具有保持、置"1"、置"0"和计数功能;

(3)D 触发器具有置"1"、置"0"功能;

(4)T 触发器具有保持、计数功能;

(5)T′ 触发器只具有计数功能。

构成触发器的方式虽然很多,但构成各类触发器的基础都是基本 SR 锁存器。

本章按照触发方式,先介绍基本 SR 锁存器,依次再介绍电平触发触发器、脉冲触发触发器和边沿触发触发器。

5.1.3　触发器的逻辑功能表示方法

触发器的描述方法有四种:逻辑图、真值表(又称特性表或功能表)、特性方程(即逻辑函数表达式)和波形图。

所谓特性方程,是指触发器的次态和当前输入变量及现态之间的逻辑关系式。其中,现态是指触发器在触发脉冲作用时刻之前的状态,也就是触发器原来的稳定状态,用Q^n表示;次态是指触发器在触发脉冲作用后新的稳定状态,用Q^{n+1}表示。现态和次态是相对于输入变化而言的,在某一个时刻输入变化后电路进入的下一状态,对于下一次输入变化而言,就是触发器的现态。也就是说下一状态是对某一时刻而言的,过了这个时刻就应看作现态。触发器的次态是它现在状态和输入信号(用X表示输入信号的集合)的函数,即:$Q^{n+1} = F(Q^n, X)$。

5.2 基本 RS 触发器

☑ 【本节内容简介】

　　基本 RS 触发器是构成触发器的基本单元,本节介绍了 2 种常见的基本 RS 触发器的基本构成和工作原理。

　　基本 RS 触发器是构成各种触发器的基础,有时也称为 SR 锁存器,是最简单的一种触发器,无须触发信号;它有 2 个能够自行保持的稳定状态,是由输入端直接置 1 或 0 的。

5.2.1 基本 RS 触发器的电路结构

　　基本 RS 触发器由两个与非门(也可用两个或非门)的输入和输出交叉连接而成,如图 5-1(a)所示,它有两个输入$\overline{R}$和$\overline{S}$(又称触发信号),字母上的反号表示低电平有效,即输入为 0 是有效;$\overline{R}$为复位信号,当$\overline{R}$有效时,Q变为 0,故也称$\overline{R}$为置"0"信号;$\overline{S}$为置位信号,当$\overline{S}$有效时,Q变为 1,称$\overline{S}$为置"1"信号。Q和$\overline{Q}$为两个输出信号,理论上应该是反相的,在正常情况下,这两个输出的状态是互补的,即一个为高电平另一个就是低电平,反之亦然。基本 RS 触发器的逻辑符号如图 5-1(b)所示。

（a）　　　　　　　　　　　　　　　　　（b）

图 5-1　用与非门构成的基本 RS 触发器
（a）逻辑图　（b）逻辑符号

　　图 5-2(a)所示为或非门构成基本 RS 触发器电路结构,它有两个输入R和S,高电平有效;当R有效时,Q变为 0;当S有效时,Q变为 1。图 5-2(b)所示为其逻辑符号。

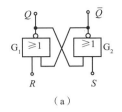
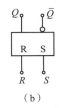

图 5-2　用或非门构成的基本 RS 触发器

（a）逻辑图　（b）逻辑符号

5.2.2　基本 RS 触发器的工作原理

RS 触发器的
工作原理

1. 与非门构成的基本 RS 触发器工作原理

由两个与非门构成的基本 RS 触发器的工作原理如下。

1）有两个稳定状态（保持态）

RS 触发器在无有效输入信号时，即 $\overline{S}=\overline{R}=1$ 时，有两个稳定状态。

（1）0 状态。当 $Q^n=0$、$\overline{Q^n}=1$ 时，称触发器为 0 态。由于 $Q^n=0$ 送到了与非门 G_2 的输入端使之截止，保证 $\overline{Q^{n+1}}=1$，而 $\overline{Q^{n+1}}=1$ 和 $\overline{S}=1$ 一起使与非门 G_1 导通，维持 $Q^{n+1}=0$，显然电路的这种状态可以自己保持，而且是稳定的。

（2）1 状态。当 $Q^n=1$、$\overline{Q^n}=0$ 时，称触发器为 1 态。由于 $\overline{Q^n}=0$ 送到了与非门 G_1 的输入端，使之截止，保证 $Q^{n+1}=1$，而 $Q^{n+1}=1$ 和 $\overline{R}=1$ 一起使与非门 G_2 导通，维持 $\overline{Q^{n+1}}=0$，显然电路的这种状态也是可以自己保持的，而且也是稳定的。

根据 0 状态和 1 状态的定义，用 Q^n 端的状态就可以表示触发器的次态，也称为保持状态，即当输入端接入 $\overline{S}=\overline{R}=1$ 时，触发器的现态和次态相同，保持原状态不变即 $Q^{n+1}=Q^n$。

2）接收输入信号过程

（1）置 1 状态，当 $\overline{S}=0$、$\overline{R}=1$ 时，如果触发器现态为 $Q^n=0$、$\overline{Q^n}=1$，因 $\overline{S}=0$ 会使与非门 G_1 的输出端次态翻转为 1，而 $Q^{n+1}=1$ 和 $\overline{R}=1$ 共同作用使与非门 G_2 的输出 $\overline{Q^{n+1}}=0$；同理当 $Q^n=1$、$\overline{Q^n}=0$，也会使触发器的次态输出为 $Q^{n+1}=1$、$\overline{Q^{n+1}}=0$。因此，无论触发器现态如何，均会使输出次态置为 1 态。

（2）置 0 状态，当 $\overline{S}=1$、$\overline{R}=0$ 时，如果触发器现态为 $Q^n=1$、$\overline{Q^n}=0$，因 $\overline{R}=0$ 会使 $\overline{Q^{n+1}}=1$，而 $\overline{Q^{n+1}}=1$ 和 $\overline{S}=1$ 共同作用使 Q 翻转为 0；如果基本 RS 触发器现态为 $Q^n=0$、$\overline{Q^n}=1$，同理会使 $Q^{n+1}=0$、$\overline{Q^{n+1}}=1$。所以只要 $\overline{S}=1$、$\overline{R}=0$，无论触发器的输出现态如何，均会使输出次态置为 0 态。

（3）不定状态，当 $\overline{S}=\overline{R}=0$ 时，无论触发器的原状态如何，均会使 $Q^{n+1}=1$、$\overline{Q^{n+1}}=1$，此时 Q 和 $\overline{Q}$ 不互补，破坏了触发器的正常工作，使触发器失效，并且若下一时刻 $\overline{S}$ 和 $\overline{R}$ 同时恢复高电平后，触发器的新状态要看 G_1 和 G_2 两个门翻转速度的快慢。若 G_1 先翻转则次态为 0 态，若 G_2 先翻转则次态为 1 态，所以称 $\overline{S}=\overline{R}=0$ 是不定状态，也称之为禁态，在实际电路中要避免此状态出现。

2. 逻辑功能的表示法

触发器现态 Q^n（原态）和次态 Q^{n+1}（新态）之间的转换关系用另一种表格记录下来，称为特性表，它是触发器逻辑功能的另一种表现形式。

将上面的分析列成真值表即可得触发器的特性表，如表 5-1 所示。实质上，特性表就是一张特殊结构的真值表。触发器某一时刻的输出不仅取决于当前时刻的输入信号，而且还与触发器的上一个状态有关，故需将上一个状态作为自变量分析，写进特性表。

表 5-1　与非门构成的基本 RS 触发器特性表

$\bar{S}$	$\bar{R}$	Q^n	Q^{n+1}	说明
0	0	0	1*	不定态
0	0	1	1*	不定态
0	1	0	1	置1
0	1	1	1	置1
1	0	0	0	置0
1	0	1	0	置0
1	1	0	0	保持
1	1	1	1	保持

3. 或非门构成基本 RS 触发器工作原理

由两个或非门构成的基本 RS 触发器的工作原理如下。

1）有两个稳定状态（保持态）

触发器在无有效输入信号时，即 $S=R=0$，有两个稳定状态。

（1）0 状态。当 $Q^n=0$、$\bar{Q}^n=1$ 时，称触发器为 0 态。由于 $\bar{Q}^n=1$ 送到了或非门 G_1 的输入端，保证 $Q^{n+1}=0$，而 $Q^{n+1}=0$ 和 $S=0$ 一起作用于或非门 G_2，维持 $\overline{Q^{n+1}}=1$，显然电路的这种状态可以自己保持，而且是稳定的。

（2）1 状态。当 $Q^n=1$、$\bar{Q}^n=0$ 时，称触发器为 1 态。由于 $Q^n=1$ 送到了或非门 G_2 的输入端，保证 $\overline{Q^{n+1}}=0$，而 $\overline{Q^{n+1}}=0$ 和 $R=0$ 一起作用于或非门 G_1，维持 $Q^{n+1}=1$，显然电路的这种状态也是可以自己保持，而且也是稳定的。

保持状态，即当输入端接入 $S=R=0$ 时，触发器的现态和次态相同，保持原状态不变即 $Q^{n+1}=Q^n$。

2）接收输入信号过程

（1）置 1 状态。当 $S=1$、$R=0$ 时，如果触发器现态为 $Q^n=0$、$\bar{Q}^n=1$，因 $S=1$ 会使或非门 G_2 的输出端次态翻转为 0，而 $\overline{Q^{n+1}}=0$ 和 $R=0$ 共同使或非门 G_1 的输出端 $Q^{n+1}=1$；同理当 $Q^n=1$、$\bar{Q}^n=0$，也会使触发器的次态输出为 $Q^{n+1}=1$、$\overline{Q^{n+1}}=0$。因此，无论触发器现态如何，均会使输出次态置为 1 态。

（2）置 0 状态。当 $S=0$、$R=1$ 时，如果触发器现态为 $Q^n=1$、$\bar{Q}^n=0$，因 $R=1$ 会使

$Q^{n+1}=0$，而 $Q^{n+1}=0$ 和 $S=0$ 共同作用使 $\overline{Q^{n+1}}$ 端翻转为 1；如果触发器现态为 $Q^n=0$、$\overline{Q^n}=1$，同理会使 $Q^{n+1}=0$、$\overline{Q^{n+1}}=1$。所以，只要 $S=0$、$R=1$，无论触发器的输出现态如何，均会使输出次态置为 0 态。

（3）不定状态。当 $S=R=1$ 时，无论触发器的原状态如何，均会使 $Q^{n+1}=0$、$\overline{Q^{n+1}}=0$，Q^{n+1} 和 $\overline{Q^{n+1}}$ 不互补，破坏了触发器的正常工作，使触发器失效，并且若下一时刻 S 和 R 同时恢复低电平后，触发器的新状态要看 G_1 和 G_2 两个门的翻转速度，所以称 $S=R=1$ 是不定状态，也称之为禁态，在实际电路中要避免此状态出现。

或非门构成的基本 RS 触发器功能表如表 5-2 所示。

表 5-2　或非门构成的基本 RS 触发器功能表

S	R	Q^n	Q^{n+1}	说明
0	0	0	0	保持
0	0	1	1	保持
0	1	0	0	置 0
0	1	1	0	置 0
1	0	0	1	置 1
1	0	1	1	置 1
1	1	0	0*	不定态
1	1	1	0*	不定态

5.2.3 基本 RS 触发器动作特点

由于基本 RS 触发器的输入信号直接控制其输出状态，无时钟控制，故又称它为直接置 1（置位）、清 0（复位）触发器，其触发方式为直接触发方式。

无论是由与非门还是或非门构成的基本 RS 触发器，它们的特点相同，优缺点也一样。

1. 优点

（1）结构简单，只要把两个与非门（或者是或非门）交叉连接起来，即可组成触发器的基本结构形式。

（2）具有置 0 和置 1 的功能。

2. 缺点

（1）R、S 之间有约束。在由与非门构成的基本 RS 触发器中，当 $\overline{S}=\overline{R}=0$，即违反约束条件 $RS=0$ 时，Q 端和 $\overline{Q}$ 端都将为高电平；在由或非门构成的基本 RS 触发器中，当 $S=R=1$，即违反约束条件 $RS=0$ 时，Q 端和 $\overline{Q}$ 端都将为低电平，即存在禁态。

（2）触发器无触发，无法用时钟控制器其动作。

【例 5.1】已知由与非门构成的基本 RS 触发器输入端的波形，试画出输出 Q 和 $\overline{Q}$ 的波形。

解：

可根据其特性表查表并画出输出波形。开始，$\overline{S}=0$、$\overline{R}=1$，置 1，输出 $Q=1$；随后 $\overline{S}=\overline{R}=1$，保持 Q 状态不变；接下来 $\overline{S}=1$、$\overline{R}=0$，置 0，$Q=0$；然后，又变为保持态；最后，$\overline{S}=0$、

$\overline{R}=1$，置 1。

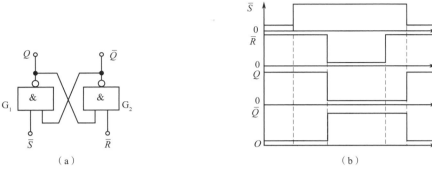

（a）

（b）

图 5-3　例 5.1 题逻辑图和波形图

（a）逻辑图　（b）波形图

5.3　电平触发的触发器

☑ **【本节内容简介】**

　　本节主要以电平触发的 RS 触发器和 D 触发器为例，介绍电平触发器的电路构成和特点。

　　前面介绍的基本触发器的输出直接由输入信号控制，但工程实际常常要求数字系统中的各触发器在规定的时刻按照各自输入信号所确定的状态同步触发翻转，这就要求有一个同步信号来控制，这个控制信号叫作时钟信号（Clock），简称时钟，用变量 CP 或 CLK 表示。这种受时钟控制的触发器统称为时钟触发器，也称为同步触发器。

5.3.1　电平触发器电路结构

　　电平触发的触发器（简称电平触发器）为时钟触发器的一种，只有在触发信号变为有效电平后，触发器才能按照输入信号进行相应状态的变化。在电平触发器中，除了原来的两个输入端外，还增加了一个时钟信号输入端。图 5-4（a）所示为电平 RS 触发器的逻辑图，图 5-4（b）所示为其逻辑符号。

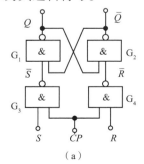

（a）

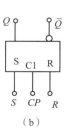

（b）

图 5-4　电平 RS 触发器

（a）逻辑图　（b）逻辑符号

5.3.2　电平 RS 触发器工作原理

同步 RS 触发器的工作原理

如图 5-4（a）所示的逻辑图，可知该 RS 触发器的工作原理如下。

（1）当 $CP=0$ 时，门 G_3 和 G_4 被封锁，输出为高电平。输入 S、R 无法通过 G_3 和 G_4 影响 G_1 和 G_2 输出，对于由 G_1 和 G_2 构成的基本 RS 触发器，触发器保持原态，即 $Q^{n+1}=Q^n$。

（2）当 $CP=1$ 时，此时门 G_3 和 G_4 开启，触发器输出由 S 和 R 决定。

①当输入 $S=0$，$R=0$ 时，G_3 和 G_4 输出均为 1，则对于由 G_1 和 G_2 构成的基本 RS 触发器，输出继续保持原态，即 $Q^{n+1}=Q^n$。

②当 $S=0$，$R=1$ 时，G_3 输出为 1，G_4 输出为 0，则对于由 G_1 和 G_2 构成的基本 RS 触发器，相当于置 0 态，即输出 $Q^{n+1}=0$。

②当 $S=1$，$R=0$ 时，G_3 输出为 0，G_4 输出为 1，则对于由 G_1 和 G_2 构成的基本 RS 触发器，相当于置 1 态，即输出 $Q^{n+1}=1$。

④当 $S=1$，$R=1$ 时，G_3 输出为 0，G_4 输出为 0，则对于由 G_1 和 G_2 构成的基本 RS 触发器，相当于不定态，即输出 $Q^{n+1}=\overline{Q^{n+1}}=1$。

电平 RS 触发器的特性表见表 5-3。

表 5-3　电平 RS 触发器特性表

CP	S	R	Q^n	Q^{n+1}	说明
0	×	×	0	0	保持
0	×	×	1	1	保持
1	0	0	0	0	保持
1	0	0	1	1	保持
1	0	1	0	0	置0
1	0	1	1	0	置0
1	1	0	0	1	置1
1	1	0	1	1	置1
1	1	1	0	1*	禁态
1	1	1	1	1*	禁态

由表 5-3 可知，当 $CP=0$ 时，输出不随输入的变化而变化；只有在 $CP=1$ 时，触发器的输出才会受到输入信号 S、R 的控制而改变状态，此时该触发器的特性与基本 RS 触发器一致，也同样具有禁态，即同样具有 $SR=0$ 的约束条件，触发器受时钟电平控制。

有时，我们在使用时需要在时钟 CP 到来之前，先将触发器预置成定制状态，故实际的同步 RS 触发器有的设置了异步置位变量 $\overline{S_D}$ 和异步复位变量 $\overline{R_D}$，其逻辑图及符号如图 5-5 所示。

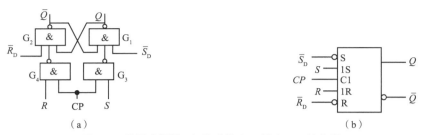

图 5-5　带异步置位、复位端的电平触发 RS 触发器

（a）逻辑图　（b）逻辑符号

由逻辑图可以看出，$\overline{S_D}$ 和 $\overline{R_D}$ 不受时钟信号 CP 的控制，且低电平有效，即当 $\overline{S_D}$ =0，$\overline{R_D}$ =1 时，电路输出为 1；当 $\overline{S_D}$ =1，$\overline{R_D}$ =0 时，电路输出为 0。这种不受同一时钟控制的方式称为异步。需要注意：在实际应用中，异步置位或复位操作应在 CP=0 的状态下进行，否则预置状态不一定能被保存下来。

5.3.3　电平触发方式的动作特点

（1）只有当时钟信号 CP 有效时，触发器的输出才会受输入信号的控制而改变。

（2）在 CP 有效的全部时段内，输入的任何改变都会导致输出状态的变化，在 CP 变为无效的一瞬间，保存下来的是最后一瞬间的状态。

根据上述特性可知，在 CP=1 期间，由于触发器的输出会随着输入 S、R 的变化而多次变化，称为空翻现象，故电平触发器的抗干扰能力较弱。

【例 5.2】　某电平 RS 触发器的逻辑图和输入信号如图 5-6 所示，试画出输出 Q 的波形。Q 的初始状态为 0。

解：

由给定时钟信号和输入电压可知，在 CP 为低电平期间，Q 状态保持不变。在 CP 的第一个高电平期间，一开始 S=1，R=0，置 1，Q=1；随后 S 下降为 0，此时 S=R=0，保持态，Q 保持 1 不变；随后 R 上升为 1，S=0，R=1，置 0，Q=0；在接下来的 CP 低电平期间，Q 保持 0 不变。

在 CP 的第二个高电平期间，S=0，R=1，置 0，Q=0；随后 R 下降为 0，此时 S=R=0，保持态，Q 保持 0 不变；随后 S 中出现 1 干扰脉冲，S 上升为 1，S=1、R=0，置 1，Q=1；最后 S=R=0，保持态，Q 保持 1 不变。

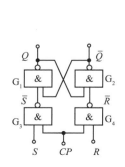
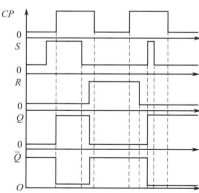

图 5-6　例 5.2 题图

由例 5.2 可以看出,电平触发器的输入如果在时钟信号的一个周期内多次变化,则输出也会随之多次翻转,这就大大降低了触发器的抗干扰能力。

同时 RS 触发器存在禁态的问题,解决此问题的一种方法可以将 RS 触发器变为单输入触发器。例如,在输入 S 和 R 端之间加一非门,这就构成了 D 触发器(也称为 D 锁存器)。图 5-7 所示为电平触发 D 触发器的逻辑图及逻辑符号。

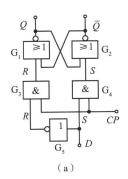
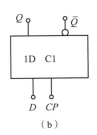

（a）　　　　　　　　　　　　　　　　（b）

图 5-7　电平触发 D 触发器

（a）逻辑图　（b）逻辑符号

分析图 5-7（a）可知,在 $CP=0$ 时,触发器输出 Q 保持不变,即 $Q^{n+1}=Q^n$,在 CP 变为 1 后,触发器的输出随输入的变化而变化:当 $D=1$ 时,相当于 $S=1$，$R=0$,则无论原状态为 1 还是 0,输出置 1;当 $D=0$ 时,相当于 $S=0$，$R=1$,此时输出置 0。此触发器依然受到时钟信号控制,依然工作在电平触发方式下,并且在电平有效期间,$Q^{n+1}=D$,其特性表见表 5-4。

表 5-4　电平触发 D 触发器特性表

CP	D	Q^n	Q^{n+1}	说明
0	×	0	0	保持
0	×	1	1	保持
1	0	0	0	置0
1	0	1	0	置0
1	1	0	1	置1
1	1	1	1	置1

与 RS 触发器相比,D 触发器只有 2 个状态,1 态和 0 态。

【例 5.3】某电平触发 D 触发器的时钟信号及输入信号如图 5-8 所示,试画出输出波形和触发器初始状态（$Q=0$）。

解:

在 $CP=1$ 期间。Q 随 D 的变化而变化;在 $CP=0$ 期间,Q 保持上一个状态不变。

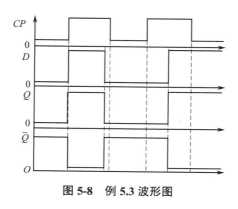

图 5-8　例 5.3 波形图

5.4　脉冲触发的触发器

☑ 【本节内容简介】

　　本节主要介绍脉冲触发器的电路构成和特点,重点介绍了主从式的 JK 触发器,并阐述了主从结构的缺点。

5.4.1　脉冲触发器电路结构

　　为了避免空翻现象,提高触发器的工作可靠性,电路设计者希望在每个 CP 期间输出端的状态只改变一次,因此在电平触发器的基础上设计出脉冲触发的触发器(简称脉冲触发器)。主从触发器就是脉冲触发器的典型结构。主从触发器采用主从结构,由 2 个电平触发器构成,分别为主触发器和从触发器,这两个电平触发器的触发电平刚好相反。图 5-9 所示为主从 RS 触发器的电路结构,主触发器的输出作为从触发器的输入,它们的时钟通过非门连在一起,主触发器的时钟信号为 CP,从触发器时钟信号为 $\overline{CP}$。

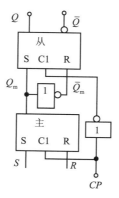

图 5-9　主从 RS 触发器的电路结构

5.4.2　主从 RS 触发器工作原理

（1）当 $CP=1$ 时，主触发器工作，即主触发器 Q_m 的状态取决于输入信号 S、R 的状态，而此时 $\overline{CP}=0$，从触发器被封锁，即保持原来状态；因此，在此期间输入的任何变化都不会改变输出状态。

（2）当 CP 由 1 变 0 时（即下降沿），从触发器打开，主触发器被封锁，从触发器的输出 Q、$\overline{Q}$ 的状态变化取决于主触发器的输出 Q_m、$\overline{Q_m}$ 的状态。

（3）此后，在 $CP=1$ 期间，虽然从触发器一直打开，但由于主触发器被封锁，主触发器的输出状态不会再变化，即从触发器的输入不会变化，所以从触发器的输出依然保持不变，故在 CP 的一个周期内，触发器的输出状态只可能改变一次，且此变化发生在 CP 由 1 变 0 时刻（即下降沿）。

总结上述逻辑关系，可得到主从 RS 触发器的特性表，见表 5-5。

表 5-5　主从 RS 触发器特性表

CP	S	R	Q^n	Q^{n+1}
×	×	×	×	Q^n
↓	0	0	0	0
↓	0	0	1	1
↓	0	1	0	0
↓	0	1	1	0
↓	1	0	0	1
↓	1	0	1	1
↓	1	1	0	1*（禁态）
↓	1	1	1	1*（禁态）

主从 RS 触发器的图形符号如图 5-10 所示，符号"┓"为延迟符号，表示延迟输出，即当 CP 由高电平回到低电平后，输出状态才发生变化。

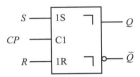

图 5-10　主从 RS 触发器的逻辑符号

5.4.3　主从 JK 触发器电路结构和工作原理

由于主从 RS 触发器依然存在禁态问题，输入信号仍须遵守 $SR=0$ 的约束条件。因此，实际使用的主从触发器主要是主从 JK 触发器。为了使主从 RS 触发器在 $S=R=1$ 时也有确定的状态,则将输出端 Q 和 $\overline{Q}$ 反馈到输入端,就构成了 JK 触发器。

1. 电路结构

图 5-11 所示为主从 JK 触发器的电路结构。

主从 JK 触发器的工作原理

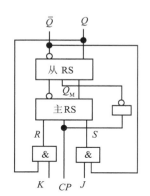

图 5-11   主从 JK 触发器电路结构

图 5-12 为主从 JK 触发器的逻辑符号。

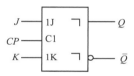

图 5-12   主从 JK 触发器逻辑符号

2. 工作原理:

由电路结构可知主从 JK 触发器有如下工作状态。

1)$J = K = 0$

主触发器保持原态,则从触发器也保持原态,即 $Q^{n+1} = Q^n$,此为保持态。

2)$J = 0, K = 1$

若 $Q^n = 0, \overline{Q^n} = 1$,在 $CP=1$ 时,主触发器保持原态;$Q_m^{n+1} = Q_m^n = 0$,在 CP 由 1 变为 0 时,从触发器保持不变,即 $Q^{n+1} = 0$。

若 $Q^n = 1, \overline{Q^n} = 0$,在 $CP=1$ 时,主触发器处于置 0 态;$Q_m^{n+1} = 0, \overline{Q_m^{n+1}} = 1$,在 CP 由 1 变为 0 时,从触发器也处于置 0 态,即 $Q^{n+1} = 0$。

即无论 Q 的前一个状态为 1 还是 0,新的状态都为 0,此为置 0 态。

3)$J = 1, K = 0$

若 $Q^n = 0, \overline{Q^n} = 1$,在 $CP=1$ 时,主触发器处于置 1 态;$Q_m^{n+1} = 1, \overline{Q_m^{n+1}} = 0$,在 CP 由 1 变为 0 时,从触发器也处于置 1 态,即 $Q^{n+1} = 1$。

若 $Q^n = 1, \overline{Q^n} = 0$,在 $CP=1$ 时,主触发器保持原态;$Q_m^{n+1} = Q_m^n = 1$,在 CP 由 1 变为 0 时,从触发器保持不变,即 $Q^{n+1} = 1$。

即无论 Q 的前一个状态为 1 还是 0,新的状态都为 1,此为置 1 态。

4）$J=1,K=1$

若 $Q^n=0,\overline{Q^n}=1$，在 $CP=1$ 时，主触发器处于置 1 态；$Q_m^{n+1}=1,\overline{Q_m^{n+1}}=0$，在 CP 由 1 变为 0 时，从触发器也处于置 1 态，即 $Q^{n+1}=1$。

若 $Q^n=1,\overline{Q^n}=0$，在 $CP=1$ 时，主触发器处于置 0 态；$Q_m^{n+1}=0,\overline{Q_m^{n+1}}=1$，在 CP 由 1 变为 0 时，从触发器也处于置 0 态，即 $Q^{n+1}=0$。

即无论 Q 的前一个状态为 1 还是 0，新的状态 $Q^{n+1}=\overline{Q^n}$，此为翻转态，也称为计数态。

通过上述逻辑关系分析可知，主从 JK 触发器的状态变化也是发生在 CP 从高电平变回低电平的时刻，即下降沿时。总结可得到主从 JK 触发器的特性表见表 5-6。

表 5-6　主从 JK 触发器特性表

CP	J	K	Q^n	Q^{n+1}	功能
×	×	×	×	Q^n	
↓	0	0	0	0	保持
↓	0	0	1	1	
↓	0	1	0	0	置0
↓	0	1	1	0	
↓	1	0	0	1	置1
↓	1	0	1	1	
↓	1	1	0	1	计数
↓	1	1	1	0	

在某些集成电路中，JK 触发器的输入 J 和 K 不止一个，构成多输入 JK 触发器。此时，J_1 和 J_2、K_1 和 K_2 等是"与"关系，其电路结构与逻辑符号如图 5-13 所示。

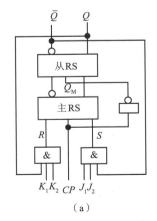

（a）　　　　　　　　　　　　（b）

图 5-13　多输入 JK 触发器

（a）电路结构　（b）逻辑符号

5.4.3 脉冲触发方式动作特点

由于脉冲触发器采用主从结构,在 $CP = 1$ 时,主触发器受输入信号控制,从触发器保持原态;在 CP 的下降沿到达后,从触发器按主触发器状态翻转,故触发器的输出状态在一个脉冲周期内只能改变一次,并且希望此改变是由下降沿到达前一时刻的输入决定的。

但由于主触发器是电平触发器,则对主从 RS 触发器来说,输入信号在整个高电平期间都起作用,所以会出现当 CP 的下降沿到达时,输出并没有按照这一瞬间的输入状态改变,而需要考虑整个高电平期间的所有输入情况。

同样在主从 JK 触发器中也存在类似问题,主从 JK 触发器在 $CP=1$ 期间,主触发器只变化(翻转)一次后进入保持态,此时主触发器翻转了,但是在下降沿到达时,输入状态为保持态,则从触发器的输出状态依然会发生改变,而不是继续保持原态,这种现象称为一次变化现象。一次变化现象也是一种有害的现象,如果在 $CP=1$ 期间,输入端出现干扰信号,就可能造成触发器的误动作。为了避免一次变化现象,在使用主从 JK 触发器时,要保证在 $CP=1$ 期间,J、K 保持状态不变。

例如,在 JK 触发器中,若输入 J、K 的波形如图 5-14 所示;若初始状态 $Q^n=0$,在第一个下降沿到来时,输出 Q^n 由此时的输入 $J=1$,$K=0$ 决定,$Q^{n+1}=1$;在第二个下降沿到来时,由于在高电平期间,输入发生了变化,此时的输出就不仅仅是由这一时刻的输入决定了,由于在 $CP=1$ 期间出现过短暂的 $J=0$,$K=1$ 状态,此时主触发器便被置 0,虽然随后输入又变为 $J=K=0$,但从触发器仍然按照主触发器的状态被置 0,而不是按照这一时刻的输入保持置 1 不变。

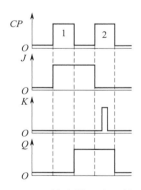

图 5-14 JK 触发器一次翻转问题

5.5 边沿触发的触发器

☑ 【本节内容简介】

本节主要介绍边沿触发的触发器(简称边沿触发器)的电路构成和特点,介绍了各种边沿触发器。

由于脉冲触发器存在一次变化问题,所以抗干扰能力差。为了提高触发器工作的可靠性,希望触发器的次态(新态)仅决定于 CP 的下降沿(或上升沿)到达时刻输入信号的状态,与其他时刻的 CP 信号无关。这样就出现了各种边沿触发器。

现在有利用 CMOS 传输门的边沿触发器、维持阻塞触发器、利用门电路传输延迟时间的边沿触发器以及利用二极管进行电平配置的边沿触发器等几种。

5.5.1 边沿触发器的电路结构及工作原理

图 5-15 所示为用两个电平触发的 D 触发器组成的边沿 D 触发器的电路结构。

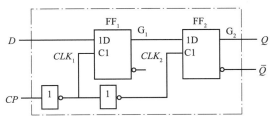

图 5-15 边沿 D 触发器电路结构

该 D 触发器的工作原理如下。

(1)当 $CP = 0$ 时,触发器状态不变,触发器 FF_1 的输出状态与 D 的状态相同。

(2)当 $CP = 1$ 时,即上升沿到来时,触发器 FF_1 的输出状态与边沿到来之前的 D 的状态相同并保持;而与此同时,FF_2 的输出 Q 的状态被置成边沿到来之前的 D 的状态,而与其他时刻 D 的状态无关。

图 5-16 所示为利用 CMOS 传输门的边沿 D 触发器。

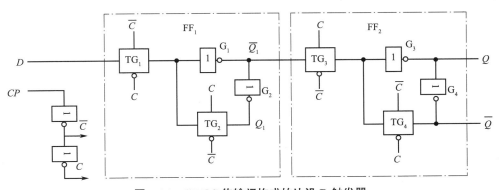

图 5-16 CMOS 传输门构成的边沿 D 触发器

该 D 触发器的工作原理如下。

(1)当 $CP=0$ 时,传输门,TG_1 通,TG_2 不通,$Q_1=D$,Q_1 随着 D 的变化而变化;TG_3 不通,TG_4 通,Q 保持,反馈通路接通。

(2)当 CP 的上升沿到来时,TG_1 不通,TG_2 通,此时输入 D 无法控制触发器的输出;TG_3 通,TG_4 不通,上升沿来临一瞬间的 D 传输到输出端,$Q^{n+1}=D$。

(3)当 $CP=1$ 时,TG_1 不通,TG_2 通,此时输入 D 无法控制触发器的输出,Q 保持。

由此可见,这是个上升沿触发的边沿 D 触发器,上升沿触发边沿 D 触发器的逻辑符号如图 5-17 所示。

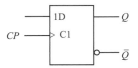

图 5-17 上升沿触发的边沿 D 触发器逻辑符号

图 5-18 所示为边沿 JK 触发器的逻辑图和逻辑符号,该触发器在下降沿时动作,特性与 JK 触发器一致。

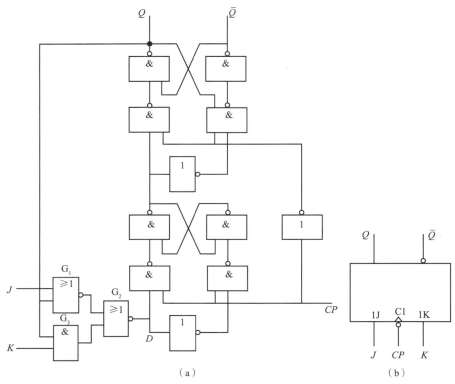

（a）

（b）

图 5-18 边沿 JK 触发器

（a）逻辑图 （b）逻辑符号

5.5.2 边沿触发器的动作特点

边沿触发器输出端状态的转换发生在 CP 的上升沿到来时刻,而且触发器保存下来的状态仅仅决定 CP 上升沿到达时的输入状态,而与此前和此后的状态无关。

5.6　触发器的逻辑功能及描述方法

☑ 【本节内容简介】

　　本节主要总结了 RS 触发器、JK 触发器、D 触发器、T 触发器和 T'触发器的输入输出特性、逻辑功能,并介绍特性表、特性方程、时序图、状态图等描述方法。

　　在前文中我们讨论了不同触发器的电路结构或逻辑图,本节进一步讨论触发器的逻辑功能。触发器在每次时钟脉冲触发沿到来之前的状态称为现态,而在此之后的状态称为次态。所谓触发器的逻辑功能,是指次态与现态、输入信号之间的逻辑关系,这种关系可以用特性表、特性方程或状态图来描述。按照触发器状态转换的规则,通常可将触发器分为 D 触发器、JK 发器、T 触发器、RS 触发器等几种逻辑功能类型。

　　需要指出的是,逻辑功能与电路结构(或逻辑图)是两个不同的概念,同一逻辑功能的触发器可以用不同的电路结构实现,如 5.5 节所述两种电路结构不同而功能完全相同的 D 触发器。同时,使用同一基本电路结构,也可以形成具有不同逻辑功能的触发器。在本节讨论触发器的逻辑功能时,暂不考虑其电路结构。

5.6.1　D 触发器

1. 特性表

D 触发器的特性表见表 5-7。表 5-7 对触发器的现态 Q^n 和输入信号 D 的每种组合都列出了相应的次态 Q^{n+1}。

表 5-7　D 触发器特性表

D	Q^n	Q^{n+1}	说明
0	0	0	置0
0	1	0	
1	0	1	置1
1	1	1	

2. 特性方程

触发器的逻辑功能也可以用逻辑函数表达式来描述,称为特性方程。根据表 5-7,可以列出 D 触发器的特性方程

$$Q^{n+1} = D \qquad\qquad (5-1)$$

3. 状态转换图

触发器的功能还可以用图 5-19 所示的状态图更为形象地表示。状态图同样可以用触发器的特性表得到。状态图中:两个圆内标有 1 和 0,表示触发器的两个状态;4 根方向线表示状态转换方向,分别对应特性表中的 4 行;方向线起点为触发器现态 Q^n,箭头指向相应的

次态Q^{n+1}；方向线旁边标出了状态转换的条件，即输入D的逻辑值。

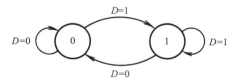

图 5-19 D 触发器的状态转换图

5.6.2 JK 触发器

1. 特性表

表 5-8 为 JK 触发器的特性表，符合此表的触发器均为 JK 触发器。

表 5-8 JK 触发器特性表

J	K	Q^n	Q^{n+1}	功能
0	0	0	0	保持
0	0	1	1	
0	1	0	0	置0
0	1	1	0	
1	0	0	1	置1
1	0	1	1	
1	1	0	1	计数
1	1	1	0	

2. 特性方程

由表 5-8 可以写出 JK 触发器次态的逻辑函数表达式，经过简化可得其特性方程：

$$Q^{n+1} = J\overline{Q^n} + \overline{K}Q^n \qquad (5.2)$$

3. 状态转换图

JK 触发器的状态图如图 5-20 所示，它可以由表 5-8 得到。由于存在无关变量（用 × 表示，既可以取 0，也可以取 1），所以 4 根方向线实际对应表中的 8 行。

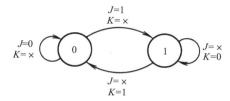

图 5-20 JK 触发器的状态转换图

由特性表、特性方程或状态图均可以看出，在所有类型的触发器中，JK 触发器具有最强的逻辑功能，它能执行置 1、置 0、保持和翻转 4 种操作，在实际应用中还可用简单的附加电路转换为其他类型的触发器。因此,JK 触发器在数字电路中有较广泛的应用。

5.6.3　T 触发器

在某些应用中,当控制信号 $T=1$ 时,每来一个 CP 脉冲,它的状态翻转一次;而当 $T=0$ 时,则不对 CP 信号做出相应反应而保持状不变。具备这种逻辑功能的触发器称为 T 触发器。T 触发器的逻辑符号如图 5-21 所示,这是一种下降沿触发的边沿 T 触发器。

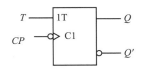

图 5-21　T 触发器的逻辑符号

1. 特性表
T 触发器的特性表如表 5-9 所示。

表 5-9　T 触发器的特性表

T	Q^n	Q^{n+1}	功能
0	0	0	保持
0	1	1	
1	0	1	计数
1	1	0	

2. 特性方程
由表 5-9 可以写出 T 触发器的特性方程:

$$Q^{n+1} = T\overline{Q^n} + \overline{T}Q^n \qquad (5\text{-}3)$$

3. 状态转换图
T 触发器的状态图如图 5-22 所示。

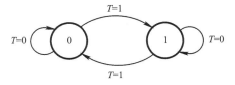

图 5-22　T 触发器的状态图

T 触发器的功能:$T=1$ 时为计数状态,$Q^{n+1}=\overline{Q^n}$;$T=0$ 时为保持状态,$Q^{n+1}=Q^n$。

比较式(5-3)和式(5-2),如果令 $J=K=T$,则两式等效,事实上只要 JK 触发器的 J、K 端连接在一起作为输入端,就可实现 T 触发器的功能。因此,在小规模集成触发器中,没有专门的 T 触发器,如果有需要,可用其他功能的触发器转换得到。

5.6.4　T′触发器

当 T 触发器的输入T固定为高电平时（即$T \equiv 1$），即构成 T′触发器。将$T = 1$代入式（5-3）得：

$$Q^{n+1} = \overline{Q^n} \tag{5-4}$$

由式（5-4）可以看出，时钟脉冲每作用一次，该触发器翻转一次，即 T′触发器只有翻转态。

5.6.5　RS 触发器

1.特性表

符合表 5-10 所列特性的触发器称为 RS 触发器。

表 5-10　RS 触发器的特性表

S	R	Q^n	Q^{n+1}
0	0	0	0
0	0	1	1
0	1	0	0
0	1	1	0
1	0	0	1
1	0	1	1
1	1	0	不定
1	1	1	不定

2.特性方程

从表 5-10 可以看出，$S = R = 1$时，触发器的次态是不能确定的，如果出现这种情况，触发器将失去控制。因此，RS 触发器的使用必须遵循$SR = 0$的约束条件。由特性表可得到其逻辑函数表达式，借助约束条件化简，可得到特性方程：

$$\begin{cases} Q^{n+1} = S + \overline{R}Q^n \\ SR = 0 \end{cases} \tag{5-5}$$

3.状态转换图

也可以由特性表得到 RS 触发器的状态转换图，如图 5-23 所示。

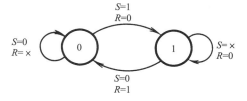

图 5-23　RS 触发器的状态转换图

5.6.6 触发器功能转换

在实际应用中,由于 D 触发器和 JK 触发器具有较完善的功能,有很多独立的中、小规模集成电路产品,而 T 触发器和 RS 触发器则主要出现于集成电路的内部,用户如有单独需要,可以很容易地用前两种类型的触发器转化得到。下面介绍几种触发器之间的相互转化方法。

1. JK 触发器构成 D 触发器

对比 JK 触发器的特性方程 $Q^{n+1} = J\overline{Q^n} + \overline{K}Q^n$ 和 D 触发器的特性方程 $Q^{n+1} = D$ 可知,当 $J = D, K = \overline{D}$ 时,即可由 JK 触发器构成 D 触发器,如图 5-24 所示。

JK 触发器构成 D 触发器

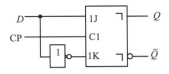

图 5-24 JK 触发器构成 D 触发器

2. JK 触发器构成 T 触发器

对比 JK 触发器的特性方程 $Q^{n+1} = J\overline{Q^n} + \overline{K}Q^n$ 和 T 触发器的特性方程 $Q^{n+1} = T\overline{Q^n} + \overline{T}Q^n$ 可知,当 $J = K = T$ 时,即可由 JK 触发器构成 T 触发器,如图 5-25 所示。

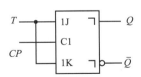

图 5-25 JK 触发器构成 T 触发器

3. D 触发器构成 T 触发器

对比 T 触发器的特性方程 $Q^{n+1} = T\overline{Q^n} + \overline{T}Q^n = T \oplus Q^n$ 和 D 触发器的特性方程 $Q^{n+1} = D$ 可知,令 $D = T \oplus Q^n$,可实现用 D 触发器构成 T 触发器,如图 5-26 所示。

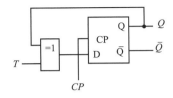

图 5-26 D 触发器构成 T 触发器

4. D 触发器构成 T' 触发器

对比 T' 触发器的特性方程 $Q^{n+1} = \overline{Q^n}$ 和 D 触发器的特性方程 $Q^{n+1} = D$ 可知,当 $D = \overline{Q^n}$ 时,可实现用 D 触发器构成 T' 触发器,如图 5-27 所示。

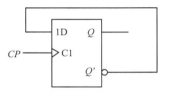

图 5-27　D 触发器构成 T′ 触发器

5.7　常见触发器芯片

常见的集成触发器有多种，主要是 D 触发器或 JK 触发器，下面简单介绍几种。

1. 74 系列集成同步 D 触发器 74LS375

74LS375 内部封装了 4 个电平 D 触发器，其管脚排列如图 5-28 所示，其中：$1D{\sim}4D$ 是触发器的输入，$1Q{\sim}4Q$ 是触发器的 4 个输出，$1\overline{Q}{\sim}4\overline{Q}$ 是 4 个反向输出，$1G$ 是前两个触发器的时钟信号输入，$2G$ 是后两个触发器的时钟信号输入，高电平有效。

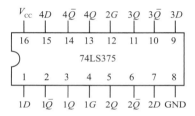

图 5-28　74LS375 管脚排列图

2. 边沿触发 JK 触发器 74HC112

74LS112 内部封装了 2 个边沿 JK 触发器，其管脚和内部封装如图 5-29 所示。其中：J_1、K_1、J_2、K_2 是触发器的输入，Q_1、Q_2、$\overline{Q}_1$、$\overline{Q}_2$ 是触发器的 4 个输出，CLK_1、CLK_2 分别是两个触发器的时钟信号输入，CLR_1、CLR_2 是异步复位信号（低电平有效），PR_1、PR_2 是异步置位信号（低电平有效）。

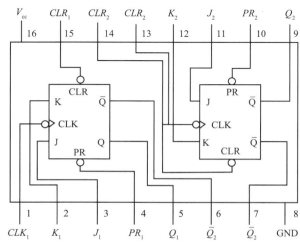

图 5-29　74HC112 管脚和内部封装

74HC112 的特性表如表 5-11 所示。

表 5-11　74HC112 的特性功能表

输入					输出	
PR	CLR	CLK	J	K	Q^{n+1}	$\overline{Q^{n+1}}$
0	1	×	×	×	1	0
1	0	×	×	×	0	1
0	0	×	×	×	*	*
1	1	↓	0	0	Q^n	$\overline{Q^n}$
1	1	↓	0	1	0	1
1	1	↓	1	0	1	0
1	1	↓	1	1	$\overline{Q^n}$	Q^n
1	1	×	×	×	Q^n	$\overline{Q^n}$

注:*表示状态不定。

除此之外,常见触发器芯片还有基本 RS 触发器 74LS279,其管脚排列如图 5-30 所示。

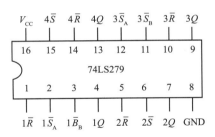

图 5-30　74LS279 管脚排列

还有 D 触发器 73LS171、73LS174、73LS273、73LS374,边沿 JK 触发器 CC4027 等,此处就不一一介绍。

3.芯片选择

在实际应用中选择触发器时,应从所需逻辑功能、触发方式和芯片参数等几个方面考虑。

从所需逻辑功能考虑,如要求单端形式的输入信号,可选用 D 触发器;如要求双端形式的输入信号时,可选用 JK 触发器;如需要计数功能,可选用 T′ 触发器;T′ 触发器可由 D 触发器或 JK 触发器转换而来。

从触发方式考虑,若只是用作存储数据,可选用脉冲触发器;若要求触发器的状态不受干扰,工作稳定,则最好选择边沿触发器。

本章小结

本章学习的重点:D 触发器、JK 触发器、T 触发器、T′ 触发器和 RS 触发器的特性。

学习的难点:触发器的内部工作原理。

1. 触发器的特性

触发器和门电路一样,也是组成数字电路的基本逻辑单元。它有两个基本特性:

(1)有两个稳定的状态(0 状态和 1 状态)。

(2)在外信号作用下,两个稳定状态间可相互转换;没有外信号作用时,保持原状态不变。

因此,触发器具有记忆功能,常用来保存二进制信息。

2. 触发器的逻辑功能

逻辑功能指触发器输出的次态 Q^{n+1} 与输出的现态 Q^n 及输入信号之间的逻辑关系。触发器逻辑功能的描述方法主要有特性表、卡诺图、特性方程、状态转换图和波形图(时序图)。

3. 触发器的分类与特性方程

触发器按逻辑功能分类有 D 触发器 JK 触发器、T 触发器、T′ 触发器和 RS 触发器,它们的功能可用特性方程来描述。

RS 触发器 $\qquad \begin{cases} Q^{n+1} = S + \overline{R}Q^n \\ SR = 0 \end{cases}$

JK 触发器 $\qquad Q^{n+1} = J\overline{Q^n} + \overline{K}Q^n$

D 触发器 $\qquad Q^{n+1} = D$

T 触发器 $\qquad Q^{n+1} = T\overline{Q^n} + \overline{T}Q^n$

T′ 触发器 $\qquad Q^{n+1} = \overline{Q^n}$

习题 5

一、选择题

5.1　下列出触发器中,没有约束条件的是(　　　)触发器。

A. 基本 RS　　　　　　B. 电平 RS　　　　　　C. 主从 RS　　　　　　D. 边沿 D

5.2　主从 JK 触发器(　　　)。

A. 要求触发信号具有特殊边沿

B. 存在"一次变换"问题

C. 功能与边沿 JK 触发器不同

D. 与边沿 D 触发器功能相同

5.3　静态触发器是一种(　　　)电路。

A. 单稳态　　　　　　B. 双稳态　　　　　　C. 无稳态

5.4　对于 T 触发器,若现态 $Q^n=0$,欲使次态 $Q^{n+1}=1$,应输入(　　　)。

A. 1　　　　　　　　B. 0

5.5　若触发器连接如图 5-31 所示,则其具有(　　)功能。

A. T 触发器功能

B. D 触发器功能

C. T′ 触发器功能

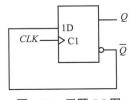

图 5-31　习题 5.5 图

5.6　具有"保持"和"翻转"功能的触发器叫(　　　)。

A.JK 触发器

B.D 触发器

C.T 触发器

5.7　触发器的异步置 0 端和置 1 端的正确用法是(　　　)

A. 都接高电平"1"

B. 都接低电平"0"

C. 有小圆圈时,不用时接高电平"1";没有小圆圈时,不用时接低电平"0"

5.8　按电路结构组成方式,双稳态触发器可分为(　　　)。

A. 基本和同步触发器

B. 主从和边沿触发器

C. 基本、同步、维持阻塞、主从和边沿触发器

5.9　存在空翻问题的是(　　)触发器。

A. 主从型 RS

B. 基本 RS

C. 同步 RS

5.10　当 D 触发器的输入信号为高电平时,经过一个时钟后,输出将会是(　　　)。

A. 低电平

B. 高电平

C. 取决于该时钟前的输出状态

5.11　若 JK 触发器的现态为 0,若希望次态也为 0,则输入是(　　　)

A.J=1,K=1

B.J=0,K=0

C.J=0,K=×

D.J=×,K=×

5.12 下列电路中,不能实现 $Q^{n+1} = \overline{Q^n}$ 的是( )

A.
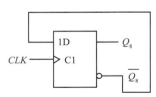

B.
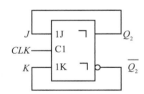

C.
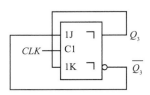

D.
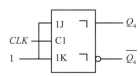

二、判断题(正确的在括号内打"√",错误的在括号内打"×")

5.13 一个触发器可以保存 1 位二进制数。( )

5.14 或非门构成的基本触发器,当 $R=S=0$ 时,触发器的状态为不定。( )

5.15 当触发器被清零时,它处于复位状态。( )

5.16 同步触发器存在空翻现象,而主从触发器克服了空翻。( )

5.17 主从 JK 触发器存在一次性变化。( )

5.18 当触发器设置为翻转工作模式时,输出将保持高电平。( )

5.19 D 触发器的特征方程为 $Q^{n+1}=D$,与 Q^n 无关,所以它没有记忆功能。( )

5.20 不同逻辑功能的触发器可以进行相互转换。( )

三、电路分析题

5.21 图 5-32 所示为基本 RS 触发器输入波形,试画出其输出 Q 的波形,初始状态 $Q=0$。

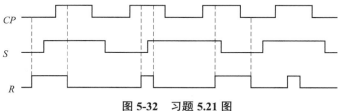

图 5-32 习题 5.21 图

5.22 试画出在下降沿触发的 JK 触发器在时钟信号 CP 及输入的作用之下,图 5-33 中 JK 触发器的输出波形,初始状态 $Q=0$。

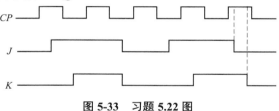

图 5-33 习题 5.22 图

5.23　试画出在时钟信号 *CP* 及输入的作用之下,图 5-34 中 D 触发器的输出波形,初始状态 *Q*=0。

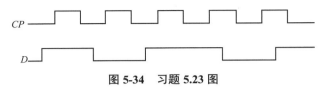

图 5-34　习题 5.23 图

5.24　试画出在时钟信号 *CP* 的作用之下,图 5-34 中各触发器的输出波形,初始状态 *Q*=0。

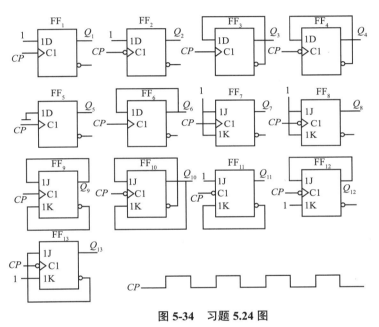

图 5-34　习题 5.24 图

5.25　已知电路及时钟信号 *A*、*CP* 波形如图 5-35 所示,试画出触发器的输出 Q_1,Q_2 的波形,初始状态 $Q_1=Q_2=0$。

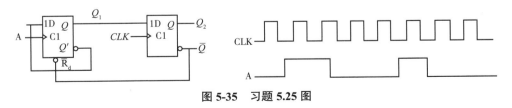

图 5-35　习题 5.25 图

5.26　已知电路及时钟信号 *CP*、输入信号 A、B 波形如图 5-36 所示,K 管脚悬空(相当于接高电平)试画出触发器的输出 *Q* 波形,初始状态 *Q*=0。

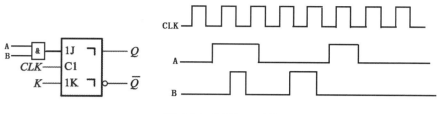

图 5-36 习题 5.26 图

5.27 试画出在时钟脉冲的作用之下，如图 5.9 所示电路输出端 Q_0、Q_1、Q_2、Q_3 波形。

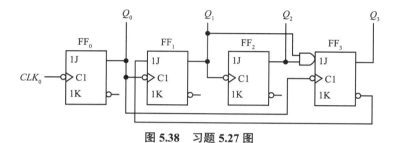

图 5.38 习题 5.27 图

习题 5 参考答案

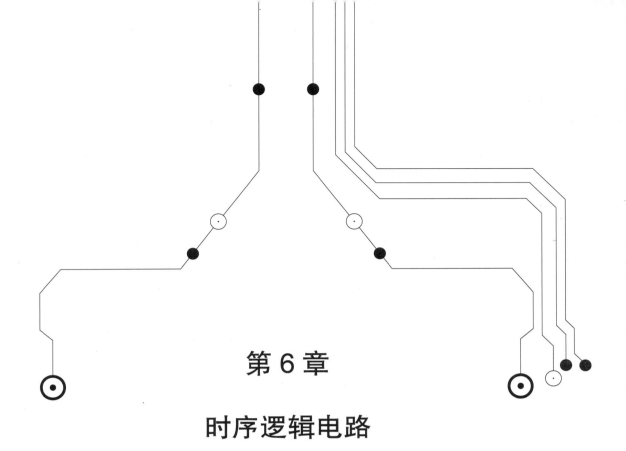

第 6 章

时序逻辑电路

时序逻辑电路一般由逻辑门电路和触发器组成，其输出不但与输入状态有关，而且还取决于输出端原来的状态。时序逻辑电路具有记忆功能，典型的时序逻辑电路有寄存器、计数器等。

本章主要介绍时序逻辑电路的分析和设计，涉及寄存器、计数器。宜采取理论教学、课后作业、网上讨论的形式学习本章内容。

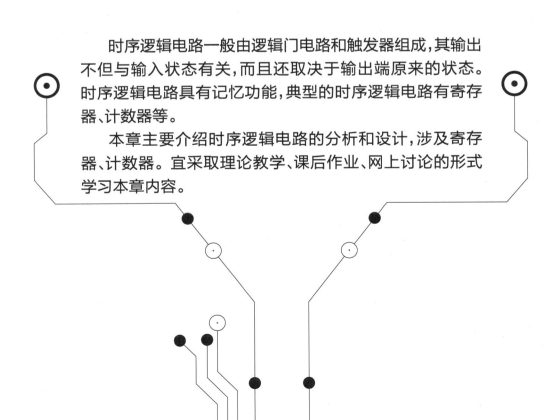

第6章 时序逻辑电路

☑ **【学习目标】**

（1）掌握时序逻辑电路的分析方法，能较熟练地分析同步时序逻辑电路的逻辑功能。

（2）理解数码寄存器和移位寄存器的工作原理，了解相关集成电路芯片的使用方法。

（3）熟练掌握二进制计数器、十进制计数器和任意进制计数器的工作原理，能熟练地分析异步、同步计数器的逻辑功能，会画波形图。

（4）会设计同步时序逻辑电路。

时序逻辑电路一般由逻辑门电路和触发器组成，其输出不但与输入状态有关，而且还取决于输出端原来的状态。时序逻辑电路具有记忆功能，典型的时序逻辑电路有寄存器、计数器等。

时序逻辑电路根据时钟脉冲加入方式的不同，分为同步时序逻辑电路和异步时序逻辑电路。在同步时序逻辑电路中，各触发器共用一个时钟脉冲，因而各触发器的动作均与时钟脉冲同步。在异步时序逻辑电路中，各触发器不在同一个时钟脉冲控制下工作，因而各触发器的动作时间不同步。

本章内容主要介绍时序逻辑电路的分析和设计，内容涉及寄存器和计数器。学习本章内容，宜采取理论教学、课后作业、网上讨论的形式。

6.1 概述

☑ **【本节内容简介】**

本节主要介绍时序逻辑电路的一般结构，讲解时序逻辑电路的分类。

6.1.1 时序逻辑电路的一般结构

逻辑电路按性能可分为组合逻辑电路与时序逻辑电路。本书第4章已对组合逻辑电路做了比较详细的介绍，它们的特点是任何一个给定时刻的稳定输出仅决定于该时刻电路的输入，而与以前各时刻的输入状况无关。

时序逻辑电路除了具备组合逻辑电路的基本功能外，还必须具备对过去时刻的状态进行记忆的功能。具有记忆功能的部件称为存储电路，时序逻辑电路中的存储电路主要由前一章介绍的各类触发器构成。时序逻辑电路一般由组合逻辑电路和存储电路两部分组成，其结构框图如图6-1所示。

如图6-1所示，组合逻辑电路部分的输入包括外部输入和内部输入两部分，外部输入

X_1，X_2，$\cdots$，X_i 是整个时序逻辑电路的输入，内部输入 Q_1，Q_2，$\cdots$，Q_l 是存储电路部分的输出，它反映了时序逻辑电路过去时刻的状态；组合逻辑电路部分的输出也包括外部输出和内部输出两部分，外部输出 Y_1，Y_2，$\cdots$，Y_j 是整个时序逻辑电路的输出，内部输出 Z_1，Z_2，$\cdots$，Z_k 是存储电路部分的输入。

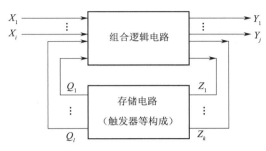

图 6-1　时序逻辑电路一般结构

　　与组合逻辑电路相比，时序逻辑电路在结构上有两个主要特点：一是包含由触发器等构成的存储电路；二是内部存在反馈通路，即从时序逻辑电路内含的组合逻辑电路的内部输出，经存储电路再作为内部输入返回组合逻辑电路，常规的组合逻辑电路既不包含存储电路，也不存在反馈通路。正是由于存储电路和反馈通路的作用，时序逻辑电路才能将过去时刻的组合逻辑电路的部分输出存储起来，作为当前输入的一部分加以利用，使得时序逻辑电路的当前输出不仅与当时的输入有关，而且还与过去时刻的电路状态有关。

　　"状态"是时序逻辑电路的一个重要概念，状态分为外部状态和内部状态两种。通常，外部状态由组合逻辑电路部分的外部输出 Y_1，Y_2，$\cdots$，Y_j 确定，内部状态由存储电路的输出也即组合逻辑电路部分的内部输入确定。一般说到时序逻辑电路的状态，指的都是其内部状态。

　　所谓时序就是说电路的状态与时间顺序有密切关系，预定的操作是按时间顺序逐个进行的。第 5 章介绍的触发器就是一个最简单的时序逻辑电路。触发器的次态输出 Q^{n+1} 不仅取决于该时刻的输入（如 J、K 的信号），还取决于触发器的现态 Q^n。

　　注意，现态是时序逻辑电路中存储电路的输出，即反映了上一时刻电路状态变化的结果，次态反映的则是当前时刻电路状态变化的结果，将之存入存储电路供下一时刻使用。所以，时序逻辑电路的输出方程可以理解为：电路的输出不仅是当前输入的函数，同时也是当前状态（受过去时刻状态变化的影响）的函数。

6.1.2　时序逻辑电路的分类

　　1. 同步时序逻辑电路和异步时序逻辑电路

　　时序逻辑电路按不同的状态改变方式，可以分为同步时序逻辑电路和异步时序逻辑电路两种。

　　同步时序逻辑电路设置统一的时钟脉冲（CP），所有触发器的状态变化在同一个时钟脉冲控制下同时发生。其电路结构的特征是，存储电路中所有触发器的触发输入端均接同一个时钟脉冲信号源。

异步时序逻辑电路状态的改变直接依赖于输入脉冲或电位信号,存储电路中的触发器状态变化并不同时发生。由于不设置统一的时钟脉冲,在电路具有多个输入的情况下,必须遵循以下限制:第一,不允许两个或两个以上输入信号同时发生变化;第二,必须在前一个输入引起的电路状态变化稳定后,才允许下一个输入发生变化,否则将导致逻辑混乱。

通过同步时钟时序逻辑电路和异步时钟时序逻辑电路的分析和设计,引导学生要了解事物的发展规律,并利用规律进行改造和创新,一定会事半功倍,提高工作效率,从而提升自主创新能力。

2. Mealy(米里)型时序逻辑电路和 Moore(莫尔)型时序逻辑电路

时序电路按其输出方式分类,有米里型和莫尔型两种,如图 6-2 所示。

对于米里型时序逻辑电路(图 6-2(a))来说,输出是外部输入 X 和状态变量 Q 的函数,即输出与输入关系为 $Y=f(X, Q)$;莫尔模型(图 6-2(b))与之不同,其输出只与状态变量 Q 有关而与外部输入 X 无关,表示为 $Y=f(Q)$。状态变量 Q 是指存储元件的输出。

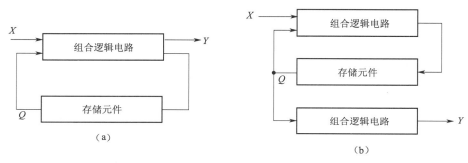

图 6-2　时序逻辑电路框图
(a)米里型　(b)莫尔型

本章首先介绍组合逻辑电路与时序逻辑电路的区别,然后讨论时序逻辑电路的分析方法,最后介绍数字系统中广泛使用的寄存器、计数器等时序逻辑电路以及时序逻辑电路的设计方法。

6.2　时序逻辑电路的分析方法

☑【本节内容简介】

时序逻辑电路按其时钟加入方式的不同,分为同步时序电路和异步时序电路。

同步是指电路中所有触发器的时钟输入在同一个时钟脉冲控制下,触发器的翻转与该时钟脉冲同步;而异步是指电路中的所有触发器的时钟输入不在一个时钟脉冲控制下,有的触发器翻转与外加的时钟信号不同步。但这两种电路的分析方法大体上是相同的。

所谓时序电路分析就是分析出给定电路的逻辑功能。因为时序电路的内部状态是按时间顺序随输入信号的变化而变化的。因此,分析过程即是找出电路内部状态变化规律的过程。

6.2.1 基本分析步骤

1.列出电路方程式

根据时序逻辑电路时钟脉冲是否与所有触发器的时钟脉冲连在一起,确定时序逻辑电路为同步时序电路或异步时序电路。

首先,根据时序逻辑电路确定输入信号 X 和输出信号 Y,确定时序逻辑电路触发器的类型,确定时钟脉冲是否为边沿触发器以及是上升沿触发还是下降沿触发;然后,列出时序逻辑电路方程式。

（1）输出方程:时序逻辑电路的输出逻辑函数表达式,通常为现态和输入信号的函数。

（2）驱动方程:各触发器输入的逻辑函数表达式,如 JK 触发器的输入 J 和 K 的逻辑函数表达式;D 触发器的输入 D 的逻辑函数表达式等。

（3）状态方程:将驱动方程代入相应触发器的特性方程,便得到该触发器的状态方程。时序逻辑电路的状态方程由各触发器次态的逻辑函数表达式组成。

（4）时钟方程:如果是异步时序逻辑电路,由于没有统一的时钟脉冲,因此分析逻辑电路时还需要列出时钟(信号)方程。

2.列状态转换真值表

将逻辑电路触发器的现态和外部输入信号的各种取值组合,代入状态方程和输出方程进行计算,求出相应的次态和输出,从而列出状态转换真值表。例如,现态的起始值已给定时,则从给定值开始计算;如没有给定时,则设定一个现态起始值依次进行计算。

时序逻辑电路的输出由触发器的现态决定。

3.画状态转换图和时序图

状态转换图是指电路由现态转换到次态的示意图。时序图是在时钟脉冲 CP 作用下,各触发器状态变化的波形图,它通常是根据时钟脉冲 CP 和状态转换真值表绘制。

4.逻辑功能说明

可根据状态转换真值表描述逻辑电路的逻辑功能。为使结果更为直观,可以用文字、图表等形式说明。

时序逻辑电路的分析步骤如图 6-3 所示。

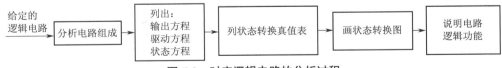

图 6-3　时序逻辑电路的分析过程

6.2.2 同步时序逻辑电路分析

举例说明同步时序逻辑电路分析的步骤。

【例 6.1】分析图 6-4 所示的同步时序逻辑电路的逻辑动能。

解:

（1）首先,分析电路组成。

存储电路部分为两个触发器,FF_0 已由 JK 触发器转换成 T 触发器,FF_1 已由 JK 触发器转换成 T′ 触发器。组合电路为一个与门。输出信号 Y 只与触发器状态有关,即 $Y=f(Q_0, Q_1)$。所以该逻辑电路属于莫尔型,每个触发器都由同一个 CP 控制,所以是同步型时序逻辑电路。

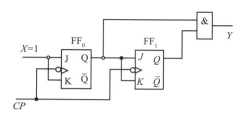

图 6-4　例 6.1 逻辑电路的电路图

（2）之后,列出电路的输出方程及触发器的驱动方程(即各触发器的输入端的逻辑函数表达式)。

输出方程为

$$Y = Q_0^n \cdot Q_1^n \tag{6-1}$$

驱动方程为

$$\left. \begin{array}{l} J_0 = K_0 = X = 1 \\ J_1 = K_1 = Q_0^n \end{array} \right\} \tag{6-2}$$

（3）然后,建立电路的状态方程。

电路的状态由各触发器的状态确定,而各触发器的状态可用触发器的特性方程来描述。把触发器的驱动方程代入特性方程,即得状态方程。状态方程即是触发器次态方程组,将式(6-2)代入 JK 触发器特性方程 $Q^{n+1} = J\overline{Q^n} + \overline{K}Q^n$ 得该逻辑电路的状态方程。

$$Q_0^{n+1} = J_0 \overline{Q_0^n} + \overline{K}_0 Q_0^n = \overline{Q_0^n} \tag{6-3}$$

$$Q_1^{n+1} = J_1 \overline{Q_1^n} + \overline{K}_1 Q_1^n = Q_0^n \overline{Q_1^n} + \overline{Q_0^n} Q_1^n \tag{6-4}$$

（4）接着画出状态转换真值表和状态转换图。

将所有状态代入状态方程和输出方程,可得状态转换真值表和状态转换图。

此电路的状态排列为 $Q_1 Q_0$,设初始状态为 $Q_1 Q_0 = 00$,第一个时钟脉冲从 0 变到 1 又返回 0 后,Q 端的次态为

$$Q_0^{n+1} = \overline{Q_0^n} = \overline{0} = 1$$

$$Q_1^{n+1} = Q_0^n \overline{Q_1^n} + \overline{Q_0^n} Q_1^n = 0 \cdot \overline{0} + \overline{0} \cdot 0 = 0$$

则电路状态 $Q_1 Q_0$ 由 00 变成 01,设初始状态为 $Q_1 Q_0 = 01$。第二个时钟脉冲作用后,Q 端的次态为

$$Q_0^{n+1} = \overline{Q_0^n} = 0$$

$$Q_1^{n+1} = Q_0^n \overline{Q_1^n} + \overline{Q_0^n} Q_1^n = 1 \cdot \overline{0} + \overline{1} \cdot 0 = 1$$

即电路状态 $Q_1 Q_0$ 由 01 变成 10,设初始状态 $Q_1 Q_0 = 10$。第三个时钟脉冲作用后, Q 端

的次态为

$$Q_0^{n+1} = \overline{Q_0^n} = 1$$
$$Q_1^{n+1} = Q_0^n \overline{Q_1^n} + \overline{Q_0^n} Q_1^n = 0 \cdot \overline{1} + \overline{0} \cdot 1 = 1$$

即电路状态 $Q_1 Q_0$ 由 10 变成 11,设 $Q_1 Q_0 = 11$ 为初始状态。第四个时钟脉冲作用后,Q 端的次态为

$$Q_0^{n+1} = \overline{Q_0^n} = \overline{1} = 0$$
$$Q_1^{n+1} = Q_0^n \overline{Q_1^n} + \overline{Q_0^n} Q_1^n = 1 \cdot \overline{1} + \overline{1} \cdot 1 = 0$$

即电路状态经过四个时钟脉冲周期又回到最初设的初始状态。得到的状态转换表,如表 6-1 所示;也可以画出状态转换图,如图 6-5 所示。

表 6-1　例 6.1 逻辑电路的状态转换表

现态		次态		输出 Y
Q_1^n	Q_0^n	Q_1^{n+1}	Q_0^{n+1}	
0	0	0	1	0
0	1	1	0	0
1	0	1	1	0
1	1	0	0	1

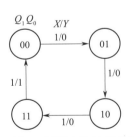

图 6-5　例 6.1 逻辑电路的状态转换图

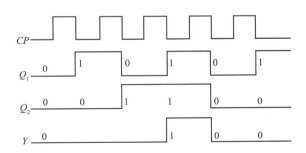

图 6-6　例 6.1 逻辑电路的时序波形图

图 6-5 中,带箭头的直线表示状态转换方向,由现态出发指向次态,直线上的 X / Y(X 为输入,Y 为输出变量)表示转换的条件和结果,如无输入变量时,则只写 $/ Y$ 如果"X""Y"均不存在则不写此分式;圆圈中的数值为电路状态。

(5)最后说明电路的逻辑动能。

综上所述,电路状态的变化规律为累加方式的两位二进制码的二进制计数器。关于计数器的工作原理,将在后续章节中专门介绍。

如果把电路的时序波形图画出来,电路动作规律就显示得很清楚,如图 6-6 所示。

从波形上看出 CP 的 4 个时钟脉冲后送出一个进位信号 Y 的下降沿,进而向高一位的计数器送出计数脉冲,而在一个计数周期之内是以加法计数规律计数的。

【例 6.2】分析图 6-7 所示的同步时序逻辑电路。

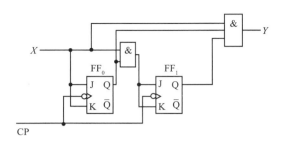

图 6-7　例 6.2 逻辑电路的电路图

解：

（1）首先，分析电路组成。

存储电路部分为两个触发器 FF_0、FF_1 都已由 JK 触发器转换成 T' 触发器，X 的信号不是恒为 1，这是与例 6.1 相比的不同之处。另外，组合逻辑电路部分由两个与门组成，输出信号不但与状态变量 Q_0、Q_1 有关，还与输入信号 X 有关，即 $Y=f(X, Q_0, Q_1)$，因此它是一个米里型的同步时序逻辑电路。

（2）然后，列电路的输出方程及触发器的驱动方程。

输出方程为

$$Y = X \cdot Q_1 \cdot Q_0 \tag{6-5}$$

触发器 FF_0、FF_1 的驱动方程为

$$\left.\begin{array}{l} J_0 = K_0 = X \\ J_1 = K_1 = XQ_0 \end{array}\right\} \tag{6-6}$$

（3）之后，列出电路的状态方程：

$$Q_0^{n+1} = X\overline{Q_0^n} + \overline{X}Q_0^n \tag{6-7}$$

$$Q_1^{n+1} = XQ_0\overline{Q_1^n} + \overline{XQ_0}Q_1^n \tag{6-8}$$

（4）接着，画出状态转换图。

设状态排列为 Q_1Q_0，仿照例 6.1 的做法依次设初态求次态，最后整理结果，画出状态转换图。

同时，将输入 X 的状态及输出 Y 的状态也标在状态图中，如图 6-8 所示。

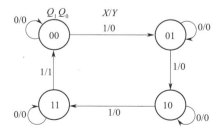

图 6-8　[例 6.2]的状态转换图

现说明一种情况，其余同理。

设现态 Q_1Q_0 为 00,当 $X=0$ 时,代入式(6-7)得:

$$Q_0^{n+1} = Q_0^n = 0$$

将 X、Q_0、Q_1 的现态代入式(6-8)得:

$$Q_1^{n+1} = XQ_0\overline{Q_1^n} + \overline{XQ_0}Q_1^n$$
$$= 0\cdot0\cdot\overline{0} + \overline{0\cdot0}\cdot0 = 0$$

将 X,Q_0,Q_1 的现态代入输出方程,即

$$Y = X\cdot Q_0\cdot Q_1 = 0\cdot0\cdot0 = 0$$

如图 6-8 所示,现态为 00 又转向次态 00,$X=0$,$Y=0$。

（5）最后,说明电路的逻辑功能。

状态转换图表示了逻辑电路的全部逻辑功能及状态转换规律。当 $X=1$ 时,该逻辑电路与例 6.1 的电路完全相同。当 $X=0$ 时,无论该逻辑电路处于任何状态,在 CP 作用后仍保持原状态不变,说明 $X=0$ 时停止计数。

该逻辑电路的时序波形图如图 6-9 所示。

由波形图可知:当 X 为高电平时,电路状态的变化是以递加规律计数的,如 $00 \to 01 \to 10 \to 11 \to 00$;当 X 为低电平时,电路处在 00 状态 CP 作用后仍保持 00 状态,电路处于 01 状态 CP 作用后仍保持 01 状态;当 X 由 0 变为 1 以后,电路就在原状态下开始计数;电路输出信号 Y 只有电路状态为 11 并且 X 也为 1 时才为 1,否则为 0,这说明只有计数器计满了 3 个 CP 信号时,它为 1,而后再来一个 CP 信号它为 0,即送出一个进位信号。

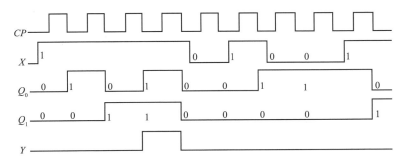

图 6-9　[例 6.2]的时序波形图

6.2.3　异步时序逻辑电路分析

异步与同步时序逻辑电路的根本区别在于前者不受同一时钟控制,而后者受同一时钟控制。因此,分析异步时序逻辑电路时,需写出时钟方程,并特别注意各触发器的时钟条件何时满足。下面举例说明异步时序逻辑电路分析步骤。

【例 6.3】分析如图 6-10 所示逻辑电路的逻辑功能。

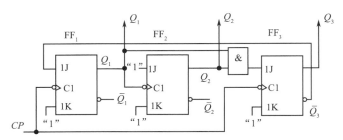

图 6-10 例 6.3 逻辑电路的电路图

解:

电路分析过程如下。

（1）触发器 FF_1、FF_3 的时钟脉冲输入端 CP_1、CP_3 相连后接 CP，而触发器 FF_2 的时钟脉冲输入 CP_2 接 Q_1；另外，该逻辑电路无独立的输出变量，直接以触发器的状态 Q_1、Q_2、Q_3 作为输出。所以，这是一个 Moore 型的异步时序逻辑电路。

（2）列出每个触发器输入信号的逻辑表达式（驱动方程）：

$$
\left.
\begin{aligned}
J_1 &= \overline{Q_3^n}, \quad K_1 = 1 \\
J_2 &= 1, \quad K_2 = 1 \\
J_3 &= Q_1^n Q_2^n, \quad K_3 = 1
\end{aligned}
\right\}
$$

（3）将各触发器的驱动方程代入 JK 触发器的特征方程：

$$Q^{n+1} = J\overline{Q^n} + \overline{K}Q^n$$

列出各触发器次态逻辑表达式（状态方程），同时列出各触发器时钟脉冲信号的逻辑表达式：

$$Q_1^{n+1} = \overline{Q_3^n} \cdot \overline{Q_1^n} + \overline{1} \cdot Q_1^n = \overline{Q_3^n} \cdot \overline{Q_1^n} \qquad CP_1 = CP\,下降沿有效$$

$$Q_2^{n+1} = 1 \cdot \overline{Q_2^n} + \overline{1} \cdot Q_2^n = \overline{Q_2^n} \qquad\qquad CP_2 = Q_1^n\,下降沿有效$$

$$Q_3^{n+1} = Q_1^n \cdot Q_2^n \cdot \overline{Q_3^n} + \overline{1} \cdot Q_3^n = Q_1^n \cdot Q_2^n \cdot \overline{Q_3^n} \qquad CP_3 = CP\,下降沿有效$$

（4）该电路既无输入变量，也无独立的输出变量，故不需考虑输出方程。

（5）将三个触发器初态的 8 种可能组合代入该逻辑电路的状态方程，并结合各触发器时钟脉冲信号变化的情况（注意，该逻辑电路使用的是下降沿触发的 JK 触发器），从而导出如表 6-2 所示的电路状态转换表。

表 6-2　例 6.3 逻辑电路的状态转换表

$Q_3^n\ Q_2^n\ Q_1^n$	$CP_3 = CP$	$CP_2 = CP$	$CP_1 = CP$	$Q_3^{n+1}\ Q_2^{n+1}\ Q_1^{n+1}$
0　0　0	↓	0→1（↑）	↓	0　0　1
0　0　1	↓	1→0（↓）	↓	0　1　0
0　1　0	↓	0→1（↑）	↓	0　1　1
0　1　1	↓	1→0（↓）	↓	1　0　0
1　0　0	↓	0→1（↑）	↓	0　0　0

$Q_3^n\ Q_2^n\ Q_1^n$	$CP_3 = CP$	$CP_2 = CP$	$CP_1 = CP$	$Q_3^{n+1}\ Q_2^{n+1}\ Q_1^{n+1}$
1　0　1	$\downarrow$	$1 \rightarrow 0(\downarrow)$	$\downarrow$	0　1　0
1　1　0	$\downarrow$	$0 \rightarrow 0(0)$	$\downarrow$	0　1　0
1　1　1	$\downarrow$	$1 \rightarrow 0(\downarrow)$	$\downarrow$	0　0　0

从该逻辑电路的状态转换表可以看出,若初始状态 $Q_3^n\ Q_2^n\ Q_1^n = 000$,来第一个 CP 的下降沿"↓"时:

FF$_3$ 状态　$Q_3^n = 0 \rightarrow Q_3^{n+1} = Q_1^n Q_2^n \overline{Q_3^n} = 0$

FF$_1$ 状态　$Q_1^n = 0 \rightarrow Q_1^{n+1} = \overline{Q_1^n} \cdot \overline{Q_3^n} = 1$

此时,FF$_2$ 的时钟脉冲输入 CP_2 为 $(Q_1^n) \rightarrow 1(Q_1^{n+1})$,即上升沿(↑),所以 FF$_2$ 不翻转并维持原来状态 $Q_2^{n+1} = Q_2^n = 0$。也即第一个 CP 的下降沿后,电路状态变为 $Q_3^{n+1} Q_2^{n+1} Q_1^{n+1} = 001$,实现了加 1 的计数功能。第二个 CP 下降沿到来时,FF$_3$ 由 0 → 0,CP_2 随着 FF$_1$ 由 1 → 0 得到一个下降沿,于是 FF$_2$ 由 0 → 1 翻转,电路状态变为 010。第三个 CP 下降沿到来时,FF$_3$ 由 0 → 0,CP_2 随着 FF$_1$ 由 0 → 1 得到一个上升沿,FF$_2$ 由 1 → 1 不翻转,电路状态变为 011。第四个 CP 下降沿到来时,FF$_3$ 由 0 → 1,CP_2 随着 FF$_1$ 由 1 → 0 得到一个下降沿,FF$_2$ 由 1 → 0 翻转,电路状态变为 100。第五个 CP 下降沿到来时,FF$_3$ 由 1 → 0,CP_2 因 FF$_1$ 维持为 0 也不变,FF$_2$ 不翻转,电路状态变为 000。此后的 CP 使电路进入下一轮循环。

由此可见,电路的状态转移过程 $Q_3^n Q_2^n Q_1^n \rightarrow Q_3^{n+1} Q_2^{n+1} Q_1^{n+1}$ 为

$000 \rightarrow 001 \rightarrow 010 \rightarrow 011 \rightarrow 100 \rightarrow (000)(循环)$

$101 \rightarrow 010$　　　$110 \rightarrow 010$　　　$111 \rightarrow 000$

根据以上分析,可画出该电路的状态转换图,如图 6-11 所示。状态转换图中的有向线段由现态指向次态,因既无输入变量又无输出变量,所以有向线段上无标注。

(6)从状态转换表和状态转换图可以看出,该电路每来 5 个时钟脉钟为一循环周期,状态从 000 开始,经 001、010、011、100,又返回 000 形成循环;状态 101、110、111 为非循环状态,由它们发出的有向线段均指向循环体中的某一状态,除了电源刚接通时可能出现这些状态外,一旦电路正常工作就不可能再出现这些状态。若将表示电路状态的三位二进制数代码 000~100 看成十进制数 0~4,该电路是一个模值为 5 的异步加法计数器。为了更清楚地了解该逻辑电路的工作过程,画出该逻辑电路的时序图,如图 6-12 所示。

由于本例逻辑电路是异步时序逻辑电路,所以电路中的触发器无法像同步时序逻辑电路那样同时翻转。例如,第二个 CP 下降沿到来时,FF$_1$ 先由 1 → 0 使 CP_2 得到一个下降沿,然后再触发 FF$_2$ 使之由 0 → 1 翻转,也就是说 FF$_2$ 的翻转滞后于 FF$_1$ 的翻转。时序图中的虚线反映了这种情况,这也是异步时序逻辑电路的特点。

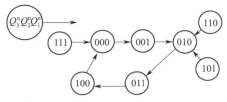

图 6-11　例 6.4 逻辑电路的状态图

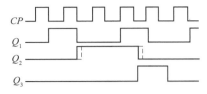

图 6-12　例 6.4 逻辑电路的时序图

6.3　寄存器

☑【本节内容简介】

　　寄存器是数字系统中用来存放数码或指令的时序逻辑部件。它由触发器和一些逻辑门电路组成。触发器用来存放数码,一个触发器有 0、1 两种状态,只能存放一位二进制数,需要存放 n 位数时,就得用 n 个触发器。

　　寄存器存取数码的方式有串行和并行两种。串行方式是指在一个时钟脉冲作用下,只存入或取出一位数码,n 位数码需经 n 个时钟脉冲作用才能全部存入或取出,称为串行输入或串行输出。具有串行输入或输出功能的寄存器称为移位寄存器,它不仅能存放数码,而且还具有运算功能。并行方式是指在一个时钟脉冲作用下,n 位数码可同时全部存入或取出,称为并行输入或并行输出。具有并行输入或输出的寄存器称为数码寄存器,它只有存放数码的功能。

　　寄存器用来暂时存放参与运算的数据和运算结果。一个触发器只能寄存一位二进制数,要存多位数时,就得用多个触发器。常用的有四位、八位、十六位等寄存器。

　　寄存器存放数码的方式有并行和串行两种。并行方式就是数码各位从各对应位输入端同时输入寄存器;串行方式就是数码从一个输入端逐位输入寄存器。

　　从寄存器取出数码的方式也有并行和串行两种。在并行方式中,被取出的数码各位在对应于各位的输出端上同时出现;而在串行方式中,被取出的数码在一个输出端逐位出现。

　　寄存器常分为数码寄存器和移位寄存器两种,其区别在于有无移位的功能。

6.3.1　数码寄存器

　　由 4 个 D 触发器组成的 4 位数码寄存器如图 6-13 所示。4 位待存数码 $d_3 d_2 d_1 d_0$ 与 4 个 D 触发器的输入端相连接。存放数码前,在清零端 $\overline{R_D}$ 加一负脉冲,使各触发器均处于 0 态,清除寄存器中的原有数码,准备接收新的数码。设待存数码 $d_3 d_2 d_1 d_0 = 1011$,当寄存脉冲到来时,4 个触发器的输出端分别为 $Q_3 = 1$, $Q_2 = 0$, $Q_1 = 1$, $Q_0 = 1$,数码被存入。寄存脉冲过后,各触发器保持原态,数码被寄存。当需要取出该数码时,可发出取数脉冲,将 4 个与门打开,4 位数码分别从 4 个与门输出。只要不存入新的数码,原来的数码可重复

数码寄存器的
工作原理

取用,并一直保持下去。上述工作方式,即为并行输入、并行输出方式。

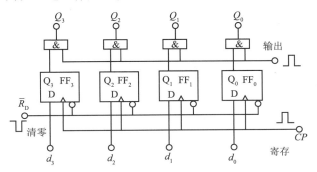

图 6-13　4 位数码寄存器

【例 6.4】　画出用可控 RS 触发器组成 4 位数码寄存器的电路图,并说明其工作过程。

解:

4 位数码寄存器用 4 个可控 RS 触发器组成,如图 6-14 所示,待存数据 $d_3 \sim d_0$ 直接与触发器的 S 端相连,并经非门与 R 端连接,当 $d=1$ 时, S 输出 1, R 输出 0,触发器置 1;若 $d=0$,则 S 输出 0,R 输出 1,触发器复 0。发存数正脉冲,$d_3 \sim d_0$ 存入寄存器,发取数正脉冲,寄存器的数据从 4 个与门输出。清 0 负脉冲通过 R_D 可以直接使寄存器清 0。图 6-14 的电路省去了存数前必须清 0 的操作。

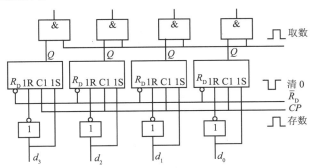

图 6-14　4 位数码寄存器的电路图

6.3.2　移位寄存器

移位寄存器按照移位方向可分为左移位寄存器、右移位寄存器、双向移位寄存器。图 6-15 是用 D 触发器构成的 4 位左移位寄存器。待存数码由触发器 FF_0 的输入端 D 输入,在移位脉冲作用下,可将数码从高位到低位向左逐步移入寄存器中。其工作过程如下。

移位寄存器的
工作原理

输入数据前,需进行清零,使各触发器均为 0 态。设待存数码为 1010,则先将数码的最高位 1 送入 FF_0 的输入端,即 $D_0=1$,当第一个移位脉冲 CP 的上升沿到来时, FF_0 的输出端 Q_0 输出 1,移位寄存器呈 0001 状态。随后将数码的次高位 0 送入 FF_0 的输入端,则 $D_0=0$, $D_1=Q_0=1$。当第二个移位脉冲到来时, $Q_1=1$、$Q_0=0$,寄存器变为 0010

状态。经 4 个移位脉冲后,4 位数码全部移入寄存器,其状态转移表如表 6-3 所示。

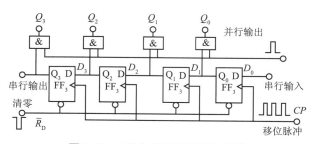

图 6-15　4 位左移位寄存器电路图

表 6-3　左移位寄存器状态转移表

移位脉冲	Q_3	Q_2	Q_1	Q_0	移位过程
0	0	0	0	0	清零
1	0	0	0	1	左移 1 位
2	0	0	1	0	左移 2 位
3	0	1	0	1	左移 3 位
4	1	0	1	0	左移 4 位

该移位寄存器有两种输出方式,数码存入后,在并行输出端送入取数脉冲,4 位数码便同时出现在 4 个与门的输出端。若需要串行输出时,数据存入后可将 D 端接地,即使 $D_0 = 0$,再经 4 个移位脉冲作用后,数码便由触发器 FF₃ 的输出端依次送出。图 6-16 所示为串行输入、串行输出波形图。由图可见,4 个移位脉冲后,寄存器的状态为 1010,第 8 个脉冲时,寄存器的状态为 0000。

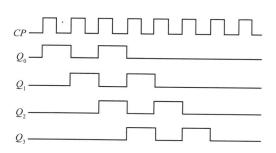

图 6-16　左移位寄存器串入／串出波形图

【例 6.5】自启动脉冲分配器(亦称扭环形计数器)的电路,如图 6-17 所示。试分析其工作原理,画出工作波形。

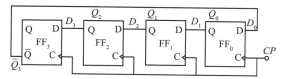

图 6-17　例 6.5 自启动脉冲分配器的电路图

解：

该电路实质上是一个左移位寄存器，其串行输入端和串行反相输出端相连，构成了一个闭合的环。工作前，使各触发器为 0 态，因此 $D_0 = 1$，D_3、D_2、D_1 均为零。当第一个 CP 脉冲上升沿到来时，4 个触发器的状态 $Q_3 Q_2 Q_1 Q_0 = 0001 \cdots$ 当第 4 个 CP 脉冲上升沿到来时，$Q_3 Q_2 Q_1 Q_0 = 1111$，此时 $D_0 = 0$，D_3、D_2、D_1 都为 1；第 5 个 CP 脉冲上升沿到来时，$Q_3 Q_2 Q_1 Q_0 = 1110 \cdots$ 当第 8 个 CP 脉冲上升沿到来时，$Q_3 Q_2 Q_1 Q_0 = 0000$。在 CP 脉冲作用下，该逻辑电路按表 6-4 所示的状态循环工作。

表 6-4　图 6-17 自启动脉冲分配器的工作状态转移表

CP	Q_3	Q_2	Q_1	Q_0
0	0	0	0	0
1	0	0	0	1
2	0	0	1	1
3	0	1	1	1
4	1	1	1	1
5	1	1	1	0
6	1	1	0	0
7	1	0	0	0
8	0	0	0	0

由于该逻辑电路按 8 个状态循环变化，所以可实现八进制计数器，又因为电路结构是闭合的环，故称为扭环形计数器。该逻辑电路的波形如图 6-18 所示。

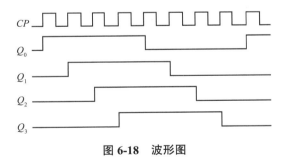

图 6-18　波形图

6.3.3　集成电路寄存器

目前，各种功能的寄存器大都实现了集成化，中规模集成电路 74LS194 就是一种功能比较齐全的 4 位双向移位寄存器，其管脚排列如图 6-19 所示。其中，A、B、C、D 为并行输入，Q_A、Q_B、Q_C、Q_D 为并行输出，D_{SR} 为数据右移输入，D_{SL} 为数据左移输入，$\overline{CR}$ 为清零信号，CLK（CP）为时钟输入 M_1、M_0 为工作模式控制信号。该寄存器的逻辑功能如表 6-5 所示。

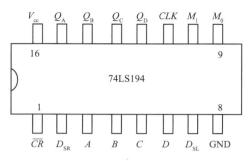

图 6-19 74LSl94 管脚排列图

表 6-5 74LS194 功能表

$\overline{CR}$	CLK	M_1	M_0	功能
0	×	×	×	清 0
1	↑	0	0	保持
1	↑	0	1	右移:$D_{SR} \rightarrow Q_A \rightarrow Q_B \rightarrow Q_C \rightarrow Q_D$
1	↑	1	0	左移:$D_{SL} \rightarrow Q_D \rightarrow Q_C \rightarrow Q_B \rightarrow Q_A$
1	↑	1	1	并入:$Q_A Q_B Q_C Q_D = ABCD$

【**例 6.6**】用 74LS194 构成的 4 位脉冲分配器(亦称环形计数器)如图 6-20 所示,试分析工作原理,画出其工作波形。

解:

工作前首先在 M_0 加预置正脉冲,使 $M_1 M_0 = 11$,寄存器处于并行输入工作状态,$ABCD$ 的数码 0001 在 $CLK(CP)$ 移位脉冲作用下,并行存入 $Q_A Q_B Q_C Q_D$。预置脉冲过后,$M_1 M_0 = 10$,寄存器处在左移位工作状态,每来一个移位脉冲,$Q_D \sim Q_A$ 循环左移一位,工作波形图如图 6-21 所示。由波形图可知,$Q_D \sim Q_A$ 均可输出系列脉冲,但彼此相隔移位脉冲的一个周期时间。

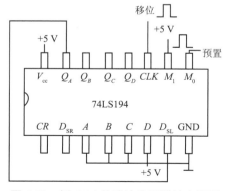

图 6-20 例 6.6 4 位脉冲分配器的电路图

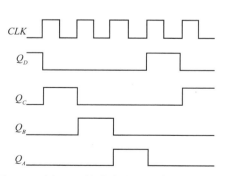

图 6-21 例 6.6 4 位脉冲分配器的工作波形图

6.4　计数器

☑ 【本节内容简介】

　　计数器是一种累计电路输入脉冲个数的时序逻辑电路。除计数功能外,计数器也可用来定时、分频和进行数字运算。计数器的种类很多,按照时钟脉冲的输入方式可分为同步计数器、异步计数器和环形计数器;按照输入计数脉冲的累计方式,可分为加法计数器、减法计数器和可逆计数器;按照计数的进制可分为二进制计数器、十进制计数器和任意进制计数器;按进位模数(进制方式)可分为模 2 计数器和非模 2 计数器;按电路集成度可分为小规模集成计数器和中规模集成计数器。

6.4.1　二进制计数器

　　二进制有 0 和 1 两个数码,双稳态触发器有 1 和 0 两个状态,所以一个触发器可以表示一位二进制数。如果要表示 n 位二进制数,就得用 n 个触发器,它可以累计 2^n 个脉冲。

　　1. 异步二进制计数器

　　由 4 个 JK 触发器组成的 4 位二进制加法计数器如图 6-22 所示。图中 4 个触发器的 J、K 端均悬空,相当于接高电平 1,处于计数状态。计数脉冲从最低位触发器的 CP 端输入,并用该脉冲触发翻转,而其他触发器均用低一位触发器的输出 Q 进行触发,四个触发器的状态只能依次翻转,故称为异步计数器。

异步二进制加法计数器的工作原理

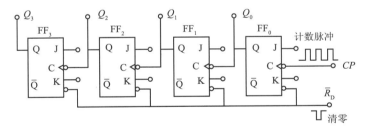

图 6-22　4 位异步二进制加法计数器

　　计数前,先在 $\overline{R_D}$ $(\overline{CR})$ 加一个负脉冲进行清零,各触发器的状态 $Q_3Q_2Q_1Q_0$=0000。当第 1 个计数脉冲 CP 的下降沿到来时,FF$_0$ 翻转,Q_0 由 0 变 1,此时 Q_0 的正跳变不能使 FF$_1$ 翻转,计数器的输出状态为 $Q_3Q_2Q_1Q_0$ = 0001。当第 2 个计数脉冲输入后,其下降沿又使 FF$_0$ 翻转,Q_0 由 1 变 0,同时 Q_0 的负跳变使 FF$_1$ 翻转,Q_1 由 0 变 1,计数器的输出状态为 0010…第 15 个计数脉冲后,计数器为 1111,第 16 个计数脉冲后,计数器的 4 个触发器全部复 0,并从 Q_3 送出一个进位信号。计数器的工作状态转移表如表 6-6 所示。

表 6-6 4 位二进制加法计数器状态表

计数脉冲	二进制数				十进制数
	Q_3	Q_2	Q_1	Q_0	
0	0	0	0	0	0
1	0	0	0	1	1
2	0	0	1	0	2
3	0	0	1	1	3
4	0	1	0	0	4
5	0	1	0	1	5
6	0	1	1	0	6
7	0	1	1	1	7
8	1	0	0	0	8
9	1	0	0	1	9
10	1	0	1	0	10
11	1	0	1	1	11
12	1	1	0	0	12
13	1	1	0	1	13
14	1	1	1	0	14
15	1	1	1	1	15
16	0	0	0	0	0

计数器的工作波形图如图 6-23 所示。由波形图可看出，Q_0 波形的周期比计数脉冲 CP 的周期大一倍，即频率是 CP 脉冲的一半，称 Q_0 对 CP 计数脉冲二分频。同理 Q_1 为四分频，Q_2 为八分频，Q_3 为十六分频。

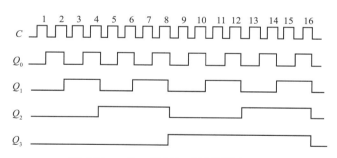

图 6-23 4 位二进制加法计数器波形图

将图 6-22 所示电路稍作变动，即将触发器 FF_3、FF_2、FF_1 的时钟信号分别与前级触发器的 $\overline{Q}$ 相连，就构成 4 位异步二进制减法计数器，电路如图 6-24 所示。其状态转移表如表 6-7 所示，工作波形图如图 6-25 所示。

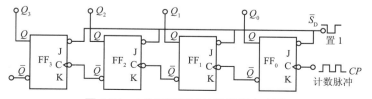

图 6-24 4 位二进制减法计数器电路图

表 6-7　4 位二进制减法计数器状态表

计数脉冲	二进制数				十进制数
	Q_3	Q_2	Q_1	Q_0	
0	1	1	1	1	15
1	1	1	1	0	14
2	1	1	0	1	13
3	1	1	0	0	12
4	1	0	1	1	11
5	1	0	1	0	10
6	1	0	0	1	9
7	1	0	0	0	8
8	0	1	1	1	7
9	0	1	1	0	6
10	0	1	0	1	5
11	0	1	0	0	4
12	0	0	1	1	3
13	0	0	1	0	2
14	0	0	0	1	1
15	0	0	0	0	0
16	1	1	1	1	15

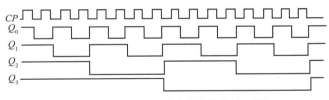

图 6-25　4 位二进制减法计数器波形图

2. 同步二进制计数器

同步计数器是指输入的计数脉冲同时送到各触发器的时钟输入端。在计数脉冲触发下，所有应该翻转的触发器可以同时动作。显然，同步计数器的计数速度比异步计数器快得多。

如果二进制加法计数器还是由 4 个 JK 触发器组成，根据表 6-6 可得出各触发器 J、K 端的逻辑表达式，即各触发器的驱动方程。

对于触发器 FF_0，每输入一个计数脉冲，其输出端 Q_0 就变化一次，故 FF_0 的驱动方程是 $J_0 = K_0 = 1$。

触发器 FF_1 是在 $Q_0 = 1$ 的情况下，再来一个计数脉冲时，Q_1 才翻转，其驱动方程为 $J_1 = K_1 = Q_0$。

同理，可得出：FF_2 的驱动方程为 $J_2 = K_2 = Q_1 Q_0$；FF_3 的驱动方程为 $J_3 = K_3 = Q_2 Q_1 Q_0$。

根据上述驱动方程，可画出 4 位同步二进制加法计数器的电路图（图 6-26）。其工作波形图与图 6-23 完全相同。

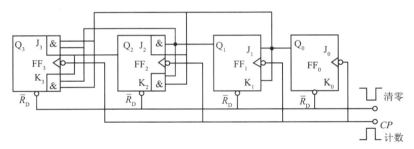

图 6-26 4 位同步二进制加法计数器电路图

6.4.2 十进制计数器

二进制计数器虽然具有结构简单、运算方便的特点，但人们对二进制的读数并不习惯。因此，在数字系统中仍经常用到十进制计数器。

一位十进制数有 0～9 十个数码选择，一位十进制计数器必须有 10 个不同的状态与 10 个数码相对应，常用的方法是用 4 个触发器组成一位十进制计数器。4 个触发器共有 16 种不同的状态，取其 10 种状态分别表示 10 个数码，去掉多余的 6 种。被保留的 10 个状态与十进制数码一一对应的编码方式有多种，常见的有 8421 码、2421 码、5421 码等。本小节只讨论 8421 码形式，其状态转换表如表 6-8 所示。

表 6-8 8421 码十进制加法计数器状态转换表

计数脉冲	二进制数				十进制数
	Q_3	Q_2	Q_1	Q_0	
0	0	0	0	0	0
1	0	0	0	1	1
2	0	0	1	0	2
3	0	0	1	1	3
4	0	1	0	0	4
5	0	1	0	1	5
6	0	1	1	0	6
7	0	1	1	1	7
8	1	0	0	0	8
9	1	0	0	1	9
10	0	0	0	0	0

1. 同步十进制加法计数器

如果同步十进制加法计数器用 4 个 JK 触发器组成，根据表 6-8 可画出其电路如图 6-27 所示。下面对工作原理简析如下。

触发器 FF_0，其驱动方程为 $J_0 = K_0 = 1$，每来一个计数脉冲翻转一次。

触发器 FF_1 的驱动方程为 $J_1 = Q_0 \overline{Q_3}$，$K_1 = Q_0$。在 0~7 个计数脉冲期间，$\overline{Q_3} = 1$，故 $J_1 = K_1 = Q_0$，所以在 $Q_0 = 1$ 的情况下，再来一个计数脉冲，FF_1 翻转。第 8、第 9 个计数脉冲作用后，$\overline{Q_3} = 0$，使 $J_1 = 0$，$K_1 = Q_0$，不论 Q_0 为何状态，计数脉冲到来时 $Q_1 = 0$。因此，当第 10 个

计数脉冲出现时,Q_1 复 0,而不像二进制加法计数器中被置 1。

触发器 FF$_2$ 的驱动方程为 $J_2=K_2=Q_1Q_0$。当 $Q_1Q_0=1$ 的情况下,再来一个计数脉冲,FF$_2$ 翻转。

触发器 FF$_3$ 的驱动方程为 $J_3=Q_2Q_1Q_0, K_3=Q_0$。不难看出,在 0~7 个计数脉冲期间,$Q_3=0$。第 7 个计数脉冲后,$J_3=Q_2Q_1Q_0=1$,$K_3=1$;第 8 个计数脉冲到来时 Q_3 翻转为 1,此时 $J_3=0$,$K_3=0$;第 9 个计数脉冲到来时,Q_3 保持 1 状态,此时 $J_3=0$,$K_3=1$;第 10 个计数脉冲到来时,使 Q_3 复 0,4 个触发器恢复到初始状态。

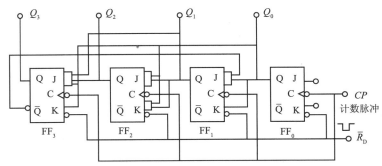

图 6-27　同步十进制加法计数器

同步十进制计数器的工作波形图如图 6-28 所示。

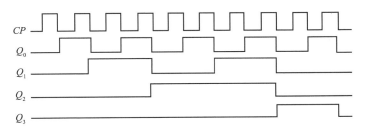

图 6-28　同步十进制计数器工作的波形图

2. 异步十进制计数器

图 6-29 是用 JK 触发器构成的异步十进制加法计数器。其计数原理分析如下。

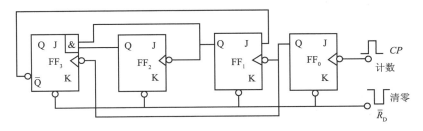

图 6-29　异步十进制加法计数器

由图 6-29 可知,FF$_0$~FF$_2$ 中,FF$_1$ 的 J$_1$ 端与 FF$_3$ 的 $\overline{Q}$ 相连接,其他输入端均接高电平。

在 FF_3 由 0 变 1 前,即从 0000 到 0111 期间,$\overline{Q_3}=1$,$FF_0 \sim FF_2$ 均处于计数状态,其翻转情况与异步二进制加法计数器完全相同。

经过 7 个计数脉冲后,$FF_3 \sim FF_0$ 的输出状态为 0111,$Q_2 = Q_1 = 1$,使 FF_3 的 $J_3 = Q_1 Q_2 = 1$,为 FF_3 输出由 0 变 1 准备了条件。

第 8 个计数脉冲到来时,$FF_0 \sim FF_2$ 输出均由 1 变 0,FF_3 由 0 变 1,计数器的状态为 1000。此时 $\overline{Q_3} = 0$,使 $J_1 = 0$,当下一次 FF_0 出现负跳变时,FF_1 不能翻转。

第 9 个计数脉冲到来时,计数器的状态为 1001。

第 10 个计数脉冲到来时,Q_0 产生负跳变,由于 $J_1 = \overline{Q_3} = 0$,FF_1 不翻转,但 Q_0 的负跳变触发 FF_3,使 Q_3 由 1 变 0,从而使计数器复位到初始状态 0000,实现了十进制加法的计数功能。其波形图与同步十进制加法计数器的波形图完全相同。

☑【特别提示】

由上述分析可以看出,分析异步计数器时必须注意两点:一是各触发器输入端的状态,二是是否具有触发脉冲。只有两个条件都具备时,触发器才能翻转。

6.4.3 任意进制计数器

在实际工作中,往往需要其他不同进制的计数器,我们把这些计数器称为 N 进制计数器,即每来 N 个计数脉冲,计数器重复一次。

图 6-30 所示是一个异步七进制计数器,分析步骤是首先根据电路图写出驱动方程和触发脉冲,并依此决定各触发器的状态,然后根据状态表判断是几进制计数器。

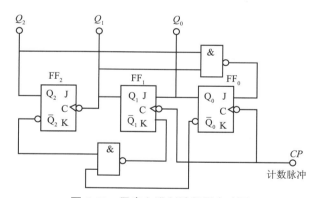

图 6-30 异步七进制计数器电路图

图中 3 个触发器的驱动方程和触发脉冲为

$$FF_0: \quad J_0 = \overline{Q_2 Q_1}, \qquad K_0 = 1 \qquad （CP 触发）$$
$$FF_1: \quad J_1 = Q_0, \qquad K_1 = \overline{\overline{Q_2} \overline{Q_0}} \qquad （CP 触发）$$
$$FF_2: \quad J_2 = 1, \qquad K_2 = 1 \qquad （Q_1 触发）$$

列状态表的过程如下。

首先,确定计数器的初值,如 $Q_2 Q_1 Q_0 = 000$,根据驱动方程确定各触发器 J、K 端的初值，后根据 J、K 端的值确定在 CP 计数脉冲触发下各触发器的状态，如表 6-9 所示。

表 6-9　图 6-30 计数器状态转换表

CP	Q_2	Q_1	Q_0	J_0	K_0	J_1	K_1	J_2	K_2
0	0	0	0	1	1	0	0	1	1
1	0	0	1	1	1	1	1	1	1
2	0	1	0	1	1	0	0	1	1
3	0	1	1	1	1	1	1	1	1
4	1	0	0	1	1	0	1	1	1
5	1	0	1	1	1	1	1	1	1
6	1	1	0	0	1	0	1	1	1
7	0	0	0	1	1	0	0	1	1

由于 FF_1、FF_0 直接由 CP 脉冲触发，当计数脉冲到来时，可根据 FF_1、FF_0 的 J、K 端状态确定触发器的状态。FF_2 由 Q_1 触发，只有 Q_1 由 1 变 0 时才能触发 FF_2 翻转，所以 FF_2 只有在第 3 个和第 6 个计数脉冲到来时才能翻转。由状态表可知，该计数器为七进制计数器。

用异步清零法也可以实现任意进制计数。其计数的原理是在二进制计数器的基础上，用直接复零 $\overline{R_D}$ 信号强迫某状态出现时，全部触发器复 0。如图 6-31 所示逻辑电路，当 $Q_2 Q_1 Q_0 =$ 110 时，与非门输出为 0，通过 $\overline{R_D}$ 使所有触发器复 0，即 $Q_2 Q_1 Q_0 =$ 000。

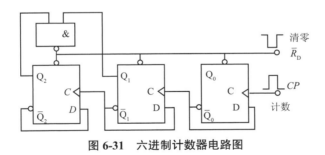

图 6-31　六进制计数器电路图

异步六进制计数器其波形图如图 6-32 所示。

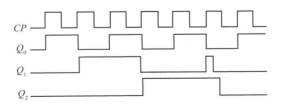

图 6-32　图 6-31 六进制计数器的波形图

由波形图可看出，当 $Q_2 = Q_1 = 1$ 时，计数器会立即被复零，即 $Q_2 Q_1 Q_0 =$ 110 的状态是非常短暂的，不是计数器的独立工作状态，所以该计数器是六进制计数器。

【例 6.7】已知逻辑电路的电路图如图 6-33 所示,试列出状态转移表,并指明电路为几进制计数器。设初态为 0。

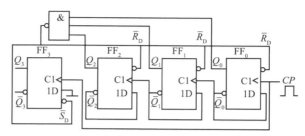

图 6-33　例 6.7 逻辑电路的电路图

解:

触发器 FF_0、FF_1、FF_2 均接为 T'触发器,处在计数工作状态。对于 FF_3,当出现计数脉冲时,$Q_3=0$。因而,在第 1 到第 6 个计数脉冲期间与一般二进制加法计数器工作过程完全一样,当出现第 7 个计数脉冲时,$Q_2Q_1Q_0=111$,与非门输出 0,通过 $\overline{S}_D$ 和 $\overline{R}_D$ 使 $Q_3Q_2Q_1Q_0=1000$,出现第 8 个计数脉冲时恢复 0001,状态转移表见表 6-10,暂态 0111 不会出现,在状态表中不必列出。所以该计数器为七进制计数器,循环周期为

$$0001 \rightarrow 0010 \rightarrow 0011 \rightarrow 0100 \rightarrow 0101 \rightarrow 0110 \rightarrow (0111) \rightarrow 1000 \rightarrow 0001$$

表 6-10　例 6.7 逻辑电路的状态转移表

CP	Q_3	Q_2	Q_1	Q_0
0	0	0	0	0
1	0	0	0	1
2	0	0	1	0
3	0	0	1	1
4	0	1	0	0
5	0	1	0	1
6	0	1	1	0
7	1	0	0	0
8	0	0	0	1

6.4.4 集成电路计数器

1. 4 位同步二进制计数器 74LS161

4 位同步二进制计数器 74LS161 的管脚排列图如图 6-34 所示,逻辑功能如表 6-11 所示。

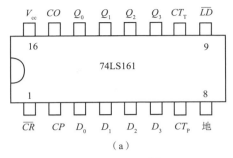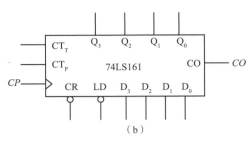

（a）　　　　　　　　　　　　　　　　　（b）

图 6-34　74LS161 管脚排列和逻辑符号

（a）74LS161 的管脚排列　（b）74LS161 逻辑符号

表 6-11　74LS161 逻辑功能

输入信号									输出信号				功能说明
脉冲信号	清零信号	置数信号	计数允许信号		预置数								
CP	$\overline{CR}$	$\overline{LD}$	CT_T	CT_P	D_3	D_2	D_1	D_0	Q_3^{n+1}	Q_2^{n+1}	Q_1^{n+1}	Q_0^{n+1}	
×	L	×	×	×	×	×	×	×	0	0	0	0	异步清零
↑	H	L	×	×	d_3	d_2	d_1	d_0	d_3	d_2	d_1	d_0	同步置数
×	H	H	×	L	×	×	×	×	Q_3^n	Q_2^n	Q_1^n	Q_0^n	保持
×	H	H	L	×	×	×	×	×	Q_3^n	Q_2^n	Q_1^n	Q_0^n	
↑	H	H	H	H	×	×	×	×	加法计数,到 1111 返回 0000				加法计数

注意 74LS161 的国标符号的含义类似于 74LS163,但要注意其与 74LS163 的不同之处,74LS163 是同步清零,以及由此带来的功能上的不同。

当复位信号 $\overline{CR}$（$\overline{R_D}$）=0 时,输出端 $Q_3^n Q_2^n Q_1^n Q_0^n$ 全为零,实现异步清零功能。

当 $\overline{CR}$ =1,置数信号 $\overline{LD}$ =0 时,在 CP 脉冲上升沿到来时,将 4 位二进制数 D_3~D_0 置入 Q_3~Q_0,实现同步置数功能。

当 $\overline{CR}$ = $\overline{LD}$ =1, $CT_P \cdot CT_T$ =0 时,输出 $Q_3^n Q_2^n Q_1^n Q_0^n$ 保持不变。

当 $\overline{CR}$ = $\overline{LD}$ = CT_T = CT_P =1 时,计数器在 CP 脉冲的上升沿进行同步加法计数,实现计数功能。

CO 为进位输出信号,当计数到 1111 溢出时, CO 输出一个高电平进位脉冲,否则就为低电平。即 $CO = Q_3^n Q_2^n Q_1^n Q_0^n CT_T$。

74LS161 可直接用来构成十六进制计数器,通过 $\overline{CR}$ 、 $\overline{LD}$ 也可以方便地组成小于十六的任意进制计数器。

注意:同步置数与异步置数的区别有以下两点。

（1）异步置数与时钟脉冲无关,只要异步置数端出现有效电平,置数输入端的数据立刻被置入计数器。

因此,利用异步置数功能构成 N 进制计数器时,应在输入第 N 个 CP 脉冲时,通过控制电路产生置数信号,使计数器立即置数。

（2）同步置数与时钟脉冲有关,当同步置数端出现有效电平时,并不能立刻置数,只是为置数创造了条件,需再输入一个 CP 脉冲才能进行置数。

因此,利用同步置数功能构成 N 进制计数器时,应在输入第 $(N-1)$ 个 CP 脉冲时,通过控制电路产生置数信号,这样,在输入第 N 个 CP 脉冲时,计数器才被置数。

【例 6.8】试用 74LS161 和必要的门电路实现十进制计数器。要求利用 $\overline{CR}$ 端实现。

解:计数器采用 BCD8421 码。十进制计数器的状态如表 6-12 所示。

表 6-12　十进制计数器状态表

CP	Q_3	Q_2	Q_1	Q_0
0	0	0	0	0
1	0	0	0	1
2	0	0	1	0
3	0	0	1	1
4	0	1	0	0
5	0	1	0	1
6	0	1	1	0
7	0	1	1	1
8	1	0	0	0
9	1	0	0	1
10	1	0	1	0（过渡状态）

由于要求利用异步清零端 $\overline{CR}$ 实现,所以状态表中写出了 1010 状态,电路中应将此状态反馈到 $\overline{CR}$ 实现异步清零,求解步骤如下。

（1）写出 N 进制计数器状态 S_N 的二进制代码。

当第 10 个 CP 脉冲上升沿到来时,计数器的状态 S_N 的二进制数的代码为

$$S_N = Q_3 Q_2 Q_1 Q_0 = 1010$$

与非门输出低电平送到 $\overline{CR}$,计数器复位为 0000,由于 1010 状态转瞬即逝,故称为过渡状态,显然过渡状态不是计数器的独立工作状态。

（2）写出反馈置零函数:

$$\overline{CR} = \overline{Q_3 Q_1}$$

（3）画出电路图。图 6-35 为异步清零十进制计数器。

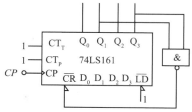

图 6-35　例 6.8 逻辑电路的电路图

【例 6.9】试用 74LS161 及必要的门电路实现十进制计数器。要求利用同步预置端 $\overline{LD}$

实现。设计数器初始状态为 0000。

解:

由于题目要求用同步预置端 $\overline{LD}$ 实现,所以应采用置位法,即当计数器计数到某一数值时,利用 $\overline{LD}$ 端给计数器预置初始状态值,保证计数器循环工作。同步置数解题步骤如下。

（1）确定该十进制计数器所用的计数状态,并确定预置数。

用 **74LS161** $\overline{LD}$
端实现十进制
计数器

与【例 6.8】不同的是,利用预置端 $\overline{LD}$ 实现计数,不需要过渡状态。选择计数状态为 0000～1001,因此取置数输入信号为

$$D_3D_2D_1D_0 = 0000。$$

（2）S_{N-1} 的二进制代码为

$$S_{N-1} = S_{10-1} = S_9 = 1001$$

（3）反馈置数函数为

$$\overline{LD} = \overline{Q_3Q_0}$$

与非门的输入信号取自 Q_3、Q_0 端,当第 9 个 CP 脉冲上升沿到来时,计数器的状态为 1001,与非门输出低电平,当第 10 个 CP 脉冲上升沿到来时,完成预置操作,计数器的状态为 $Q_3Q_2Q_1Q_0 = D_3D_2D_1D_0 = 0000$,使计数器复 0。由于同步预置使最后一个有效状态 1001 保持一个 CP 周期,所以 1001 是计数器的工作状态。

（4）画出电路图。图 6-36 为同步置数十进制计数器。

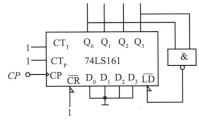

图 6-36 例 6.9 逻辑电路的电路图

用 **74LS161** $\overline{CR}$
端实现十进制
计数器

2. 集成同步十进制加法计数器 74LS160

74LS160 是一种 8421 BCD 码的同步十进制加法计数器,如图 6-37 所示。

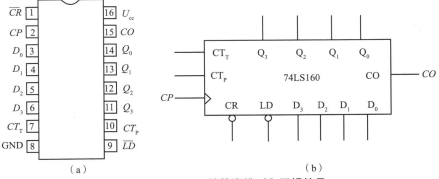

图 6-37 74LS160 的管脚排列和逻辑符号

（a）引脚排列图 （b）常用符号

74LS160 的国标符号的含义类似于 74LS162,但要注意其与 74LS162 的不同之处,74LS162 是同步清零,以及由此带来的功能上的不同。74LS160 的逻辑功能表见表 6-13。

表 6-13　74LS160 逻辑功能表

输入信号									输出信号				功能说明
脉冲信号	清零信号	置数信号	计数允许信号		预置数								
CP	$\overline{CR}$	$\overline{LD}$	CT_T	CT_P	D_3	D_2	D_1	D_0	Q_3^{n+1}	Q_2^{n+1}	Q_1^{n+1}	Q_0^{n+1}	
×	L	×	×	×	×	×	×	×	0	0	0	0	异步清零
↑	H	L	×	×	d_3	d_2	d_1	d_0	d_3	d_2	d_1	d_0	同步置数
×	H	H	×	L	×	×	×	×	Q_3^n	Q_2^n	Q_1^n	Q_0^n	保持
×	H	H	L	×	×	×	×	×	Q_3^n	Q_2^n	Q_1^n	Q_0^n	
↑	H	H	H	H	×	×	×	×	加法计数,到 1001 返回 0000				加法计数

从逻辑功能表可以发现:当 $\overline{CR}$ 为低电平且无须 CP 配合,即可对计数器输出进行清零(异步清零);即当计到 9[(1001)$_{8421BCD}$]时,$CO=1$,即 74LS160 的进位输出信号 $CO = Q_3^n Q_0^n CT_T$。

【例 6.10】试用 74LS160 构成七进制计数器。

解:

1)方法一:利用异步清 0 功能实现

(1)S_N 的二进制代码为

$$S_7 = 0111$$

(2)反馈置数函数为

$$\overline{CR} = \overline{Q_2 Q_1 Q_0}$$

(3)画出 74LS160 异步清 0 功能七进制计数器电路,如图 6-38(a)所示。

2)方法二:利用同步置数功能置零实现

设计数器从 $Q_3 Q_2 Q_1 Q_0 = 0000$ 状态开始计数,因此:

$$D_3 D_2 D_1 D_0 = 0000$$

(1)S_{N-1} 的二进制代码为

$$S_{7-1} = 0110$$

(2)反馈置数函数为

$$\overline{LD} = \overline{Q_2 Q_1}$$

(3)画出 74LS160 同步置数功能七进制计数器电路,如图 6-38(b)所示。

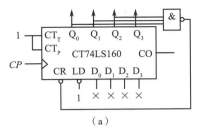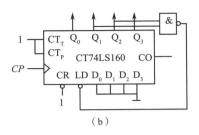

图 6-38　74LS160 构成七进制计数器
（a）异步清 0 法　（b）同步置数法

3）方法三：利用同步置数功能置 0011 实现七进制

用"160"的后七个状态 0011 ~ 1001 实现七进制计数，此时取 $D_3 D_2 D_1 D_0 = 0011$。有两种方法，如图 6-39 所示。

10 以内进制的计数器用 74LS160 实现与 74LS161 电路完全相同。一片 74LS160 只能构成 10 以内进制的计数器。如果需要大于十进制的计数器，可将 74LS160 串联使用。如果需要大于十六进制的计数器，可将 74LS161 串联使用。

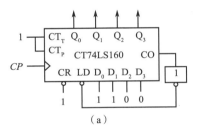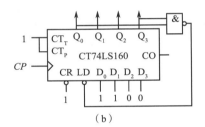

图 6-39　同步置数 0011 实现七进制
（a）取 $\overline{LD} = \overline{CO}$　（b）取 $\overline{LD} = \overline{Q_3 Q_0}$

【**例 6.11**】分别用两片 74LS161 和 74LS160 实现 24 进制计数器。

解：

（1）用两片 74LS161 实现 24 进制计数器。

先将两片 74LS161 构成 8 位二进制计数器。24 的二进制是 0001 1000，实现 24 进制计数要求计数器从初始状态 0000 0000 开始计数共 24 个状态最后的有效状态为 0001 0111。

采用反馈归零法，需要通过清零端 $\overline{R}_D$ 将计数器强制清零，使之返回到 0000 0000，从而实现模 24 计数。由于 74LS161 是异步清零，需要有一个过渡状态 0001 1000，就满足 $\overline{R}_D$ 端置 0，此时两个 74LS161 同时清零，计数器的状态回归 0000 0000。实现该功能的电路如图 6-40（a）所示。

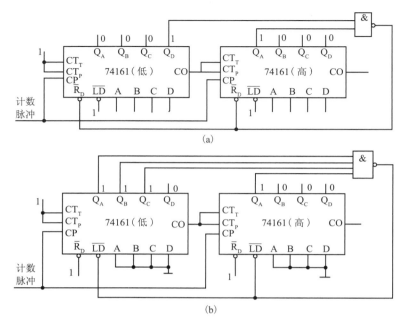

图 6-40　两片 74LS161 实现 24 进制计数器电路
（a）采用反馈归零法　（b）采用置数法

采用置数法,计数状态为 0000 0000~0001 0111。其中, 0001 为高四位, 0111 为低四位, 74LS161 为同步置数,不存在过渡状态,故最后一个状态直接作为反馈置数的输入。实现电路如图 6-40(b)所示。

图 6-41 是用两片 74LS161 构成的二十四进制计数器的其他方法。

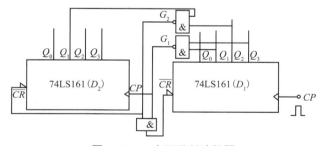

图 6-41　二十四进制计数器

（2）用两片 74LS160 实现 24 进制计数器。

先将两片 74LS160 构成 100 进制计数器。24 的 8421BCD 码是 0010 0100,实现 24 进制计数,要求计数器从初始状态 0000 0000 开始计数,共 24 个状态,最后的有效状态为 0010 0011。

采用反馈归零法,需要通过清零端 $\overline{R}_D$ 将计数器强制清零,使之返回 0000 0000,从而实现模 24 计数。由于 74LS160 是异步清零,需要有一个过渡状态 0010 0100,其中十位是 0010(2),个位是 0100(4),就满足 $\overline{R}_D$ 端置 0,此时两个 74LS160 同时清零,计数器的状态回归 0000 0000。实现上述功能的逻辑电路如图 6-42（a）所示。

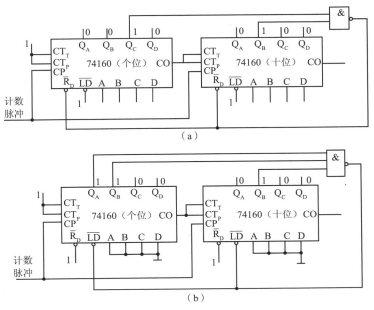

图 6-42　两片 74LS160 实现 24 进制计数器电路图
（a）采用反馈归零法；（b）采用置数法

采用置数法,计数状态为 0000 0000～0001 0011。其中十位是 0010,个位是 0011,74LS160 为同步置数,不存在过渡状态,故最后一个状态直接作为反馈置数的输入。实现电路如图 6-42（b）所示。

3.二-五-十进制异步计数器 74LS290

1)74LS290 计数器的组成

74LS290 的逻辑电路如图 6-43 所示。在结构上分为二进制计数器和五进制计数器。二进制计数器由触发器 FF_0 组成, CP_0 为二进制计数器的计数脉冲输入, Q_0 为计数输出。五进制计数器由 $FF_3 \sim FF_1$ 组成, CP_1 为计数脉冲输入端, $Q_3 \sim Q_1$ 为输出端。若将 Q_0 与 CP_1 相连,以 CP_0 为计数脉冲输入端,则构成 BCD 8421 码十进制计数器,“二-五-十进制型集成计数器”由此得名。

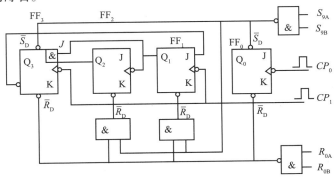

图 6-43　74LS 290 逻辑电路

74LS 290 芯片的管脚排列图如图 6-44 所示。其中 S_{9A}、S_{9B} 称为置 9 信号，R_{0A}、R_{0B} 称为置 0 信号。

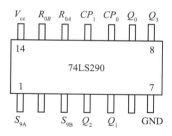

图 6-44　74LS 290 管脚图

2）74LS290 计数器的功能

74LS 290 的逻辑功能如表 6-14 所示。

表 6-14　74LS 290 功能表

输入信号					输出信号				功能说明
脉冲信号	清零信号		置 9 信号						
CP	R_{0A}	R_{0B}	S_{9A}	S_{9B}	Q_3^{n+1}	Q_2^{n+1}	Q_1^{n+1}	Q_1^{n+1}	
×	1	1	0	×	0	0	0	0	异步清零
×	1	1	×	0	0	0	0	0	
×	0	×	1	1	1	0	0	1	异步置 9
×	×	0	1	1	1	0	0	1	
↓	×	0	×	0	加法计数到 1001 返回 0000				加法计数
↓	×	0	0	×					
↓	0	×	×	0					
↓	0	×	0	×					

由 74LS290 功能表可知，清零、置 9 信号都是高电平有效。由于无需 CP 信号脉冲配合就能实现清零功能，故为异步清零。

当 S_{9A} = S_{9B} = 1 时，不论其他输入端状态如何，计数器输出 $Q_3Q_2Q_1Q_0$ =1001，实现置 9 功能。

当 S_{9A} 和 S_{9B} 不全为 1，且 R_{0A} = R_{0B} = 1 时，不论其他输入端状态如何，计数器输出 $Q_3Q_2Q_1Q_0$ =0000，实现异步清零功能。

当 S_{9A} 和 S_{9B} 不全为 1，且 R_{0A}、R_{0B} 不全为 1，输入计数脉冲 CP 下降沿时，计数器实现计数功能。计数到 9 后再来一个下降沿，自动返零。

3）74LS290 计数器的应用

当 $R_{0A} \cdot R_{0B}$ =0、$S_{9A} \cdot S_{9B}$ =0 时，74LS290 处于计数工作状态，在计数脉冲 CP 下降沿作用下计数。有下面四种情况，下面说明如下。

计数脉冲 CP 由 CP_0 端输入，从 Q_0 输出时，则构成 1 位二进制计数器，如图 6-45 所示。

计数脉冲 CP 由 CP_1 端输入，输出为 $Q_3Q_2Q_1$ 时，则构成异步五进制计数器，如图 6-46 所示。

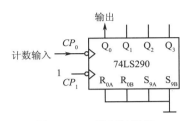

图 6-45　二进制计数器

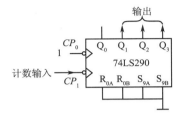

图 6-46　五进制计数器

如将 Q_0 和 CP_1 相连，计数脉冲 CP 由 CP_0 端输入，输出为 $Q_3Q_2Q_1Q_0$ 时，则构成 8421BCD 码异步十进制加法计数器，如图 6-47 所示。

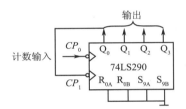

图 6-47　异步十进制加法计数器

如将 Q_3 和 CP_0 相连，计数脉冲 CP 由 CP_1 端输入，从高位到低位的输出为 $Q_0Q_3Q_2Q_1$ 时，则构成 5421BCD 码异步十进制加法计数器。

当 74LS290 的两个异步 0 输入端 $R_{0A} = R_{0B} = 1$ 都为高电平时，计数器立刻置 0，利用这个功能可将 74LS290 构成 N 进制（任意进制）计数器，方法如下：在计数器输入第 N 个计数脉冲 CP 时，如输出 $Q_3Q_2Q_1Q_0$ 中有两个高电平 1 时，可将这两个输出端分别与 R_{0A} 和 R_{0B} 相连；如输出高电平 1 多于两个时，则需用与门作反馈控制电路，其输出和 R_{0A}、R_{0B} 相连，这样才能实现要求的 N 进制计数器。为使计数器能正常工作，S_{9A} 和 S_{9B} 中至少有一个为低电平 0。由于 8421BCD 计数器应用很多，因此，当计数容量大于 5 时，应将 Q_0 和 CP_1 相连。

【例 6.12】试用 74LS290 构成五、六、七、八进制计数器。

解：

利用 74LS290 的异步置 0 功能构成五进制计数器的方法如下。

设 N 进制计数器的状态用 S_N 表示。五进制计数器的状态为 S_5，五进制计数器连接方法如图 6-46 所示，也可以利用十进制加反馈与门电路组成。

（1）写出 S_5 的二进制代码。它表示输入 5 个计数脉冲 CP 时计数器的状态。$S_5 = Q_3Q_2Q_1Q_0 = 0101$。

（2）写出反馈置零函数。由于 74LS290 只有在 R_{0A} 和 R_{0B} 同时为高电平 1 时计数器才被置 0，因此反馈置零函数为与函数，即 $R_{0A} \cdot R_{0B} = Q_2Q_0$。

（3）画出电路连线图。由反馈置零函数可知，要实现五进制计数，应将 Q_2、Q_0 分别和

R_{0A}、R_{0B} 相连,并将 S_{9A}、S_{9B} 接低电平 0,电路如图 6-48(a)所示。

用同样的方法,也可将 74LS290 构成六、七、八进制计数器,分别如图 6-48(b)、(c)、(d)所示。

单片 74LS290 只能计到 10 以内的数,在实际应用中经常要用到大容量计数器,这时可将多片计数器级联。

用一片
74LS290 构成
六进制计数器

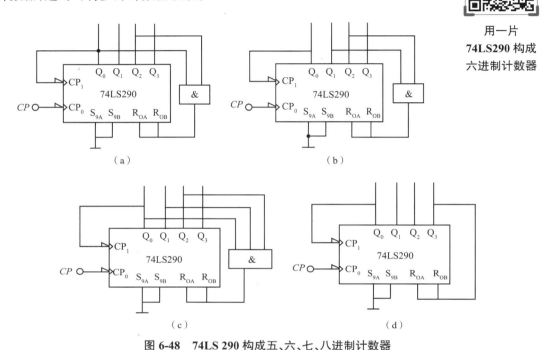

图 6-48 74LS290 构成五、六、七、八进制计数器
(a)五进制 (b)六进制 (c)七进制 (d)八进制

6.5 时序逻辑电路的设计方法

☑【本节内容简介】

时序逻辑电路设计是根据给定的逻辑要求,通过设计,得到满足要求的时序逻辑电路。本节只讨论同步时序逻辑电路的设计方法。

6.5.1 同步时序逻辑电路的设计步骤

1.根据给定的逻辑功能建立原始状态图

分析给定的逻辑问题,定义输入变量、输出变量及电路的状态,状态可以用字母或数字表示。根据实际的逻辑问题,分析每一种输入信号情况下的状态变化和相应的输出,从而构成原始状态图或原始状态表。

建立原始状态图或原始状态表时,设计者需要根据设计要求,对所设计的同步时序电路的工作情况进行全面细致的分析,明确电路的输入和输出,输出与输入之间的关系及状态之间的转换关系,最终建立正确的状态图。

状态图或状态转移表是用图形或表格形式反映同步时序电路的逻辑特性,是设计时序逻辑电路的依据,其他各个设计步骤都是在状态图或状态转移表的基础上进行的。

2. 状态化简

原始状态图不一定是最简状态图,可能包含多余的状态,状态数目越多,设计的电路越复杂。状态简化,即进行状态合并,求出最小化的状态图或状态转移表。此过程视设计中是否需要而定。

3. 状态编码

对状态转移表中每一个状态用一个二进制代码来表示,即进行状态编码,也叫作状态分配。状态编码不同,实现的电路也不同,选择合理的编码方案,会得到简洁的设计电路。

n 个触发器可以组成 2^n 个二进制代码。如果状态图中有 M 个状态,则需用 M 个二进制代码来表示。所需触发器个数 n 可以按下式计算:

$$2^{n-1} < M \leq 2^n$$

如果状态编码方案不同,所得到的电路结构及其复杂程度不同,状态编码应当以有利于触发器驱动方程的简化为原则。目前,没有可以遵循的编码原则,一般选用自然二进制码的编码方案,这里也给出几点作为参考。

(1)如果某些状态的次态组合相同,或在某些输入条件下次态相同,应尽可能给这些状态分配相邻代码。

(2)当两个或更多个状态是某一状态的次态,应尽可能给这些状态分配相邻代码。

(3)为了使输出表达式简单些,应尽可能给输出相同的状态分配相邻代码。

4. 选择触发器

选择不同类型的触发器,设计出相应的电路。至于选什么类型的触发器,首先应从整机所用器件统一化考虑,再从电路最简考虑。

5. 求状态方程和输出方程

利用编码后的状态图或状态转移表,通常的方法是借助卡诺图求状态方程和输出方程。

6. 写出驱动方程

根据所选择的触发器类型和状态方程,可以写出每个触发器的驱动方程。

7. 画逻辑电路图

根据各触发器的驱动方程和输出方程,将 CP 采用同步连接,即可画出逻辑图。

8. 检查能否自启动

可以根据状态方程找出无效状态的变化规律,以检查电路能否自启动。若电路进入无效状态后,能自动返回有效状态,称电路能自启动;否则称电路不能自启动。若电路能自启动,符合要求,设计完毕。否则,需修改设计。

6.5.2　同步时序逻辑电路的设计举例

【例 6.13】用下降沿触发的 JK 触发器,设计一个同步六进制加法计数器。

解：

（1）设定原始状态图。

原始状态图如图 6-49 所示，因为是六进制加法计数器，所以需要有 6 个变化的状态，即每来一个时钟脉冲，计数器的状态变化一次。设 C 为进位输出。

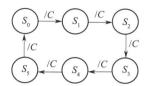

图 6-49 例 6.13 加法计数器的原始状态图

（2）状态编码。

采用二进制编码，6 个状态需要 3 位二进制码。设 $S_0=000$、$S_1=001$、$S_2=010$、$S_3=011$、$S_4=100$、$S_5=101$，当计完 6 个数后进位 $C=1$，其余状态为 $C=0$。原始状态图可以改为状态图，如图 6-50 所示。状态转换表如表 6-15 所示。

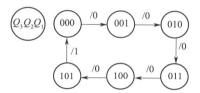

图 6-50 例 6.13 加法计数器的状态图

表 6-15 例 6.13 状态转换表

状态变化顺序	状态编码			进位输出 C	十进制数
	Q_3	Q_2	Q_1		
S_0	0	0	0	0	0
S_1	0	0	1	0	1
S_2	0	1	0	0	2
S_3	0	1	1	0	3
S_4	1	0	0	0	4
S_5	1	0	1	1	5
S_0	0	0	0	0	0

（3）选择触发器。

选择 JK 触发器。

（4）写出状态方程和输出方程。

首先，通过状态图写出电路次态/输出（$Q_3^{n+1}Q_2^{n+1}Q_1^{n+1}/C$）的卡诺图，如图 6-51 所示；然后，写出状态卡诺图的分解图，如图 6-52 所示。现态为卡诺图的变量状态，次态为卡诺图中的状态。图 6-51 中，× 为未使用的状态，设为任意状态。

Q_3 ＼ $Q_2 Q_1$	00	01	11	10
0	001	010	100	011
1	101	000/1	×	×

图 6-51　例 6.13 次态/输出（$Q_3^{n+1} Q_2^{n+1} Q_1^{n+1} / C$）的卡诺图

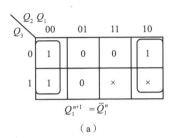

$$Q_1^{n+1} = \overline{Q_1^n}$$

（a）

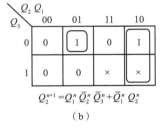

$$Q_2^{n+1} = Q_1^n\, \overline{Q_2^n}\, \overline{Q_3^n} + \overline{Q_1^n}\, Q_2^n$$

（b）

图 6-52　图 6-51 卡诺图的分解图
（a）Q_1^{n+1} 的卡诺图　（b）Q_2^{n+1} 的卡诺图

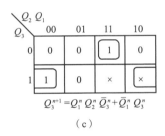

$$Q_3^{n+1} = Q_1^n\, Q_2^n\, \overline{Q_3^n} + \overline{Q_1^n}\, Q_3^n$$

（c）

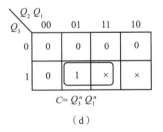

$$C = Q_3^n\, Q_1^n$$

（d）

图 6-52　图 6-51 卡诺图的分解图（续）
（c）Q_3^{n+1} 的卡诺图　（d）C 的卡诺图

由卡诺图写出状态方程：

$$Q_1^{n+1} = \overline{Q_1^n} = 1 \cdot \overline{Q_1^n} + \overline{1} \cdot Q_1^n$$

$$Q_2^{n+1} = Q_1^n \cdot \overline{Q_2^n} \cdot \overline{Q_3^n} + \overline{Q_1^n} \cdot Q_2^n$$

$$Q_3^{n+1} = Q_1^n \cdot Q_2^n \cdot \overline{Q_3^n} + \overline{Q_1^n} \cdot Q_3^n$$

由卡诺图写出输出方程：

$$C = Q_3^n \cdot Q_1^n$$

（5）写出驱动方程。

将计数器的状态方程对照所用触发器的特征方程，即可写出触发器的驱动方程。本例选用的 JK 触发器的特征方程为

$$Q^{n+1} = J\overline{Q^n} + \overline{K}Q^n$$

用状态方程与特征方程对照，则得出各触发器驱动方程为

$$J_1 = 1, \qquad K_1 = 1$$
$$J_2 = Q_1^n \cdot \overline{Q_3^n}, \qquad K_2 = Q_1^n$$
$$J_3 = Q_1^n \cdot Q_2^n, \qquad K_3 = Q_1^n$$

（6）画出逻辑图。

根据各触发器的驱动方程和输出方程,将 CP 采用同步连接,即可画出此计数器的逻辑电路图,如图 6-53 所示。

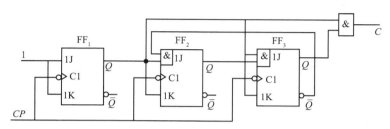

图 6-53　例 6.13 计数器的电路图

（7）检查能否自启动。

由于上述设计的六进制计数器采用了 3 位二进制编码,所以存在 110 和 111 两个无效状态。将 110 和 111 代入状态方程可得检查结果,如图 6-54 所示。

图 6-54　检测能否自启动

可见无效状态均能回到有效状态 000,故该电路能自启动。

【例 6.14】用上升沿触发的维持-阻塞 D 触发器,设计一个同步七进制计数器,要求按自然态序变化,即按二进制加法计数规律变化,并逢七进一,产生一个进位输出。

解:

同步计数器以时钟脉冲源作为计数对象,电路无须设置输入信号,输出自然也就不与输入相关,所以该电路应属于莫尔型同步时序逻辑电路。电路设计过程如下。

（1）七进制计数器电路有 $N=7$ 个不同的状态,为满足关系式 $2^n \geqslant N$,需用 $n=3$ 个触发器实现。根据题意要求,计数器按自然态序变化,故令这七个状态编码为

$S_0=000$, $\quad S_1=001$, $\quad S_2=010$, $\quad S_3=011$, $\quad S_4=100$, $\quad S_5=101$, $\quad S_6=110$

剩下一个多余的状态编码"111"作为无关状态处理。由此便得到如图 6-55 所示的状态图,该状态图已不能再作简化,图中斜杠"/"后的数字为输出值 Y 的值。

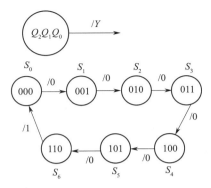

图 6-55　例 6.14 计数器的状态图

（2）根据图 6-55 所示的状态图，及按题意要求使用的 D 触发器的特征方程 $Q^{n+1}=D$，可确定驱动方程和输出方程的逻辑真值表，如表 6-16 所示。

表 6-16　驱动方程和输出方程的逻辑真值表

Q_2^n	Q_1^n	Q_0^n	Q_2^{n+1}	Q_1^{n+1}	Q_0^{n+1}	D_2	D_1	D_0	Y
0	0	0	0	0	1	0	0	1	0
0	0	1	0	1	0	0	1	0	0
0	1	0	0	1	1	0	1	1	0
0	1	1	1	0	0	1	0	0	0
1	0	0	1	0	1	1	0	1	0
1	0	1	1	1	0	1	1	0	0
1	1	0	0	0	0	0	0	0	1
1	1	1	×	×	×	×	×	×	×

根据表 6-17，可列出驱动方程和输出方程的逻辑函数表达式：

$$D_2 = \sum m(3,4,5) + \sum d(7) \left.\vphantom{\begin{matrix}1\\1\\1\\1\end{matrix}}\right\}$$
$$D_1 = \sum m(1,2,5) + \sum d(7)$$
$$D_0 = \sum m(0,2,4) + \sum d(7)$$
$$Y = \sum m(6) + \sum d(7)$$

式中"$\sum m$"为最小项之和，"$\sum d$"为无关项之和。用卡诺图化简法可以得到简化的驱动方程和输出方程的逻辑表达式：

$$D_2 = Q_2^n \overline{Q_1^n} + Q_1^n Q_0^n \left.\vphantom{\begin{matrix}1\\1\\1\\1\end{matrix}}\right\}$$
$$D_1 = \overline{Q_2^n} Q_1^n \overline{Q_0^n} + \overline{Q_1^n} Q_0^n$$
$$D_0 = \overline{Q_2^n} \overline{Q_0^n} + \overline{Q_1^n} \overline{Q_0^n}$$
$$Y = Q_2^n Q_1^n$$

（3）根据化简后的输出方程及驱动方程的逻辑函数表达式，即可画出如图 6-56 所示的电路图。

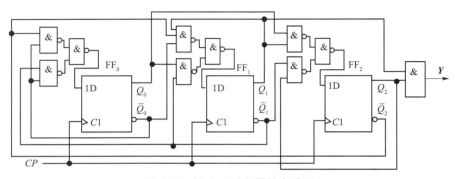

图 6-56 例 6.14 计数器的电路图

（4）得到所需的电路图后，可以用电路分析方法对其功能进行验证。

因电路中存在无关状态，所以还须检查电路是否具有自启动能力。在本例中，"111"状态为无关状态，当该状态出现时，触发器 FF_2 次态，表达式为

$$Q_2^{n+1} = D_2 = Q_2^n \overline{Q_1^n} + Q_1^n Q_0^n = 1$$

触发器 FF_1 次态为

$$Q_1^{n+1} = D_1 = \overline{Q_2^n} Q_1^n \overline{Q_0^n} + \overline{Q_1^n} Q_0^n = 0$$

触发器 FF_0 次态为

$$Q_0^{n+1} = D_0 = \overline{Q_2^n} \overline{Q_0^n} + \overline{Q_1^n} \overline{Q_0^n} = 0$$

因此一个时钟脉冲即可让计数器转入有效状态 $S_4=100$，且输出 $Y = Q_2^n Q_1^n = 1$。由此可见，所设计的计数器具有自启动能力，包含了无关状态的状态图如图 6-57 所示。

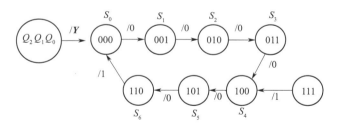

图 6-57 包含了无关状态的状态图

6.6 时序逻辑电路应用电路

☑【本节内容简介】

本节主要介绍两种时序逻辑电路的应用电路及工作原理，分别为数字电子钟和四人抢答电路。

6.6.1　数字电子钟

钟表的数字化给人们的生产生活带来了极大的方便,而且大大扩展了钟表的报时功能,产生了具有定时自动报警、按时自动打铃、时间程序自动控制、定时广播等功能的产品,如定时启闭路灯、定时开关烘箱、通断动力设备,甚至各种定时自动启动电器等。所有这些,都是以钟表数字化为基础的。因此,研究数字钟及扩大其应用范围,有着非常现实的意义。

数字电子钟的逻辑框图如图 6-58 所示。该数字电子钟由石英晶体振荡器、分频器、计数器、译码器、显示器和校时电路组成,石英晶体振荡器产生的信号经过分频器作为秒脉冲,秒脉冲送入计数器计数,计数结果通过“时”“分”“秒”译码器显示时间。

1. 石英晶体振荡器

石英晶体振荡器的特点是振荡频率准确、电路结构简单、频率易调整。它还具有压电效应,即在晶体某一方向加一电场,则在与此垂直的方向产生机械振动;有了机械振动,就会在相应的垂直面上产生电场,从而使机械振动和电场互为因果。这种循环过程持续进行,直到晶体的机械强度限制,才达到最后稳定。这种循环过程的频率称为压电谐振的频率,即晶体振荡器的固有频率。

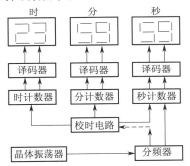

图 6-58　数字电子钟逻辑框图

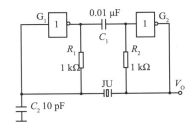

图 6-59　石英晶体振荡器电路

用反相器与石英晶体构成的振荡电路,如图 6-59 所示。利用两个非门 G_1 和 G_2 自我反馈,使它们工作在线性状态,然后利用石英晶体 JU 控制振荡频率,同时用电容 C_1 作为两个非门之间的耦合器件;两个非门输入和输出之间并接的电阻 R_1 和 R_2 作为负反馈元件,由于反馈电阻很小,可以近似认为非门的输出、输入压降相等;电容 C_2 是为了防止寄生振荡。例如,电路中的石英晶振频率是 4 MHz 时,则电路的输出频率也为 4 MHz。

2. 分频器

由于石英晶体振荡器产生的频率很高,要得到秒脉冲,需要用分频电路。例如,振荡器输出 4 MHz 的信号,通过 D 触发器(74LS74)进行 4 分频,将信号频率变成 1 MHz,然后送到 10 分频计数器(74LS90,该计数器可以用 8421BCD 码制,也可以用 5421BCD 码制),经过 6 次 10 分频即获得 1 Hz 的方波信号,作为秒脉冲信号。

3. 计数器

秒脉冲信号经过 6 级计数器,分别得到“秒”“分”“时”个位、十位的计时。“秒”“分”计数器为六十进制,“时”计数器为 24 进制。

六十进制计数器:"秒"计数器电路与"分"计数器电路都是六十进制,它由一级十进制计数器和一级六进制计数器连接构成,是将两片中规模集成电路74LS90串接起来构成的"秒""分"计数器,如图6-60所示。

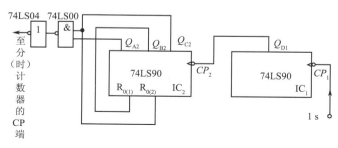

图6-60　六十进制计数器

IC_1是十进制计数器,Q_{D1}为十进制的进位信号,其中的74LS90是十进制异步计数器,用反馈归零方法实现十进制计数。IC_2和与非门组成六进制计数器,其中的74LS90是在CP信号的下降沿翻转计数,Q_{A2}和Q_{C2}相与0101的下降沿,作为"分"("时")计数器的输入信号,Q_{B2}和Q_{C2}的0110高电平1分别送到计数器的清零端$R_{0(1)}$和$R_{0(2)}$,74LS90内部的$R_{0(1)}$和$R_{0(2)}$端口与非后清零而使计数器归零,完成六进制计数。由此可见IC_1和IC_2串联实现了六十进制计数。

二十四进制计数器:"时"计数电路是由IC_5和IC_6组成的二十四进制计数电路,如图6-61所示。

当"时"个位IC_5计数输入CP_5来到第10个触发信号时,IC_5计数器复零,将进位信号Q_{D5}输送给"时"十位计数器IC_6;当第24个"时"(来自"分"计数器输出的进位信号)脉冲到达时,IC_5计数器的状态为0100,IC_6计数器的状态为0010,此时"时"个位计数器IC_5输出的Q_{C5}和"时"十位计数器IC_6输出的Q_{B6}为1;把它们分别送到IC_5和IC_6计数器的清零端$R_{0(1)}$和$R_{0(2)}$,通过74LS90内部的$R_{0(1)}$和$R_{0(2)}$与非后清零,计数器复零,完成二十四进制计数。

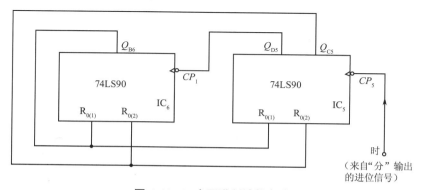

图6-61　二十四进制计数电路

4. 译码器

译码是指将给定的代码进行翻译。计数器采用的码制不同,译码电路也不同。

74LS48 译码器是与 8421BCD 编码计数器配合使用的七段译码器。74LS48 有灯测试 $\overline{LT}$ 、动态灭灯输入 $\overline{RBI}$ 、灭灯输入/动态灭灯输出 $\overline{BI}/\overline{RBO}$ 等变量。当 LT =0 时,74LS48 输出全"1"。74LS48 的使用方法请参看相关使用手册。

74LS48 的输入端和计数器对应的输出端、74LS48 的输出端和七段显示器的对应端相连。

5. 显示器和校时电路

1)显示器

本系统采用七段发光二极管显示译码器输出的数字。显示器有两种:共阳极显示器或共阴极显示器。74LS48 译码器对应的显示器是共阴极显示器。

2)校时电路

校时电路用于实现对"时""分""秒"的校准功能。在电路中设有正常计时和校时位置。"秒""分""时"的校准开关分别通过 RS 触发器控制。

6. 电子钟的调试

制作电子钟时,应注意正确连接器件的管脚,应正确处理"悬空端""清 0 端""置 1 端",调试步骤和方法如下。

(1)用示波器检测石英晶体振荡器输出信号的波形和频率,其输出频率应为 4 MHz。

(2)将频率为 4 MHz 的信号送入分频器,并用示波器检查各级分频器的输出频率是否符合设计要求。

(3)将 1 s 信号分别送入"时""分""秒"计数器,检查各级计数器的工作情况。

(4)观察校时电路的功能是否满足校时要求。

(5)当分频器和计数器调试正常后,观察电子钟是否能正常准确地工作。

7. 元器件选择

元器件的型号和数量见表 6-17。

表 6-17　元器件清单

型号	数量(单位)
七段显示器(共阴极)	6 片
74LS48	6 片
74LS90	12 片
4 MHz 石英晶体	1 片
74LS10	10 片
74LS00	10 片
74LS04	1 片
74LS74	1 片
电阻、电容、导线等	若干

6.6.2 四人抢答电路

四人智力竞赛用的四人抢答电路如图 6-62（a）所示，电路中最重要的器件是 74LS175 它包括四个上升沿 D 触发器，其引脚排列如图 6-62（b）所示。它的清零信号 $\overline{R}_D$ 和时钟脉冲信号 CP 是四个 D 触发器共用的。

触发器应用电路（D 触发器组成的抢答器）

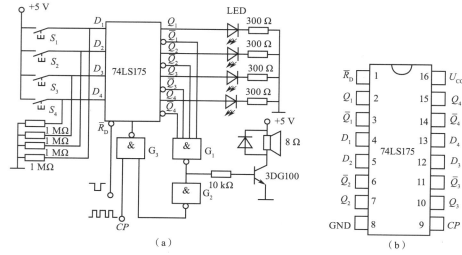

图 6-62　四人抢答电路

（a）四人抢答电路　（b）74LS175 引线排列

抢答前先使电路清零，$Q_1 \sim Q_4$ 均为 0，相应的发光二极管 LED 都不亮；$\overline{Q}_1 \sim \overline{Q}_4$ 均为 1，与非门 G_1 输出为 0，扬声器不响。同时，G_2 输出 1，将 G_3 开通，时钟脉冲信号 CP 可以经过 G_3 进入 D 触发器的 CP 端。此时，由于 $S_1 \sim S_4$ 均未按下，$D_1 \sim D_4$ 均为 0，所以触发器的状态不变。

抢答开始后，若 S_1 首先被按下，D_1 和 Q_1 均变为 1，相应的发光二极管亮；$\overline{Q}_1$ 变为 0，G_1 的输出为 1，扬声器响。同时，G_2 输出 0，将 G_3 关断，时钟脉冲信号 CP 便不能经过 G_3 进入 D 触发器。由于没有时钟脉冲，因此如果再按其他按钮，电路也不起作用，触发器的状态不会改变。抢答判决完毕后，将电路清零，以便下次抢答。

本章小结

本章学习的重点：计数器的工作原理、计数器输入与输出间的时序逻辑关系。
学习的难点：计数器的分析。

1. 时序逻辑电路分析

时序逻辑电路按时钟控制方式的不同，分为同步时序逻辑电路和异步时序逻辑电路。在前者中，所有触发器的时钟输入端 CP 连在一起，在同一个时钟脉冲信号 CP 作用下，凡具备翻转条件的触发器在同一时刻翻转;后者时钟脉冲信号 CP 只触发部分触发器,其余触发器由电路内部信号触发,因此,其触发器的翻转不在同一输入时钟脉冲作用下同步进行。

描述时序逻辑电路功能的方法有逻辑图、状态方程、驱动方程、输出方程、状态转换真值表、状态转换图和时序图等。

时序逻辑电路分析的关键是求出状态方程和状态转换真值表,然后由此分析时序逻辑电路的功能。

2. 寄存器

在数字设备及系统中,经常需要将一组二进制代码暂时存储起来,等待处理或应用。实现这种功能的逻辑电路称为寄存器。寄存器具有清除数码(预先清零)、接收数码(存入数码)和传送数码(取出数码)的功能。常用的寄存器分为两类:仅具有存储代码功能的数据寄存器和具有存储及移位功能的移位寄存器。

3. 计数器

计数器是典型的时序逻辑电路,它因有计数功能而得名,应用极为广泛,可用来分频、控制、测时、测速、测频率等。计数器的种类很多,按各位触发器翻转次序分类,其可分为同步、异步计数器;按计数器中计的数字是增加还是减少分类,其可分为加法计数器和减法计数器;按计数器中数码的编码方式分类,其可分为二进制、十进制和任意进制计数器。但无论怎样分类,实际上计数器像所有其他时序逻辑电路一样,都是由存储元件触发器和逻辑门电路组成的。

分析任意进制计数器的方法是本章的重点。计数器有分析和综合两部分。分析的步骤:已知逻辑电路图→写出各触发器的逻辑关系式→列出状态表→分析判断属于几进制。综合的步骤:根据计数要求,列出状态表→写出逻辑关系式→画出逻辑电路图。

集成电路计数器是具有清零、置数、计数、存储等多种功能的中规模集成电路,通过异步清零、同步置数以及多片串联使用等方法,可以实现任意进制的计数器。

习题 6

一、填空题

6.1 时序逻辑电路按照其触发器是否有统一的时钟控制分为＿＿＿＿＿＿时序电路和＿＿＿＿＿＿时序电路。

6.2 构成一个六进制计数器最少要用＿＿＿个触发器,这时构成的电路有＿＿＿个有效状态,＿＿＿个无效状态。

6.3 4 位二进制加法计数器的现态为 1000,当下一个脉冲到来时,计数器的状态变为＿＿＿。

6.4 3 个触发器构成的计数器最多有＿＿＿个有效状态。

6.5 计数器按计数进制分有:＿＿＿＿＿进制计数器、＿＿＿＿＿进制计数器和＿＿＿＿＿进制计数器。

6.6 计数器中各触发器的时钟脉冲是同一个,触发器状态更新是同时的,这种计数器称为＿＿＿＿＿。

二、选择题

6.7　同步时序电路和异步时序电路相比较,其差异在于后者(　　　)。

A. 没有触发器　　　　　　　　　　B. 没有统一的时钟脉冲控制

C. 没有稳定状态　　　　　　　　　D. 输出只与内部状态有关

6.8　下列逻辑电路中为时序逻辑电路的是(　　　)。

A. 变量译码器　　　B. 加法器　　　C. 数据寄存器　　　D. 数据选择器

6.9　同步计数器和异步计数器相比较,同步计数器的显著优点是(　　　)。

A. 工作速度高　　　　　　　　　　B. 触发器利用率高

C. 电路简单　　　　　　　　　　　D. 不受时钟信号 CP 控制

6.10　按数码的存取方式,寄存器可分为(　　　)。

A. 数码寄存器、移位寄存器;　　　　B. 同步寄存器、异步寄存器;

C. 双向移位寄存器;　　　　　　　　D. 双向移位寄存器、异步寄存器。

6.11　移位寄存器可分为(　　　)。

A. 左移位寄存器;　　　　　　　　　B. 右移位寄存器;

C. 左、右移位和双向移位寄存器;　　D. 左移位寄存器、右移位寄存器

6.12　N 个触发器可以构成寄存(　　　)位二进制数码寄存器。

A. $N-1$　　　　　B. N　　　　　C. $N+1$　　　　　D. $2N$

6.13　图 6-63 所示计数器电路的计数制为(　　　)。

A. 六进制　　　　B. 七进制　　　　C. 八进制　　　　D. 五进制

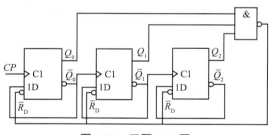

图 6-63　习题 6.13 图

6.14　图 6-64 所示计数器电路的计数制为(　　　)。

A. 六进制　　　　B. 五进制　　　　C. 四进制　　　　D. 七进制

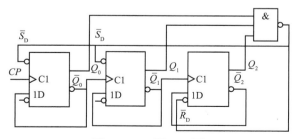

图 6-64　习题 6.14 图

6.15　图 6-65 所示用 74LS161 组成的计数器电路的计数制为(　　)。

A. 九进制　　　　　B. 七进制　　　　　C. 八进制　　　　　D. 六进制

6.16　图 6-66 所示用 74LS161 组成的计数器电路的计数制为(　　)。

A. 九进制　　　　　B. 七进制　　　　　C. 八进制　　　　　D. 四进制

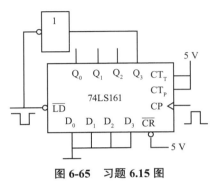

图 6-65　习题 6.15 图

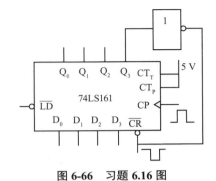

图 6-66　习题 6.16 图

三、简答题

6.17　分析图 6-67 所示时序电路的逻辑功能,写出电路的驱动方程、状态方程和输出方程,画出电路的状态转换图,并说明该电路能否自启动。

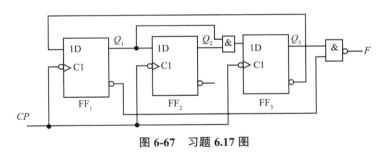

图 6-67　习题 6.17 图

6.18　分析图 6-68 时序电路的逻辑功能,写出电路的驱动方程、状态方程,画出电路的状态转换图,并说明该电路能否自启动。

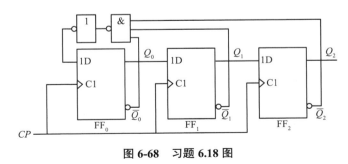

图 6-68　习题 6.18 图

6.19　分析图 6-69 时序电路的逻辑功能,写出电路的驱动方程、状态方程和输出方程,画出电路的状态转换图,说明电路能否自启动。

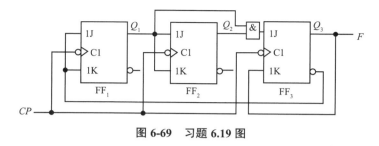

图 6-69　习题 6.19 图

6.20　分析图 6-70 时序电路的逻辑功能,写出电路的驱动方程、状态方程,画出电路的状态转换图,并说明该电路能否自启动。若令 FF_2 的 $1K$ 端信号为 1,试问电路计数顺序将如何变化。

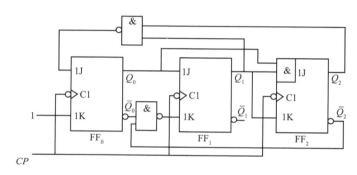

图 6-70　习题 6.20 图

6.21　分析图 6-71 时序电路的逻辑功能,写出电路的时钟方程、驱动方程、状态方程,画出电路的状态转换图和时序图,并说明该电路能否自启动。

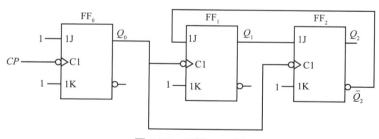

图 6-71　习题 6.21 图

6.22　试画出用 JK 触发器构成四位数码寄存器的电路图,并说明工作原理。

6.23　用 JK 触发器构成的移位寄存器如图 6-72 所示,试列出串行输入数码 1011 的状态表,并画出各输出 Q 的波形图。设各触发器初始状态为 0。

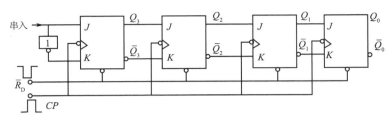

图 6-72　习题 6.23 图

6.24　电路如图 6-73（a）所示为用四个维持阻塞 D 触发器构成的移位寄存器,时钟脉冲 CP 信号及 D_0 端信号的波形如图 6-73（b）所示。试画出在 CP 脉冲作用下输出 Q_0、Q_1、Q_2、Q_3 的波形。设触发器初态均为 0。

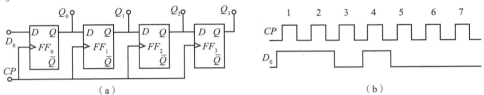

（a）　　　　　　　　　　　　　　　　　（b）

图 6-73　习题 6.24 电路和波形图
（a）电路图　（b）波形图

6.25　图 6-74 所示电路中,各触发器的初始状态为 $Q_3Q_2Q_1Q_0=1000$,在 CP 脉冲作用下,试列出各触发器的状态表,画出波形图。

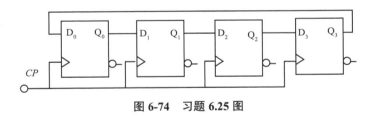

图 6-74　习题 6.25 图

6.26　如图 6-75 所示的电路为用两片双向移位寄存器 74LS194 构成的七位并-串转换器,试分析其工作原理,并列出两个寄存器的状态表。

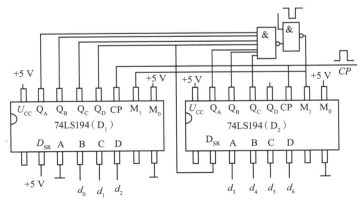

图 6-75　习题 6.26 的图

6.27 JK 触发器电路如图 6-76 所示,试画出输出 Q_0, Q_1 的波形,列出其状态表(设 Q_0, Q_1 的初始状态均为 0)。

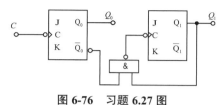

图 6-76 习题 6.27 图

6.28 某逻辑电路如图 6-77 所示,写出其逻辑状态表,并说明它是几进制计数器。

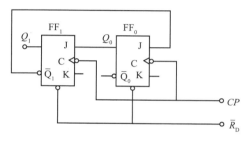

图 6-77 习题 6.28 图

6.29 某逻辑电路如图 6-78 所示,写出其逻辑状态表,并说明它是几进制计数器。

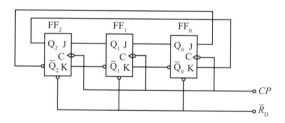

图 6-78 习题 6.29 图

6.30 试分析图 6-79 所示计数器电路。

(1)写出各触发器的驱动方程和电路状态方程。

(2)假设计数器的初始状态 $Q_2Q_1Q_0=000$,试列出计数状态转换表,并判断它是几进制计数器。

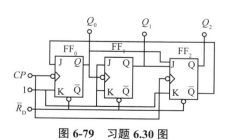

图 6-79 习题 6.30 图

6.31 74LS161 的管脚排列如图 6-80 所示。

试按异步清零法画出用 4 位二进制计数器 74LS161 实现六、十二、一百进制，及 BCD 十二进制计数器的电路图。

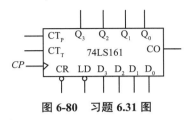

图 6-80 习题 6.31 图

6.32 某逻辑电路如图 6-81 所示，试分析其逻辑功能，并列出状态表。

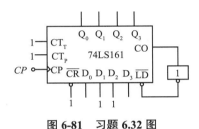

图 6-81 习题 6.32 图

6.33 用两片 74LS161 构成的计数电路如图 6-82 所示，试分析其逻辑功能为几进制计数器。

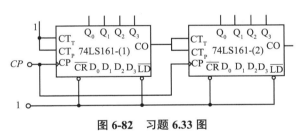

图 6-82 习题 6.33 图

6.34 按同步置数法画出用 74LS161 实现下列进制计数器的电路图。

（1）十进制（初始置数为 0110）；

（2）十进制（初始置数为 0100）。

6.35 用异步清零法和同步置数法两种方法画出用 74LS160 实现十二进制计数器的电路图。74LS160 的逻辑符号如图 6-83 所示。

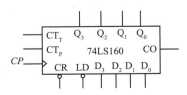

图 6-83 74LS160 逻辑符号

6.36 分析图 6-84 所示各电路为几进制计数器,画出它们的状态转换图。

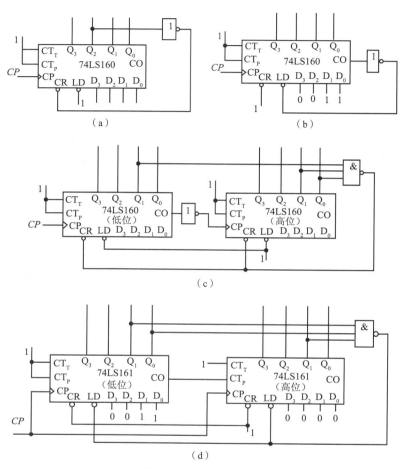

图 6-84 习题 6.36 图

6.37 图 6-85 所示各电路均由 74LS290 构成的计数电路,试分析它们各为几进制计数器。

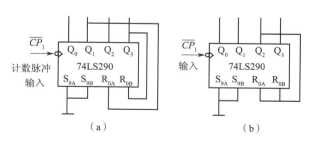

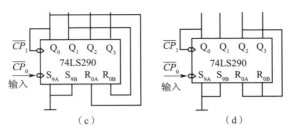

图 6-85　习题 6.37 图

6.38　由两片 74LS290 组成的计数电路如图 6-86 所示,试分析它为多少进制计数器。

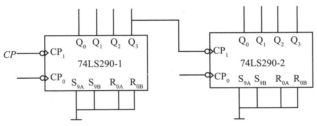

图 6-86　习题 6.38 图

6.39　试用触发器及必要的门电路组成数字钟分、时的计时电路。

6.40　试用上升沿触发的 D 触发器及必要的门电路设计一个同步三进制减法计数器。

6.41　试用 JK 触发器及必要的门电路设计一个同步六进制加法计数器。

6.42　设计一个序列信号发生电路,要求在一系列时钟信号 CP 作用下,能周期性的输出 "0010110111" 的序列信号,方法不限。

习题 6 参考答案

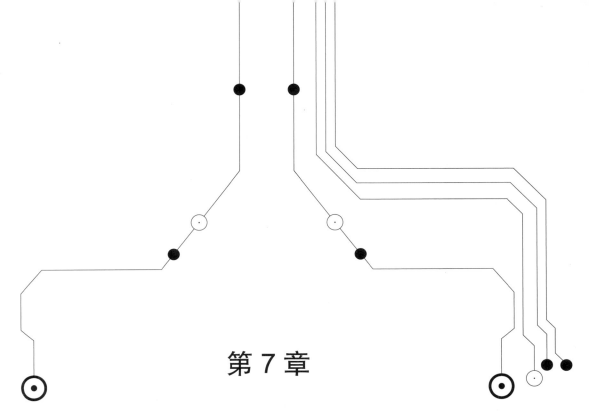

第 7 章

脉冲波形的产生和整形

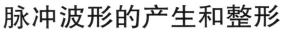

本章主要介绍由集成逻辑门电路和中规模集成电路构成的脉冲产生与整形电路，以及由 555 定时器构成的典型电路。

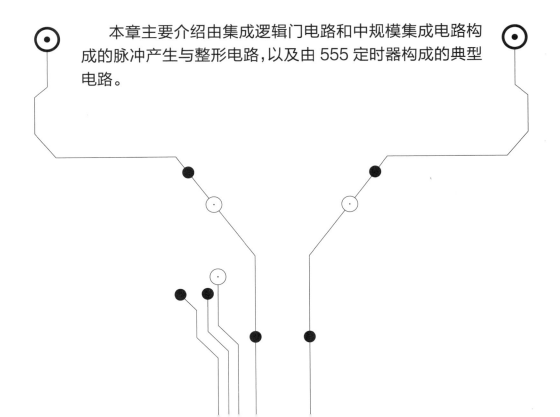

第7章 脉冲波形的产生和整形

☑ 【学习目标】

（1）了解施密特触发器的滞后特性及工作原理，着重理解施密特触发器的应用。

（2）利用整形电路，将不理想的波形变换成所要求的脉冲波形；掌握单稳态触发器（微分型及积分型）及 RC 积分型环形振荡器的工作原理；学会使用集成单稳态触发器。

（3）理解利用脉冲振荡器直接产生所需脉冲波形的方法；理解 RC 积分型环形振荡器；掌握 555 定时器的工作原理；学会使用 555 定时器，会画波形图。

（4）会计算出脉宽 t_w、周期 T 及会画电压波形图；了解所述脉冲电路在实际中的应用。

"知者行之始，行者知之成"。在数字电路中，脉冲波形产生和整形电路产生的时钟信号，起着同步各信号的作用，扮演着总指挥的角色，各触发器、逻辑电路等状态的更新都以时钟为基础，脉冲波形的产生非常关键。在集体生活和工作中，只有统一号令，才能步调一致，使一切有序运转。中国科技振兴任重道远，必须坚持科技自主，关键核心技术是要不来、买不来的。

本章主要介绍由集成逻辑门电路和中规模集成电路构成的脉冲产生与整形电路，以及由 555 定时器构成的典型电路。

7.1 概述

☑ 【本节内容简介】

本节主要介绍脉冲波形的产生和整形的基本知识。

在数字电路或数字系统中，常常需要各种脉冲波形，如时钟脉冲、控制过程的定时信号等。在产生这些脉冲波形时，通常采用两种方法：一是利用脉冲信号产生器直接产生；二是通过对已有信号进行变换，使之满足系统的要求。

在同步时序逻辑电路中，通常使用矩形脉冲作为时钟信号，因此矩形脉冲在数字电路和系统中具有极其重要的作用。本章系统讲述矩形波产生和整形电路。其中，在脉冲整形电路中，重点介绍施密特触发器和单稳态触发器以及自激多谐振荡器电路，并介绍相应的数字集成芯片的基本原理和相关应用。此外，还将讨论 555 定时器以及利用 555 定时器构成施密特触发器、单稳态触发器及自激多谐振荡器电路的方法。

7.2 施密特触发器

☑ 【本节内容简介】

施密特触发器的主要用途是把变化缓慢的信号波形变换为边沿陡峭的矩形波。它与前述的触发器不同,主要有以下特点。

(1)电路有两种稳定状态。两种稳定状态的维持和转换完全取决于外加触发信号,触发方式为电平触发。

(2)电压传输特性特殊。输入信号在低电平上升过程或者高电平下降过程中,电路有两个转换电平(上限触发转换电平 U_{T+} 和下限触发转换电平 U_{T-})。

(3)状态翻转时,电路内部有正反馈过程,从而输出边沿陡峭的矩形脉冲。

7.2.1 电路组成

图 7-1 所示的为两个 CMOS 反相器构成的施密特触发器的电路和逻辑符号,其中 R_1、R_2 为两个分压电阻。

7.2.2 工作原理

1. 工作过程

设 CMOS 反相器 G_1、G_2 的阈值电压 $U_{TH}=V_{DD}/2$,$R_1<R_2$,输入信号 u_I 为三角波,则:

$$u_{I1} = \frac{R_2}{R_1 + R_2}u_I + \frac{R_1}{R_1 + R_2}u_O$$

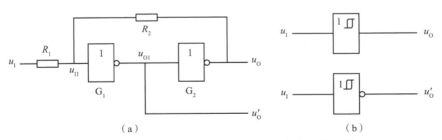

图 7-1 用两个 CMOS 反相器构成的施密特触发器
(a)电路 (b)逻辑符号

当 $u_I=0$ V 时,$u_{I1}=0$ V,G_1 截止、G_2 导通,输出为 U_{OL},即 $u_O=0$ V。u_I 从 0 V 逐渐增加,只要满足 $u_{I1}<U_{TH}$,电路就会处于这种状态(第一稳态)。

当 u_I 上升,使 $u_{I1}=U_{TH}$ 时,电路会产生如下正反馈过程:

$$u_{I1}\uparrow \longrightarrow u_{O1}\downarrow \longrightarrow u_O\uparrow$$

电路会迅速转换为 G_1 导通、G_2 截止,输出为 U_{OH},即 $u_O=V_{DD}$ 的状态(第二稳态)。此时的 u_I 值称为施密特触发器的上限触发转换电平(正向阈值电压)U_{T+}。显然,u_I 继续上升,电路的状态不会改变。此时有：

$$u_{I1} = U_{TH} = \frac{R_2}{R_1 + R_2} U_{T+}$$

$$U_{T+} = (1 + \frac{R_1}{R_2}) U_{TH} \tag{7-1}$$

若 u_{I1} 继续上升，满足 $u_{I1} > U_{TH}$，电路输出维持 $u_O = V_{DD}$ 的状态不变。

如果 u_I 下降，u_{I1} 也会下降。当 u_{I1} 下降到 U_{TH} 时，电路又会产生以下的正反馈过程：

$$u_{I1} \downarrow \longrightarrow u_{O1} \uparrow \longrightarrow u_O \downarrow$$

电路会迅速转换为 G_1 截止、G_2 导通，输出为 U_{OL} 的第一稳态。此时的 u_I 值称为施密特触发器的下限触发转换电平（负向阈值电压）U_{T-}。u_I 再下降，电路将保持状态不变。

$$u_{I1} = U_{TH} = \frac{R_2}{R_1 + R_2} U_{T-} + \frac{R_1}{R_1 + R_2} V_{DD}$$

将 $V_{DD} = 2U_{TH}$ 代入上式得

$$U_{T-} = (1 - \frac{R_1}{R_2}) U_{TH} \tag{7-2}$$

定义正向阈值电压 U_{T+} 和负向阈值电压 U_{T-} 之差为回差电压 ΔU_T，则回差电压为

$$\Delta U_T = U_{T+} - U_{T-} \tag{7-3}$$

通常 $U_{T+} > U_{T-}$，改变 R_1 和 R_2 的大小可以改变回差电压 ΔU_T。

2. 工作波形与电压传输特性

根据以上分析，可以画出施密特触发器的工作波形及电压传输特性，如图 7-2 所示。

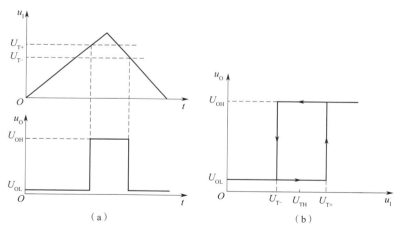

图 7-2 施密特触发器的工作波形及电压传输特性
（a）工作波形 （b）电压传输特性

7.2.3 集成施密特触发器

集成施密特触发器的性能稳定，应用非常广泛。无论是晶体管-晶体管逻辑（TTL）电路

还是 CMOS 逻辑电路,均有单片集成施密特触发器产品。一般门电路由输入级、中间级和输出级组成,集成施密特触发器比普通门电路的结构稍微复杂一些。

集成施密特触发器的性能一致性好,具有很强的抗干扰能力,触发阈值稳定,使用方便。然而集成施密特触发器的正向阈值电压和反向阈值电压都是固定的,阈值电压不可调节是集成施密特触发器的一大缺点。

集成施密特触发器的 U_{T+} 和 U_{T-} 的具体数值可从集成电路手册中查到。例如,CT74132 型集成施密特触发器的 $U_{T+} = 1.7\,\text{V}$、$U_{T-} = 0.9\,\text{V}$,所以,$\Delta U_T = U_{T+} - U_{T-} = 1.7\,\text{V} - 0.9\,\text{V} = 0.8\,\text{V}$。

1. 施密特反相器

基于 TTL 电路的 CT74LS14 和基于 CMOS 逻辑电路的 CC40106 均为六施密特反相器。图 7-3 所示为 CT74LS14 六反相器和 CT74LS13 双四输入与非门的集成施密特触发器逻辑符号。图 7-4 所示为 CC40106 六反相器及 CC4093 四 2 输入与非门的集成施密特触发器逻辑符号。

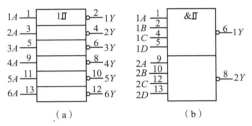

图 7-3　基于 TTL 电路的集成施密特触发器逻辑符号

（a）CT74LS14 六反相器　（b）CT74LS13 双四输入与非门

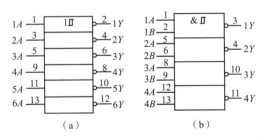

图 7-4　基于 CMOS 电路的集成施密特触发器逻辑符号

（a）CC40106 六反相器　　（b）CC4093 四 2 输入与非门

下面以 CC40106 为例,说明其功能。为了提高电路的性能, CC40106 的内部电路在施密特触发器的基础上,增加了整形级和输出级,如图 7-5 所示。CC40106 的整形级可以使输出波形的边沿更加陡峭,输出级可以提高电路的负载能力。

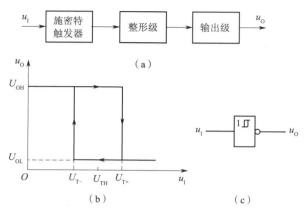

图 7-5　CC40106 的内部电路、传输特性和逻辑符号

（a）内部电路　（b）传输特性　（c）逻辑符号

2. 施密特触发与非门电路

为了对输入波形进行整形，许多门电路采用了施密特触发形式。比如基于 CMOS 电路的 CC4093 和基于 TTL 电路的 74LS13 就是施密特触发的与非门电路。施密特触发器的与非门的逻辑符号如图 7-6 所示。

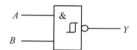

图 7-6　施密特触发的与非门的逻辑符号

7.2.4　施密特触发器的应用

前面介绍的施密特触发器具有反相信号转换功能，若实际使用中需要同相转换，只需在上述施密特触发器的输出端再加一个反相器即可。在后文的应用实例介绍中，采用的都是同相转换施密特触发器。

1. 波形变换

施密特触发器可用于将模拟信号波形转换成矩形波。图 7-7 给出了一个将正弦波信号同相转换成矩形波信号的例子，其中输出脉冲宽度 t_W 可通过改变回差电压 $\Delta U (= U_{T+} - U_{T-})$ 的大小加以调节。

2. 波形整形

若数字信号（即矩形波）在传输过程中受到干扰变成了如图 7-8（a）所示的不规则波，仍可利用施密特触发器的回差特性将它整形成规则的矩形波。

适当加大回差电压 ΔU 的值，可以提高整形过程的抗干扰能力。图 7-8（a）中若负向阈值取为 U_{1T-}，则回差电压 $\Delta U_1 = U_{T+} - U_{1T-}$，整形后输出波形如图 7-8（b）所示。由于回差电压 ΔU_1 偏小，输入信号顶端的干扰毛刺在输出中表现为三个矩形脉冲，这样的结果显然是不希望得到的。

若负向阈值取为 U_{2T-}，由于 $U_{2T-} < U_{1T-}$，所以 $\Delta U_2 = U_{T+} - U_{2T-} > \Delta U_1$。此时，整形后输出波

形如图 7-8(c)所示,输入信号顶端的干扰毛刺在输出中已不复存在。

不过,回差电压 ΔU 太大(U_{T+} 过大或 U_{T-} 过小),会导致有效信号被淹没,必须根据实际需要,做适当调整。

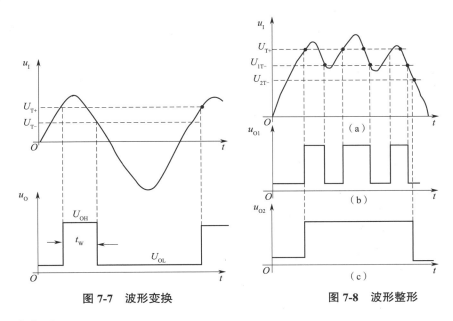

图 7-7　波形变换　　　　　　图 7-8　波形整形

3. 幅度鉴别

施密特触发器的翻转取决于输入信号是否高于 U_{T+} 或低于 U_{T-},利用这个特性可以构成幅度鉴别器(简称鉴幅器),用以从一串脉冲中检出符合幅度要求的脉冲。

图 7-9 给出了一个幅度鉴别器的工作波形图。幅度鉴别器的回差电压要选得很小(即 U_{T+}、U_{T-} 很接近)。在这种情况下,当输入脉冲幅度大于 U_{T+} 时,施密特触发器翻转,输出端有脉冲输出;当输入脉冲幅度小于 U_{T-} 时,施密特触发器不翻转,输出端就没有脉冲输出。

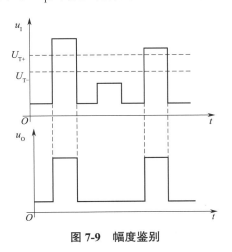

图 7-9　幅度鉴别

7.3 单稳态触发器

☑【本节内容简介】

单稳态触发器只有一个稳定状态,它能接受外来脉冲的触发而翻转,但翻转后的状态是暂时的,维持一段时间 t_w 后就自动翻回到原来的稳定状态,故称单稳态触发器。暂稳状态的持续时间 t_w 决定于单稳态触发器本身的电路参数,而与外加触发脉冲无关。单稳态触发器主要用于脉冲波形的整形和信号的延迟(定时),其构成形式很多,有积分型、微分型等。这里以微分型单稳态触发器为例,分析其工作原理。

7.3.1 单稳态触发器的工作原理

图 7-10(a)所示是常用的微分型单稳态触发器电路,图中 R 和 C 构成微分型定时元件;单稳态触发器的逻辑符号如图 7-10(b)所示。单稳态触发器的工作过程如图 7-11 所示。

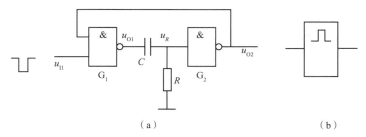

（a） （b）

图 7-10 微分型单稳态触发器电路

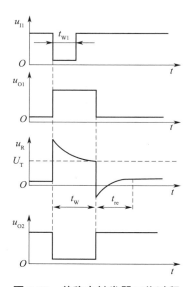

图 7-11 单稳态触发器工作过程

1. 稳定状态（$u_{O1}=0$，$u_{O2}=1$）

选定时电阻 $R<1.4\ \mathrm{k\Omega}$（TTL 集成门电路关门电阻值），与非门 G_2 输入端流出的电流经 R 产生的电压降 $u_R<U_T$（阈值电压），输入为低电平 0，则输出 u_{O2} 为高电平 1。当输入端的触发负脉冲没有出现时，$u_{I1}=1$，与非门 G_1 的输出 $u_{O1}=0$，此时电路处于稳定状态。

2. 暂稳状态（$u_{O1}=1$，$u_{O2}=0$）

当 u_{I1} 出现小于阈值电压 U_T 的负脉冲时，u_{O1} 由低电平上跳为高电平，由于电容 C 两端电压不能突变，故 u_R 也相应上跳，且大于 U_T，使 $u_{O2}=0$。u_{O1} 通过 R 对电容 C 充电，因而，充电电流和电压 u_R 均按指数规律下降。当 $u_R=U_T$ 时，u_{O2} 由 0 翻转到 1，且负脉冲已过，使 $u_{O1}=0$，电路又恢复到稳定状态。

3. 恢复过程

当 u_{O1} 从高电平下跳为低电平时，由于电容 C 两端电压不能突变，u_R 也随之下跳，然后随着电容 C 的放电，u_R 逐渐上升，直到稳态时的数值，恢复时间为 t_{re}。

可见，只要有一个触发负脉冲 u_{I1}，便可输出一个规则的正方波信号 u_{O1} 和一个负方波信号 u_{O2}，其幅度和脉宽与 u_{I1} 的幅值、形状无关。这种特性使单稳态触发器具有对不规则的输入脉冲 u_{I1} 进行整形的功能。同时，单稳态触发器输出方波的脉宽 t_w 由 R、C 决定，改变 R、C 的数值可以改变输出脉冲的宽度，这种特性使单稳态触发器具有定时（或延时）作用。这种电路要求输出方波的脉冲宽度 t_w 大于输入触发负脉冲的脉宽度 t_{wI}。

4. 主要参数

1）输出脉冲宽度 t_w

输出脉冲宽度，也就是暂稳态的维持时间，可按电路的瞬态过程进行计算。

$$t_w \approx 0.7RC \tag{7-4}$$

2）恢复时间 t_{re}

恢复时间的计算公式为

$$t_{re}=(3\sim5)RC$$

3）最高工作频率 f_{max}

设触发信号 u_I 的时间间隔为 T，为了使单稳态触发电路能正常工作，u_I 的最小时间间隔 $T_{min}=t_w+t_{re}$。因此，单稳态触发器的最高工作频率为

$$f_{max}=\frac{1}{T_{min}}\leqslant\frac{1}{t_w+t_{re}}$$

在实际应用中，可选用集成单稳态触发器，如 74LS123、74HC221 等。

7.3.2　集成单稳态触发器

集成单稳态触发器的种类很多，下面以具有可重复触发功能的 74LS123 为例加以介绍。74LS123 的管脚排列和接线图如图 7-12 所示，该触发器内有两个独立的单稳态触发器，A、B 分别为负脉冲（下降沿）和正脉冲（上升沿）触发信号，用 A 触发时，B 必为高电平，而用 B 触发时，A 必为低电平。Q 和 $\overline{Q}$ 分别输出一定宽度的正脉冲和负脉冲，$\overline{CR}$ 为清零端，也可作为触发端使用，此时要求 $A=0$，$B=1$。74LS123 的功能见表 7-1。输出脉冲的宽度

t_w 由外接电阻 R_T 和电容 C_T 决定,当 $C_T > 1000$ pF 时,则 74LS123 输出脉冲的宽度 t_w 为

$$t_w = 0.45 R_T C_T \tag{7-5}$$

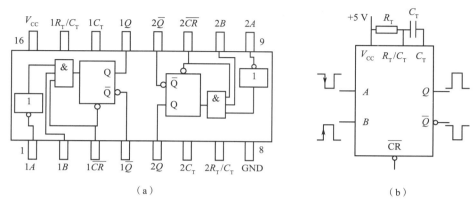

（a）

（b）

图 7-12　74LS123 管脚排列和接线图

（a）管脚排列图　（b）接线图

表 7-1　74LS123 功能表

输入			输出		说明
$\overline{CR}$ 端	A 端	B 端	Q 端	$\overline{Q}$ 端	
L	×	×	L	H	稳态
×	H	×	L	H	
×	×	L	L	H	
H	L	↑	⊓	⊔	触发
H	↓	H	⊓	⊔	
↑	L	H	⊓	⊔	

　　这种触发器可以通过调节外接电阻 R_T 和电容 C_T 改变脉冲的宽度,还具有重复触发功能。重复触发就是在一个触发信号作用后,单稳态电路进入暂稳状态,在它即将恢复到原状态前通过在 A 端或在 B 端加再触发脉冲,再次进行触发,可使单稳态触发器仍保持在暂稳状态下。触发脉冲的重复作用可延长输出脉冲的宽度,具有这种功能的单稳触发器称为可再触发式单稳。

7.3.3　单稳态触发器应用

　　基于单稳态触发器的特性可以实现脉冲整形、脉冲定时等功能。

1. 脉冲整形

　　利用单稳态触发器能产生一定宽度的脉冲这一特性,可以将过窄或过宽的输入脉冲整定成具有固定宽度的脉冲输出。

　　图 7-13 所示的不规则输入波形,经单稳态触发器处理后,可得到固定宽度、固定幅度,

且上升、下降沿陡峭的规整矩形波输出。

2.脉冲定时

同样,利用单稳态触发器能产生一个固定宽度脉冲的特性,可以实现定时功能。若将单稳态触发器的输出 u'_O 接至与门的一个输入端,与门的另一个输入端输入高频脉冲序列 u_F。

单稳态触发器在输入负向窄脉冲到来时开始翻转,与门开启,允许高频脉冲序列通过与门从其输出端 u_O 输出。经过 t_w 定时时间后,单稳态触发器恢复稳态,与门关闭,禁止高频脉冲序列输出。由此实现了高频脉冲序列的定时选通功能,其工作波形图如图 7-14 所示。

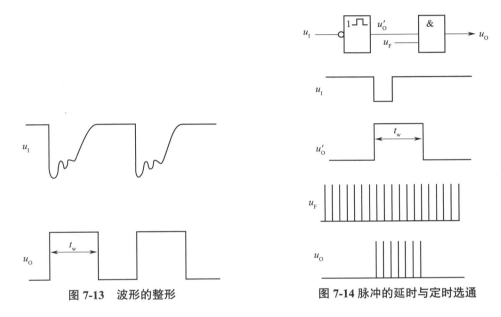

图 7-13　波形的整形　　　　　　图 7-14 脉冲的延时与定时选通

7.4　多谐振荡器

☑ 【本节内容简介】

多谐振荡器能输出一定频率和幅度的矩形波或方波,由于输出的方波含有丰富的谐波,故又称为无稳态触发器。多谐振荡器没有稳定状态,只有两个暂稳状态,而且无须外来脉冲触发,电路能自动地交替翻转,使两个暂稳态轮流出现,输出方波。多谐振荡器的电路形式很多,有用分立元件的,有用门电路的,还有集成的多谐振荡电路,下面只介绍常用的几种。

7.4.1　基本的环形多谐振荡器

利用门电路的传输延迟时间,将奇数个门电路首尾相接,构成一个闭合回路,这就是最简单的环形多谐振荡器。如图 7-15(a)所示,以三个非门为例:设某一时刻电路的输出 $u_{O3}=1$(高电平),经过 1 个传输延迟时间 t_{pd} 后,$u_{O3}=0$(低电平),经过 2 个 t_{pd} 后,$u_{O2}=1$,经过 3 个 t_{pd} 后,$u_{O3}=0$。u_{O3} 的状态反馈到 G_1 门输入端,又变成 $u_{O1}=1$……如此自动循环往复。于是在输出端便得到连续的方波,周期为 $6t_{pd}$,如图 7-15(b)所示。

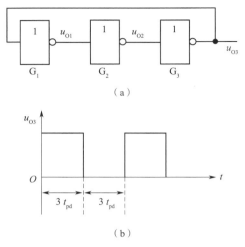

（a）

（b）

图 7-15　环形多谐振荡器

（a）电路图　（b）波形图

当环路中非门的个数为 n（奇数）时,输出方波的振荡周期为

$$T=2nt_{pd} \tag{7-6}$$

这种电路结构简单,但由于门电路的传输延迟时间 t_{pd} 很短,因此这种振荡器的振荡频率很高,且频率不可调。为克服这些缺点,通常在环路中串接电阻和电容延迟元件,组成 RC 环形振荡器。

7.4.2　RC 环形振荡器

RC 环形振荡器是在图 7-15 所示电路中加入 RC 电路,如图 7-16 所示。它不但增大了环路的延迟时间,降低了振荡频率,而且通过改变电阻和电容的数值可以调节振荡频率。

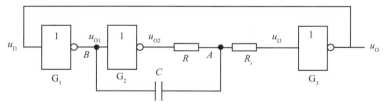

图 7-16　RC 环形振荡器电路图

下面分析 RC 环振荡器的原理。

图 7-16 中,电阻 R_i 很小,故 A 点电位 V_A 近似等于 u_{I3},设非门的阈值电压为 U_T,各点波形如图 7-17 所示。

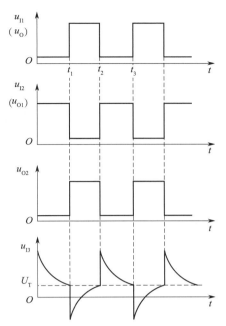

图 7-17　RC 环形振荡器各点波形

1. 初始状态（$0<t<t_1$）

在初始状态，u_O（u_{I1}）为低电平 0，u_{O1}（u_{I2}）为高电平 1，u_{O2} 为低电平 0，电路尚处于前一个暂稳状态；u_{O1} 经电阻 R 对电容 C 充电，A 点电位按指数规律下降。

2. 在 $t_1\sim t_2$ 第一个暂稳态期间

在 t_1 时，设 u_O（u_{I1}）=1，且 $V_A=u_{I3}\leqslant U_T$，则 u_{I2}（u_{O1}）=0，即 B 点电位 V_B 下跳到 0，u_{O2}=1。由于电容 C 两端的电压不能突变，因而 A 点电位必随着 B 点下跳，u_{O2} 通过电阻 R 对电容 C 充电，A 点电位（即 u_{I3}）按指数规律上升。在 t_2 时，$u_{I3}=U_T$，使 u_O 翻转为 0，则 u_{I2}=1（即 B 点上跳到 1），u_{O2}=0，V_A（即 u_{I3}）随 B 点上跳。

2. 在 $t_2\sim t_3$ 第二个暂稳态期间

由于 u_{O2}=0，则电容 C 经电阻 R 放电，u_{I3} 按指数规律下降，在 t_3 时，$u_{I3}=U_T$，使 u_O=1。情况与 $t_1\sim t_2$ 期间相同。重复前面的过程。

上述两个过程均称为暂稳态过程。

由于电容 C 的充、放电自动地进行，因而 u_O 可以得到连续的方波脉冲。方波的周期由电容充、放电的时间常数决定。如采用 TTL 门电路，周期近似为

$$T=2.2RC \tag{7-7}$$

RC 环形多谐振荡器的振荡频率不仅与电路的充、放电时间常数有关，而且与门电路的阈值电压 U_T 有关。由于 U_T 容易受温度、电源电压波动等因素影响，致使该振荡器的振荡频率稳定性较差。

7.4.3　RC 耦合式振荡器

另一种使用较多的方波发生器电路（RC 耦合式振荡器）如图 7-18 所示。它由两个非

门组成,每一个非门输出端与输入端之间连有电阻 R_1 和 R_2,电阻的阻值恰好使非门内的晶体管工作在放大区,一般取 850 Ω~2 kΩ。这样,两个非门通过电容 C_1、C_2 交叉耦合形成反馈环路,相当于两级放大器经 RC 耦合一样,形成正反馈回路,就有可能产生振荡。

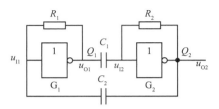

图 7-18 RC 耦合式振荡器

如电源电压波动或其他原因,使 u_{I1} 有微小的正跳变,由于非门工作在放大区,且电路具有正反馈环,会迅速使门 G_1 饱和导通,u_{O1} 输出低电平。因为电容 C_1 电压不能突变,u_{I2} 出现下跳,使门 G_2 截止,u_{O2} 输出高电平,形成 $u_{O1}=0$,$u_{O2}=1$ 的暂稳态。此时 u_{O2} 沿 $R_2 \rightarrow C_1 \rightarrow Q_1$ 对 C_1 充电,u_{I2} 随之上升,当 u_{I2} 上升到门 G_2 的阈值电压 U_T 时,门 G_2 饱和导通,u_{O2} 输出低电平。同样,电容 C_2 电压不能突变,使 u_{I1} 出现下跳,迫使 u_{O1} 由 0 变为 1,于是电路进入另一个暂稳态 $u_{O1}=1$,$u_{O2}=0$。此时 u_{O1} 沿 $R_1 \rightarrow C_2 \rightarrow Q_2$ 对 C_2 充电,同时 C_1 开始放电,随着充放电过程的进行,u_{I1} 随之上升,当 u_{I1} 上升到门 G_1 的阈值电压 U_T 时,门 G_1 再次翻转,使 $u_{O1}=0$,随之 $u_{O2}=1$。上述过程不断重复,u_{O1}、u_{O2} 交替出现高低电平。从而在 u_{O1} 和 u_{O2} 处均输出方波信号。图 7-19 所示为该电路的工作波形。

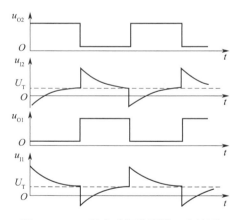

图 7-19 RC 耦合式振荡器的工作波形

输出方波的周期由电容充、放电的时间常数决定($R_1C_1+R_2C_2$),当 $R=R_1=R_2$,$C=C_1=C_2$ 时,一般振荡周期为

$$T \approx 1.4RC \qquad\qquad (7\text{-}8)$$

7.4.4 石英晶体多谐振荡器

前面介绍的几种多谐振荡器有一个共同特点,振荡周期由阻容元件的充放电时间常数和门电路阈值电压 U_T 决定,易受温度、元件性能、电源波动等因素的影响,从而使这些电路

的振荡频率的稳定性受到一定的限制。在对振荡频率的稳定性要求很高的地方,需要采取稳频措施,其中最常用的一种方法就是利用石英谐振器(简称石英晶体或晶体),构成石英晶体多谐振荡器。

1. 石英晶体的选频特性

图 7-20 给出的是石英晶体的电抗频率特性及符号。由图可明显地看出,当外加电压的频率 $f=f_0$ 时,石英晶体的电抗 $X=0$,而其在其他频率下电抗都很大。石英晶体不仅选频特性极好,而且谐振频率 f_0 十分稳定,其稳定度可达 $10^{-10} \sim 10^{-11}$。

石英晶体相当于一个 RLC 串联谐振电路,有一个极其稳定的串联谐振频率 f_0,即

$$f_0 = \frac{1}{2\pi\sqrt{LC}} \tag{7-9}$$

在式(7-9)中,L、C 均为晶体的固有参数,因而 f_0 又称为晶体固有频率。利用石英晶体这种良好的选频特性,把石英晶体与电容 C 串接,这样只有频率为 f_0 的信号满足正反馈条件,并使之迅速起振。

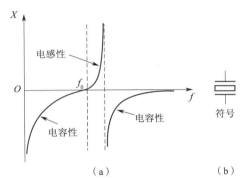

图 7-20　石英晶体的电抗频率特性及符号
(a)频率特性　(b)符号

2. 工作原理

由于串联在两级放大电路中间的石英晶体具有极好的选频特性,只有频率为 f_0 的信号能够顺利通过,满足振荡条件,所以一旦接通电源,电路就会在频率 f_0 处形成自激振荡。因为石英晶体的谐振频率 f_0 仅取决于其体积大小、几何形状及材料,与 R、C 无关,所以这种电路的工作频率非常稳定。

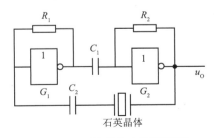

图 7-21　石英晶体多谐振荡器

在图 7-21 所示的石英晶体振荡器中，R_1、R_2 的作用是保证两个反相器在静态时都能工作在转折区，使每一个反相器都成为具有很强放大能力的放大电路。对于 TTL 反相器，常取 $R_1=R_2=R=0.7\sim2$ kΩ；若是 CMOS 门，则常取 $R_1=R_2=R=10\sim100$ MΩ。$C_1=C_2=C$ 是耦合电容，它们的容抗在石英晶体谐振频率 f_0 时可以忽略不计，C_1、C_2 也可以取消，而采取直接耦合方式将石英晶体构成选频环节。

3.CMOS 石英晶体多谐振荡器

CMOS 石英晶体多谐振荡器可以采用图 7-21 所示的电路结构，但图 7-22 给出的则更简单、更典型的电路。G_1、G_2 是两个 CMOS 反相器，G_1 与 R_F、石英晶体、C_1、C_2 构成电容三点式振荡电路。R_F 是偏置电阻，取值常在 $5\sim10$ MΩ 之间，它的作用是保证在静态时 G_1 能工作在其电压传输特性的转折区——线性放大状态。C_1、C_2、石英晶体组成 π 形选频正反馈网络，电路只能在晶体谐振频率 f_0 处产生自激振荡。调节 C_1（约 20 pF）、C_2（约 $5\sim50$ pF）之比，可以调节反馈系数；调节 C_1 可以微调振荡频率；C_2 是温度补偿用电容。G_2 是整形缓冲用反相器，改善输出波形的前沿和后沿，使输出较理想矩形波，同时 G_2 也可以隔离负载对振荡电路工作的影响。

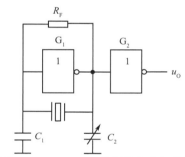

图 7-22　CMOS 石英晶体多谐振荡器

7.4.5　多谐振荡器应用举例

图 7-23 所示是一个秒信号发生器的逻辑电路图。CMOS 石英晶体多谐振荡器产生 f=32 768 Hz 的基准信号，经由 T′ 触发器构成的 15 级异步计数器分频后，便可得到稳定度极高的秒信号。这种秒信号发生器可作为各种计时系统的基准信号源。

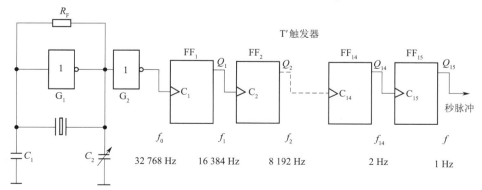

图 7-23　秒信号发生器的逻辑电路

7.5　555 定时器及其应用

☑ 【本节内容简介】

在数字系统中,常常需要各种脉冲波形,如时钟信号等。获取脉冲信号的方法通常有两种:一种是利用脉冲振荡器直接产生;另一种是对已有的信号进行整形处理,使之符合电路的要求。本节主要介绍用于产生、整形脉冲信号的 555 定时器及其应用。

555 定时器是一种多用途的单片集成电路。若在其外部配上少许阻容元件,便能构成施密特触发器单稳态触发器、多谐振荡器等各种用途不同的脉冲电路。由于 555 定时器性能优良,使用灵活方便,在工业自动控制、家用电器、电子玩具等许多领域都得到广泛应用。

555 定时器按内部元件分为双极型(TTL 型)和单极性(CMOS 型)两种。几乎所有双极型 555 定时器产品的最后三位型号数码为 555,如 NE555;所有单极型产品的最后四位型号数码都是 7555,如 CC7555;在同一基片上集成两个 555 定时器单元,其最后三位型号数码为 556,如 NE556 或 CC7556 等;在同一基片上集成 4 个 555 定时器单元,其最后三位型号数码为 558。双极型 555 定时器的电源电压为 4.5 ~ 16 V,输出电流大,能直接驱动继电器等负载,并能提供与 TTL、CMOS 电路相容的逻辑电平。CMOS 型 555 定时器的输出电流较小,功耗低,适用电源电压范围宽(通常为 3~18 V),定时元件的选择范围大。555 定时器尽管产品型号繁多,但它们的逻辑功能和外部管脚排列却完全相同。

555 定时器从 1972 年美国 Signetics 公司研制诞生到现在,销量过百亿,可以说是历史上最成功的芯片,从民用扩展到火箭、导弹、卫星、航天等高科技领域,用途遍及电子应用的各个领域,全世界各大半导体公司竞相仿制、生产,在几十年的时间里,全球的电子设计者,用 555 实现了一个又一个应用电路。芯片虽小,却是各行各业实现信息化、智能化的基础,是全球高科技国力较量的焦点。

7.5.1　555 定时器电路的组成及工作原理

555 定时器是一种模拟电路和数字电路相结合的中规模集成电路,其内部结构及管脚排列如图 7-24 所示。它由分压器、比较器、基本 RS 触发器和放电三极管等部分组成。

555 定时器电路的组成

单极型 555 定时器一般接有输出缓冲级,以提高驱动负载的能力。分压器由 3 个 5 kΩ 的等值电阻串联而成,"555" 由此而得名。分压器为比较器 C_1、C_2 提供参考电压,比较器 C_1 的参考电压为 $\frac{2}{3} V_{CC}$,加在同相输入端,比较器 C_2 的参考电压为 $\frac{1}{3} V_{CC}$,加在反相输入端。比较器由两个结构相同的集成运放 C_1、C_2 组成。高电平触发信号加在 C_1 的反相输入端,与同相输入端的参考电压比较后,其结果作为基本 RS 触发器 $\overline{R}$ 端的输入信号;低电平触发信号加在 C_2 的同相输入端,与反相输入端的参考电压比较后,其结果作为基本 RS 触发器 $\overline{S}$ 端的输入信号。基本 RS 触发器的输出状态受比较器 C_1、C_2 的输出端控制。

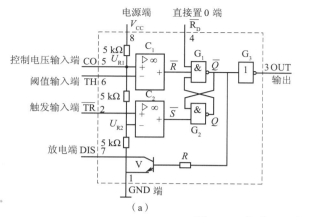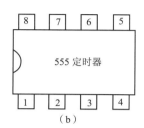

图 7-24 集成 555 定时器

（a）电路图 （b）管脚排列图

555 定时器各管脚的功能如下。

（1）8 脚为电源电压 V_{CC}，当外接电源在允许范围内变化时，电路均能正常工作。

（2）6 脚为高触发端（阈值输入端）TH，当输入的触发电压低于 $\frac{2}{3} V_{CC}$ 时，C_1 的输出为高电平 1；当输入电压高于 $\frac{2}{3} V_{CC}$ 时，C_1 输出低电平 0，使 RS 触发器复 0。

（3）2 脚为低触发输入端 $\overline{TR}$，当输入的触发电压高于 $\frac{1}{3} V_{CC}$ 时，C_2 的输出为高电平 1；当输入电压低于 $\frac{1}{3} V_{CC}$ 时，C_2 输出低电平 0，使 RS 触发器置 1。

（4）3 脚为输出端 OUT，输出电流达 200 mA，可直接驱动继电器、发光二极管、扬声器、指示灯等。

（5）4 脚为复位（置零）端 $\overline{R_D}$，低电平有效，输入负脉冲时，触发器直接复 0；平时，$\overline{R_D}$ 保持高电平。

（6）5 脚为电压控制端 CO，若在该端外加一电压，就可改变比较器的参考电压值。此端不用时，一般用 0.01 μF 电容接地，以防止干扰电压产生影响。

（7）7 脚为放电端 DIS，当 RS 触发器的 $\overline{Q}$ 端为高电平 1 时，放电三极管 V 导通，外接电容器通过 V 放电。三极管起放电开关的作用。

（8）1 脚为接地端 GND。

由上述管脚可得 555 定时器的功能表，如表 7-2 所示。

表 7-2 555 定时器功能表

$\overline{R_D}$	TH	$\overline{TR}$	$\overline{R}$	$\overline{S}$	Q	$\overline{Q}$	OUT
0	×	×	×	×	0	1	0
1	$> \frac{2}{3} V_{CC}$	$> \frac{1}{3} V_{CC}$	0	1	0	1	0

$\overline{R_D}$	TH	$\overline{TR}$	$\overline{R}$	$\overline{S}$	Q	$\overline{Q}$	OUT
1	$< \dfrac{2}{3} V_{CC}$	$< \dfrac{1}{3} V_{CC}$	1	0	1	0	1
1	$< \dfrac{2}{3} V_{CC}$	$> \dfrac{1}{3} V_{CC}$	1	1	保持原状态		

7.5.2　555 定时器组成施密特触发器

555 定时器组成施密特触发器

1. 电路组成

将 555 定时器的 $\overline{TR}$ 端、TH 端连接起来作为输入信号 u_I 的输入端,便构成了施密特触发器,如图 7-25 所示。555 定时器中的晶体三极管集电极引出端 7 脚,通过 R 接电源 V_{DD},成为输出 u_{O1},其高平可通过改变 V_{DD} 进行调节;u_{O2} 接 555 的信号输出端 3。

2. 工作原理

图 7-26 所示是当 u_I 为三角波时的施密特触发器的工作波形。

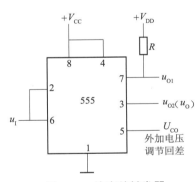

图 7-25　施密特触发器

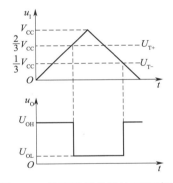

图 7-26　施密特触发器的工作波形

1)$u_I = 0$ V 时

由于 $u_I = 0$ V,显然,比较器 C_1 输出为 1、C_2 输出为 0,基本 RS 触发器将工作在 1 状态,即 $Q = 1$,u_{O1} 和 u_{O2} 均为高电平 U_{OH}。u_I 继续升高,在未到达 $2V_{CC}/3$ 以前,电路的这种状态是不会改变。

2)当 u_I 上升到 $2V_{CC}/3$ 时

不难理解,比较器 C_1 输出会跳变为 0,C_2 输出为 1,基本 RS 触发器被触发,由 1 状态翻转到 0 状态,即跳变到 $Q = 0$,u_{O1} 和 u_{O2} 也随之由高电平 U_{OH} 跳变到低电平 U_{OL}。此后,u_I 上升到 V_{CC},再降低,但是在未下降到 $V_{CC}/3$ 以前,$Q = 0$,u_{O1} 和 u_{O2} 均为 U_{OL} 的状态会一直保持不变。

3)当 u_I 下降到 $V_{CC}/3$ 时

不言而喻,比较器 C_1 输出为 1、C_2 输出将跳变为 0,基本 RS 触发器被触发,由 0 状态翻转到 1 状态,即跳变到 $Q = 1$,u_{O1} 和 u_{O2} 也会随之由低电平 U_{OL} 跳变到高电平 U_{OH}。而且 u_I

继续下降直至 0V,电路的这种状态也都不会改变。

综上所述可知,向施密特触发器输入缓慢变化的三角波 u_I,其会将波形整形成为输出跳变的矩形脉冲 u_O,如图 7-26 所示。

3. 滞回特性

图 7-27 所示是施密特触发器的电压传输特性,即其输出电压 u_O 与输入电压 u_I 的关系曲线,它是图 7-25 所示电路滞回特性形象而直观的反映。虽然当 u_I 由 0 V 上升到 $2V_{CC}/3$ 时,u_O 由 U_{OH} 跳变到 U_{OL},但是 u_I 由 V_{CC} 下降到 $2V_{CC}/3$ 时,$u_O = U_{OL}$ 却不改变,只有当 u_I 下降到 $V_{CC}/3$ 时,u_O 才会由 U_{OL} 跳变回到 U_{OH}。

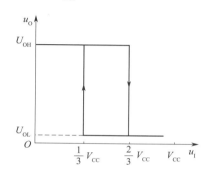

图 7-27 施密特触发器的电压传输特性

4. 主要静态参数

1)上限阈值电压 U_{T+}

在图 7-27 中,上限阈值电压为

$$U_{T+} = 2V_{CC} \; / \; 3 \tag{7-10}$$

2)下限阈值电压 U_{T-}

在图 7-27 中,下限阈值电压为

$$U_{T-} = V_{CC} \; / \; 3 \tag{7-11}$$

3)回差电压 ΔU_T

在图 7-27 中,回差电压

$$\Delta U_T = U_{T+} - U_{T-} \tag{7-12}$$
$$\Delta U_T = 2V_{CC}/3 - V_{CC}/3 = V_{CC}/3$$

若在 5 脚电压控制端 CO 外加电压 U_S,则

$$U_{T+} = U_S, \qquad U_{T-} = U_S/2$$
$$\Delta U_T = U_{T+} - U_{T-} = U_S - U_S/2 = U_S/2$$

改变 U_S 时,上限阈值电压 U_{T+}、下限阈值电压 U_{T-}、回差电压 ΔU_T 也随之改变。

输出电压 u_{O1} 随电源电压 V_{DD} 的大小而改变,所以由 u_{O1} 输出可以作电平转换用。

7.5.3 555 定时器组成单稳态触发器

由 555 定时器组成的单稳态触发器如图 7-28(a)所示。R、C 为外接元件,触发信号 u_I 由 2 端输入。电路的工作波形如图 7-28(b)所示。工作原理分析如下。

用 555 定时器组成的单稳态触发器的工作原理如下。

1. 电路的稳态（$0 \sim t_1$）

在 $0 \sim t_1$ 期间，u_1 为高电平 1，其值大于 $\frac{1}{3} V_{CC}$，故比较器 C_2 输出为 1，即 $\bar{S} = 1$。

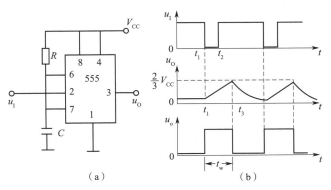

图 7-28 555 定时器组成的单稳态电路

（a）电路图 （b）工作波形图

555 定时器组成单稳态触发器

此间，若 RS 触发器的初始状态 $Q = 1$，$\bar{Q} = 0$，三极管 V 截止，电容 C 被充电；当 $u_c \geq \frac{2}{3} V_{CC}$ 时，比较器 C_1 输出 0，即 $\bar{R} = 0$，使 RS 触发器复 0。若 RS 触发器的初始状态 $Q = 0$，$\bar{Q} = 1$，三极管 V 导通，电容 C 经三极管放电；当 $u_c < \frac{2}{3} V_{CC}$ 时，比较器 C_1 输出为 1，即 $\bar{R} = 1$，由于 $\bar{S} = 1$，则 RS 触发器状态不变。所以，在触发负脉冲未加入时，$Q = 0$，输出 u_O 为 0 是电路的稳定状态。

2. 电路的暂稳状态（$t_1 \sim t_3$）

在 t_1 时刻，输入触发负脉冲，其幅值小于 $\frac{1}{3} V_{CC}$，比较器 C_2 输出为 0，RS 触发器置 1，即 $Q = 1$，$\bar{Q} = 0$，此时，输出端 $u_O = 1$，电路进入暂稳状态。在暂稳态期间，三极管 V 截止，电源经 R 对电容 C 充电。当 $t = t_3$ 时刻，$u_c = \frac{2}{3} V_{CC}$，比较器 C_1 输出为 0，即 $\bar{R} = 0$，由于在 t_2 时刻，u_1 已恢复到高电平，C_2 输出为 1，即 $\bar{S} = 1$，RS 触发器复 0，使输出 u_O 恢复为低电平 0。此后电容 C 迅速放电，为下次触发作好准备。

如果 u_1 是一串负脉冲，在电路的输出端可得到一串矩形脉冲，其波形如图 7-28（b）所示。输出脉冲的宽度 t_w 与电阻和电容的充电时间常数 RC 有关，即

$$t_w = RC\ln 3 = 1.1RC \tag{7-13}$$

当一个触发脉冲使单稳态触发器进入暂稳状态后，在 t_w 时间内的其他触发脉冲对电路不起作用，因此，触发脉冲 u_1 的周期必须大于 t_w，才能保证 u_1 的每一个负脉冲都能有效地触发。

3.举例说明

单稳态触发器可以构成定时电路,与继电器、晶闸管或驱动放大电路配合,可实现自动控制、定时开关的功能。图 7-29 是一个常用的楼梯照明灯的控制电路。平时照明灯不亮,按下开关 SB,灯被点亮,经一定时间后灯泡自动熄灭。该电路的工作原理如下。

由 555 定时器构成的单稳态触发器接通+6 V 电源后,由于开关 SB 处于常开位置,2 端为高电平。电路进入稳态后,触发器输出端 OUT 输出低电平,继电器 KA 无电流通过,串接在照明电路的常开触点不能闭合,灯不亮。

按下开关 SB 时,2 端被接地,相当于在低触发端输入了一个负脉冲,使电路由稳态转入暂稳状态,输出端 OUT 输出高电平,继电器 KA 有电流流过,其常开触点闭合,照明电路被接通,灯泡被点亮;经过时间 t_w 后,电路自行恢复到稳态,输出端 OUT 输出低电平,灯泡熄灭。暂稳态的持续时间 t_w 是灯亮的时间。改变电路中电阻 R_P 或电容 C,均可改变 t_w。

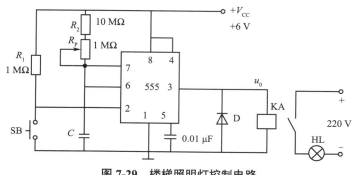

图 7-29　楼梯照明灯控制电路

7.5.4　555 定时器组成多谐振荡器

由 555 定时器组成的多谐振荡器如图 7-30(a)所示,其中 R_1、R_2 和电容 C 为外接元件;其工作波形如图 7-30(b)所示。

555 定时器组成自激多谐振荡器

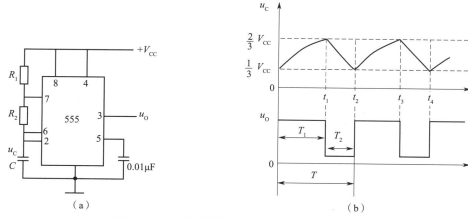

图 7-30　555 定时器组成的多谐振荡器

（a）电路图　（b）工作波形图

1. 工作原理

设电容的初始电压 $u_C = 0$。$t = 0$ 时接通电源,由于电容电压不能突变,所以高、低触发信号 $TH = \overline{TR} = 0 < \dfrac{1}{3} V_{CC}$,比较器 C_1 输出为高电平,C_2 输出为低电平,即 $\overline{R} = 1$,$\overline{S} = 0$,RS 触发器置 1,定时器输出 $u_O = 1$。此时 $\overline{Q} = 0$,定时器内部放电三极管截止,电源 V_{CC} 经 R_1,R_2 向电容 C 充电,u_C 逐渐升高。当 u_C 上升到 $\dfrac{1}{3} V_{CC}$ 时,C_2 输出由 0 翻转为 1,这时 $\overline{R} = \overline{S} = 1$,RS 触发器保持状态不变。所以 $0 < t < t_1$ 期间,定时器输出 u_O 为高电平 1。

$t = t_1$ 时刻,u_C 上升到 $\dfrac{2}{3} V_{CC}$,比较器 C_1 的输出由 1 变为 0,这时 $\overline{R} = 0$,$\overline{S} = 1$,RS 触发器复 0,定时器输出 $u_O = 0$。

$t_1 < t < t_2$ 期间,$\overline{Q} = 1$,放电三极管 V 导通,电容 C 通过 R_2 放电。u_C 按指数规律下降,当 $u_C < \dfrac{2}{3} V_{CC}$ 时比较器 C_1 输出由 0 变 1,RS 触发器的 $\overline{R} = \overline{S} = 1$,$Q$ 的状态不变,u_O 的状态仍为低电平。

$t = t_2$ 时刻,u_C 下降到 $\dfrac{1}{3} V_{CC}$,比较器 C_2 输出由 1 变为 0,RS 触发器的 $\overline{R} = 1$,$\overline{S} = 0$,触发器置 1,定时器输出 $u_O = 1$。此时,电源再次向电容 C 充电,重复上述过程。

通过上述分析可知,电容充电时,定时器输出 $u_O = 1$,电容放电时,$u_O = 0$,电容不断地进行充、放电,输出端便获得矩形波。多谐振荡器无外部信号输入,却能输出矩形波,其实质是将直流形式的电能变为矩形波形式的电能。

2. 振荡周期

由图 7-30(b)可知,振荡周期 $T = T_1 + T_2$。T_1 为电容充电时间,T_2 为电容放电时间。

充电时间的公式为

$$T_1 = (R_1 + R_2) C \ln 2 = 0.7 (R_1 + R_2) C \tag{7-14}$$

放电时间计算公式为

$$T_2 = R_2 C \ln 2 = 0.7 R_2 C \tag{7-15}$$

矩形波的振荡周期计算公式为

$$T = T_1 + T_2 = 0.7 (R_1 + 2 R_2) C \tag{7-16}$$

改变 R_1、R_2 和电容 C 的数值,便可改变矩形波的周期和频率。对于由 555 定时器组成的多谐振荡器,其最高工作频率可达 500 kHz。

对于矩形波,除了用幅度,周期来衡量外,还有一个参数占空比 q,$q = \dfrac{t_w}{T}$。其中:t_w 为输出一个周期内高电平所占的时间,即脉宽;T 为周期。图 7-30(a)所示电路输出矩形波的占空比,计算公式为

$$q = \frac{T_1}{T} = \frac{T_1}{T_1 + T_2} = \frac{R_1 + R_2}{R_1 + 2 R_2} \tag{7-17}$$

所以图 7-30(a)所示电路只能产生占空比大于 0.5 的矩形脉冲。

图 7-31 所示电路产生矩形波的占空比,根据需要可以调整。这是因为它的充、放电的路径不同。当输出 u_O 为高电平时,电源经 R_A、D_2 对电容 C_1 充电;当 u_O 为低电平时,电容 C_1 经 D_1、R_B 放电。调节电阻 R_P 即可改变充、放电时间,也就改变了矩形脉冲的占空比。

$$q = \frac{R_A}{R_A + R_B} \tag{7-18}$$

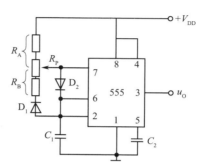

图 7-31　可调占空比的多谐振荡器

充电时间的计算公式为

$$T_1 = 0.7 R_A C_1 \tag{7-19}$$

放电时间的计算公式为

$$T_2 = 0.7 R_B C_1 \tag{7-20}$$

矩形波的振荡周期的计算公式为

$$T = T_1 + T_2 = 0.7(R_A + R_B)C_1 \tag{7-21}$$

7.6　555 定时器应用电路

☑【本节内容简介】

本节主要介绍三种 555 定时器应用电路及其工作原理,包括光控开关电路、温度报警电路和模拟声响电路。

555 定时器三种典型电路比较

7.6.1　光控开关电路

图 7-32 所示为由 555 定时器组成的光控开关电路。当无光照时,光敏电阻 R_G 的阻值远大于 R_3、R_4,由于 R_3、R_4 阻值相等,此时 555 定时器的 2、6 脚的电平为 $\frac{1}{2} V_{CC}$,输出端 3 脚输出低电平,继电器 K_1 不工作,其常开触点 K_{1-1} 将被控电路置于关机状态。当有光照射到光敏电阻 R_G 上时,R_G 的阻值迅速变得小于 R_3、R_4,并通过 C_1 并联到 555 定时器的 2 脚与地之间。由于无光照时 $U_O = 0$,则 555 定时器的 7 脚与地导通,C_1 两端的电压为 0,因而在 R_G 阻值变小的瞬间,会使 555 定时器的 2 脚电位迅速下降到 $\frac{1}{3} V_{CC}$ 以下,处于低电平,触发电路翻转,输出端 U_O 为高电平,继电器吸合,其触点 K_{1-1} 闭合,使被控电

路置于开机状态。当光照消失后，R_G 的阻值迅速变大，使 555 定时器的 2 脚电平为 $\frac{1}{2} V_{CC}$，555 定时器的输出仍保持在高电平状态，此时 555 定时器的 7 脚呈截止状态，C_1 电容经 R_1、R_2 充电到电源电压 V_{CC}。若再有光照射光敏电阻 R_G，则 C_1 上的电压经阻值变小的 R_G 加到 555 定时器的 2 脚，使该脚的电位大于 $\frac{2}{3} V_{CC}$，导致电路翻转，输出端 U_O 由高电平变为低电平，继电器 K_1 被释放，被控电路又回到关机状态。

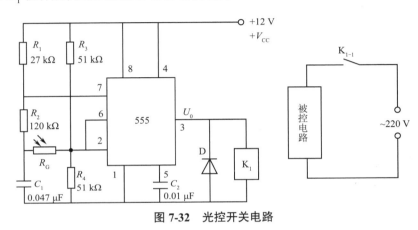

图 7-32　光控开关电路

由此可见，光敏电阻 R_G 每受光照射一次，电路的开关状态就转换一次，起到了光控开关的作用。

7.6.2　温度报警电路

1. 识图指导

图 7-33 所示为温度报警电路。555 定时器组成音频振荡器，三极管 V 组成温度控制电路。在正常温度下，三极管 V 的基极电位大于发射极电位，处于截止状态，集电极输出低电平，使 555 定时器的直接置 0 端信号 $\overline{R_D}$ 为低电平，多谐振荡器停止振荡，扬声器不发出声响。

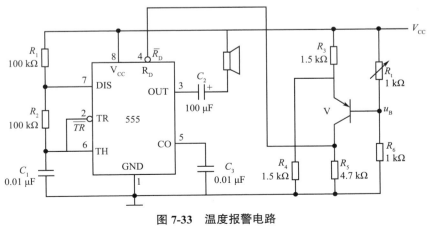

图 7-33　温度报警电路

2. 工作原理

当温度升高时，R_t增大，基极电压u_B下降到某一数值而使基极电压小于发射极电压时，V饱和导通，集电极输出高电平，使555定时器的直接置0端$\overline{R}_D$为高电平，多谐振荡器开始振荡，输出端OUT输出矩形脉冲，扬声器发出报警声。

在图7-33所示的温度报警电路中，如R_2采用电位器时，则调节电位器可控制音调；如改变R_3和R_4的比值时，可控制报警温度值。

7.6.3 模拟声响电路

1. 识图指导

图7-34（a）所示为由555定时器组成的模拟声响电路。定时器555（1）为低频多谐振荡器，振荡频率约为1 Hz，555（2）为振荡频率较高的多谐振荡器，振荡频率约为1 kHz。555（1）的输出u_{O1}经电位器R_P接到555（2）的直接置0端$\overline{R}_D$上，控制555（2）多谐振荡器的振荡与停止振荡。

2. 工作原理

当输出u_{O1}为高电平时，555（2）的$\overline{R}_D$为高电平，开始振荡，扬声器发出1 kHz的声响；当输出u_{O1}为低电平时，555（2）的$\overline{R}_D$为低电平，停止振荡，扬声器不发声响。因此，扬声器发出周期性的、频率为1 kHz的间歇声响。模拟声响电路的工作波形如图7-34（b）所示。

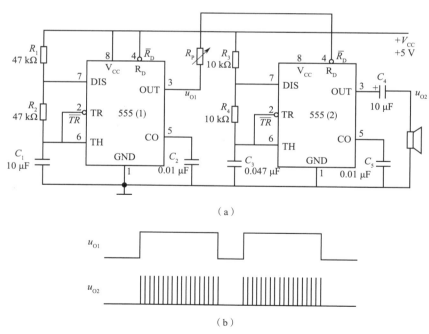

（a）

（b）

图7-34　模拟声响电路和工作波形
（a）电路图　（b）工作波形图

本章小结

本章学习的重点包括：555定时器组成的施密特触发器、单稳态触发器、自激多谐振荡器的工作原理，以及输入与输出间的时序逻辑关系。

学习的难点包括：由门电路组成的施密特触发器、单稳态触发器、自激多谐振荡器的工作原理。

1. 施密特触发器

（1）施密特触发器具有两个特点：两个稳定状态、电平触发。

（2）电路从稳态Ⅰ翻转到稳态Ⅱ或由稳态Ⅱ翻转到稳态Ⅰ都取决于输入触发的电平值，两种情况的电平值是不同的，二者之差称为回差。

（3）施密特电路的功能包括波形变换、整形、幅度鉴别和脉冲展宽等。

2. 单稳态触发器

（1）由TTL门电路组成的微分型和积分型单稳态触发器的基本电路都用了两个与非门和定时环形RC电路。微分型单稳态触发器的定时环形RC电路是微分电路；而积分型单稳态触发器用的是积分电路。因为在一条支路中加上RC电路，所以单稳态触发器就有了一个暂稳态（而另一状态是稳态）。

（2）单稳的暂稳态维持时间就是输出脉冲宽度t_w，是靠R和C的参数所决定。

微分型单稳态触发器的脉冲宽度为 $\qquad t_w=0.7RC$

积分型单稳态触发器的脉冲宽度为 $\qquad t_w=1.1RC$

（3）使用集成单稳很方便，但得外接电容C和电阻R。

可重复触发功能74LS123的脉冲宽度为 $\qquad t_w=0.45RC$

不可重复触发功能74LS121的脉冲宽度为 $\qquad t_w=0.7RC$

（4）单稳态触发器的主要用途：①整形，即把不规则的波形变为整齐的具有一定宽度t_w的波形；②定时，即产生一定宽度脉冲作为定时用；③延时作用。

3. 自激多谐振荡器

多谐振荡器没有稳定状态，只有两个暂稳态。暂稳态间的相互转换完全靠电路本身电容的充电和放电自动完成。因此，多谐振荡器接通电源后就能输出周期性的矩形脉冲。改变R、C元件数值的大小，可调节振荡频率。

在对振荡频率稳定度要求很高的情况下，可采用石英晶体振荡器。

基本的环形振荡器的振荡周期为 $T=2nt_{pd}$

RC环形振荡器的振荡周期为 $\quad T=2.2RC$

RC耦合式振荡器的振荡周期为 $T\approx1.4RC$

石英晶体的串联谐振频率f_0为 $\quad f_0=\dfrac{1}{2\pi\sqrt{LC}}$

4. 555定时器的原理与应用

555定时器由分压器、比较器、RS触发器和放电晶体管等组成，是一种将模拟功能和数字功能结合在一起的多用途中规模集成电路。使用555定时器，外接少量的电阻、电容元件即可构成施密特触发器、单稳态电路和多谐振荡器等。555 定时器的脉冲周期和定时时间与外接的电阻、电容的数值有关。

（1）555 定时器组成的施密特触发器：

上限阈值电压 $U_{T+}=2V_{CC}/3$；

下限阈值电压 $U_{T-}=V_{CC}/3$；

回差电压 $\Delta U_T=U_{T+}-U_{T-}$。

（2）555 定时器组成的单稳态电路输出脉冲的宽度 $t_w=1.1RC$。

（3）555 定时器组成的多谐振荡器：

充电时间 $T_1=(R_1+R_2)C\ln 2=0.7(R_1+R_2)C$；

放电时间 $T_2=R_2C\ln 2=0.7R_2C$；

矩形波的振荡周期 $T=T_1+T_2=0.7(R_1+2R_2)C$；

矩形波的占空比 $q=\dfrac{T_1}{T}=\dfrac{T_1}{T_1+T_2}=\dfrac{R_1+R_2}{R_1+2R_2}$。

习题 7

一、填空题

7.1 多谐振荡器的输出信号的周期与_____和_____元件的参数成正比。

7.2 单稳态触发器有_____和_____两种工作状态。

7.3 施密特触发器的_____向阈值电压一定大于_____向阈值电压。

7.4 555 定时器的应用十分广泛,可以用它构成_____、_____、_____。

7.5 用 555 定时器构成的单稳态触发器和多谐振荡器,其中_____能自动产生脉冲信号。

7.6 用 555 定时器构成的单稳触发器和多谐振荡器,_____可以作脉冲的整形电路。

二、选择题

7.7 能产生脉冲整形、定时、延时、幅度鉴别、自激振荡等电路有(　　　)。

A. 多谐振荡器　　　B. 单稳态触发器　　　C. 施密特触发器　　　D. 555 定时器

7.8 为把 50 Hz 的正弦波变成周期性矩形波,应选用(　　　)。

A. 施密特触发器　　B. 单稳态电路　　　C. 多谐振荡器　　　D. 译码器

7.9 在以下各电路中,(　　　)可以产生脉冲定时。

A. 多谐振荡器　　　B. 单稳态触发器　　　C. 施密特触发器

7.10 单稳态触发器可用来(　　　)。

A. 产生矩形波　　　　　　　　　　B. 产生延迟作用

C. 存储信号　　　　　　　　　　　D. 把缓慢变化的信号变成矩形波

7.11 多谐振荡器可以产生(　　　)。

A. 正弦波　　　　　　　　　　　　B. 三角波

C. 矩形脉冲　　　　　　　　　　　D. 锯齿波

7.12　用 555 定时器构成的施密特触发器不能实现的功能是(　　　)。

A. 波形变换　　　　B. 波形整形　　　　C. 脉冲鉴幅　　　　D. 脉冲定时

7.13　用 555 定时器构成的施密特触发器,当输入控制端 CO 外接 9 V 电压时,回差电压为(　　　)。

A. 3 V　　　　　　B. 4.5 V　　　　　　C. 6 V　　　　　　D. 9 V

7.14　用 555 定时器构成的单稳态触发器,其脉冲宽度为(　　　)。

A. $t_w = 1.1RC$　　　B. $0.7RC$　　　　C. $0.45RC$　　　　D. $2.2RC$

7.15　为了提高 555 定时器组成的多谐振荡器的频率,外接 R、C 值的改变策略为(　　　)。

A. 同时增大 R、C 值　　　　　　　B. 同时减小 R、C 值

C. 同比增大 R 值减小 C 值　　　　　D. 同比减小 R 值增大 C 值

7.16　用 555 定时器构成的多谐振荡器输出脉冲的周期为(　　　)。

A.$0.7(R_1+2R_2)C$　　　　　　　　B.$0.7(2R_1+R_2)C$

C. $1.1(R_1+2R_2)C$　　　　　　　　D. $1.1(2R_1+R_2)C$

三、简答题

7.17　如图 7-1(a)所示为一个用 CMOS 门电路构成的施密特触发器,已知电源电压 $V_{DD}=10$ V,$R_1=10$ kΩ,$R_2=20$ kΩ。求其正向阈值电压、负向阈值电压及回差电压。

7.18　集成单稳态触发器 74LS123 的连接如图 7-35 所示,若定时电容 $C_1=C_2=10$ μF,定时电阻 $R_1=22$ kΩ,$R_2=220$ kΩ,试求 Q_1、Q_2 端输出脉冲的宽度。

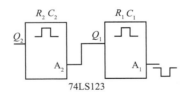

图 7-35　习题 7.18 图

7.19　环形振荡器如图 7-36 所示,若每个非门平均传输延迟时间为 $t_{pd}=9.5$ ns,求输出电压 u_O 的频率,并画出 u_O 的波形图。

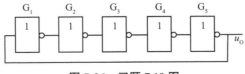

图 7-36　习题 7.19 图

7.20　某仪器中的时钟电路如图 7-37 所示,已知 $R=1$ kΩ,$C=0.22$ μF,Q_1、Q_2 的初值为 0。试画出 u_O、Q_1、Q_2 的波形,并求它们的频率。

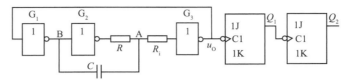

图 7-37 习题 7.20 图

7.21 在图 7-25 所示由 555 定时器构成的施密特触发器中,估算在下列条件下电路的
U_{T+}、U_{T-}、ΔU_T:

(1)V_{CC}=12 V、U_{CO} 端通过 0.01 μF 电容接地;

(2)V_{CC}=12 V、U_{CO} 端接 5 V 电源。

7.22 在图 7-25 所示用 555 定时器构成的施密特触发器中,若 U_{CO} 端通过 0.01 μF 电容接地,V_{CC}=9 V,V_{DD}=5V,u_1 为正弦波,其幅值 U_{im}=9 V、频率 f=1 kHz,试对应画出 u_{O1} 与 u_{O2} 的波形。

7.23 在图 7-38 所示的单稳态触发器中,V_{CC}=9 V,R=27 kΩ、C=0.05 μF。

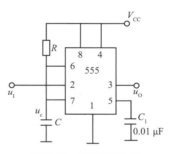

图 7-38 习题 7.23 图

(1)估算输出 u_o 脉冲的宽度 t_w;

(2)u_1 为负窄脉冲,其脉冲宽度 t_{w1}=0.5 ms、重复周期 T_1=5 ms、高电平 U_{IH}=9 V、低电平 U_{IL}=0 V,试对应画出 u_c、u_o 的波形。

(3)当 u_{IH}=9 V,为了保证电路能可靠地被触发,u_1 的下限值即 U_{IL} 的最大值应为多少伏?

7.24 用集成 555 定时器构成的单稳态触发器如图 7-28(a)所示,如果电容 C=10 μF,R=100 kΩ,试计算输出脉冲宽度 t_w。

7.25 用集成 555 定时器构成的多谐振荡器如图 7-30(a)所示,R_1=22 kΩ,R_2=62 kΩ,C=0.022 μF,求输出矩形波的周期和频率。

7.26 在图 7-30(a)所示多谐振荡器中,R_1=15 kΩ、R_2=10 kΩ、C=0.05 μF,V_{CC}=9 V,定性画出 u_c、u_o 的波形,估算振荡频率 f 和占空比 q。

7.27 图 7-31 所示是可调占空比的多谐振荡器。C_1=0.2 μF,V_{CC}=9 V,要求其振荡频率 f=1 kHz,占空比 q=0.5,估算 R_A、R_B 的阻值。

7.28 图 7-39 是用 555 定时器构成的电子门铃电路,S 为门铃按钮,当按动 S 时,电路会发出"叮咚"的铃声。试分析电路的工作原理。

7.29 图 7-40 是一简单的具有自动关断功能的照明灯电路。Z 为触摸按钮,若要灯亮,需触摸 ON 端与地端。分析电路的工作原理,说明 OFF 端的作用。

7.30 温度控制电路如图 7-41 所示,R_t 为具有负温度系数的热敏电阻,在被检温度为设定值时,$R_3 + R_t = 2R_2$。试分析电路的工作原理。

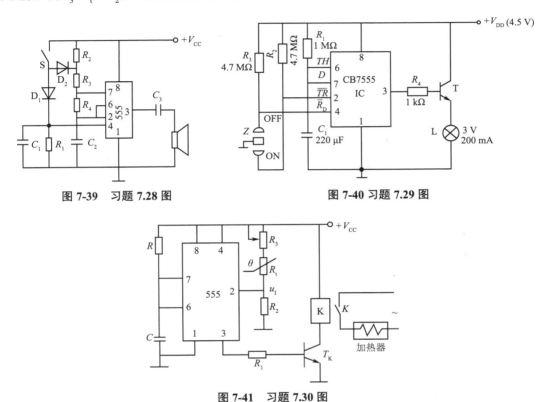

图 7-39 习题 7.28 图   图 7-40 习题 7.29 图

图 7-41 习题 7.30 图

7.31 电子游戏的接触反应电路如图 7-42 所示。分析两片 555 定时器各接成什么工作状态? 当人手接触 $\overline{TR}$ 端,输出 u_{O2} 为一系列方波,蜂鸣器响。简述电路的工作过程。

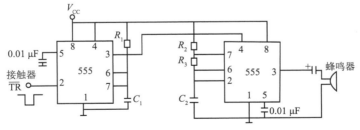

图 7-42 习题 7.31 图

习题 7 参考答案

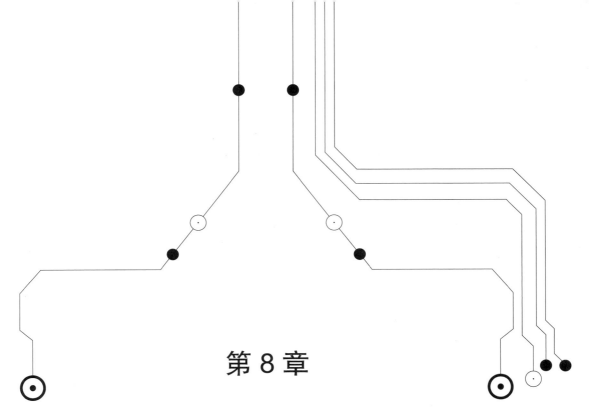

第 8 章

数/模和模/数转换器

将模拟量转换为数字量的电路,称为模/数转换器,简称 A/D 转换器或 ADC;将数字量转换为模拟量的电路,称为数/模转换器,简称 D/A 转换器或 DAC。ADC、DAC 是计算机系统中不可缺少的接口电路。

本章主要介绍 ADC、DAC 电路结构、工作原理及常用集成电路转换器的使用方法。

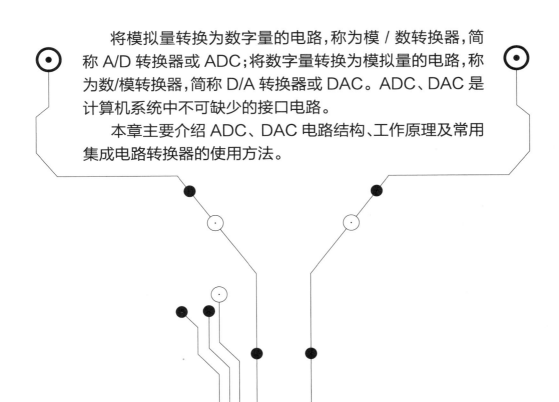

第 8 章 数/模和模/数转换器

☑【学习目标】

（1）理解倒 T 形电阻网络数/模转换器的工作原理、主要参数和集成电路芯片的使用方法。

（2）理解逐次逼近型模/数转换器的工作原理、主要参数以及集成电路的使用方法。

（3）了解数据采集系统的组成。

随着数字技术的飞速发展,在现代控制、自动检测、科学实验、军事指挥等领域中,无不广泛地采用数字电子计算机技术。这就需要先将被处理的模拟信号转换为数字信号,接着送入计算机进行运算、处理,再将处理的结果转换为模拟量并输送到执行机构。

将模拟量转换为数字量的电路,称为模/数转换器,简称 A/D 转换器或 ADC;将数字量转换为模拟量的电路,称为数/模转换器,简称 D/A 转换器或 DAC。ADC、DAC 是计算机系统中不可缺少的接口电路。

本章主要介绍 ADC、DAC 电路结构、工作原理及常用集成电路转换器的使用方法。

8.1 概述

☑【本节内容简介】

本节主要介绍模/数转换器和数/模转换器的基本概念。

模拟信号真实地反映原始形式的物理信号,是人类感知外部世界的主要信息来源,也是信息处理的主要对象。数字信号是一种信息的编码形式,这种信号可以用数字电子电路或电子计算机方便、快速地进行传输、存储和处理。因此,将模拟信号转换为数字信号,或者说用数字信号对模拟信号进行编码,从而将模拟信号问题转化为数字信号问题加以处理,是现代信息技术的一项重要内容。

数模转换即将数字量转换为模拟电量(电压或电流),使输出的模拟电量与输入的数字量成正比。实现数模转换的电路称数模转换器,简称 D/A 转换器或 DAC(Digital-Analog Converter)。

模数转换即将模拟电量转换为数字量,使输出的数字量与输入的模拟电量成正比。实现模数转换的电路称模数转换器,简称 A/D 转换器或 ADC(Analog-Digital Converter)。

现代数字化信息系统的基本组成如图 8-1 所示。模拟信号通过采样和模数(A/D)转换完成数字编码;数字编码信号经过存储、处理、传输后,再由数模(D/A)转换为模拟信号输出。例如,在数字化的广播系统中,连续的声音信号经过采样、A/D 转换后,以数字信号的形式发送和传输,在接收端经过 D/A 转换将数字信号还原成连续的声音信号;在控制系统中,对象状态和过程的连续信号经过采样和 A/D 转换被转换为数字信号,数字信号经过控制系统模型的运算和处理后输出数字控制信号,再经过 D/A 转换,将数字控制信号转换成模拟控制信号,完成对象的控制和调节。

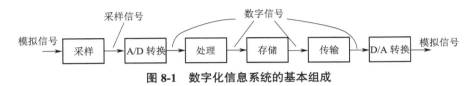

图 8-1　数字化信息系统的基本组成

8.2　数/模转换器(DAC)

☑ 【本节内容简介】

　　按照电路结构的不同,常用的数／模转换器有权电阻网络 DAC、T 形电阻网络 DAC、倒 T 形电阻网络 DAC 等。倒 T 形电阻网络 DAC 结构简单、速度快、精度高,是目前使用较多的一种 DAC。

8.2.1　倒 T 形电阻网络 DAC

　　4 位倒 T 形电阻网络 DAC 的结构如图 8-2 所示。它由 R-2R 倒 T 形电阻网络、模拟电子开关和加法器组成。

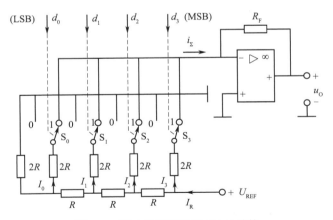

图 8-2　倒 T 形电阻网络 DAC 结构

　　模拟电子开关 $S_3 \sim S_0$ 受二进制数码控制。当某位数字代码为 1 时,其相应的模拟电子开关接至运算放大器的反相输入端(虚地);若数字代码为 0,相应的模拟电子开关把电阻接地。因此,不管数字代码是 0 或是 1,流过倒 T 形电阻网络各支路的电流始终不变,从参考电压 U_{REF} 输入的总电流也是固定不变的。因此, 4 位倒 T 形电阻网络的等效电路如图 8-3 所示。从 3、2、1、0 各点分别向左看进去的对地电阻均为 R。所以,由 3~0 各点对地的电压

依次衰减 1/2,各 2R 电阻支路的电流如下:

$$I_3 = \frac{U_{REF}}{2R}$$

$$I_2 = \frac{U_{REF}}{2} \cdot \frac{1}{2R} = \frac{U_{REF}}{4R}$$

$$I_1 = \frac{U_{REF}}{4R} \cdot \frac{1}{2R} = \frac{U_{REF}}{8R}$$

$$I_0 = \frac{U_{REF}}{8R} \cdot \frac{1}{2R} = \frac{U_{REF}}{16R}$$

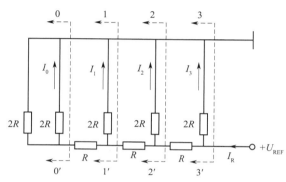

图 8-3　电阻网络的等效电路

由图 8-2 可知,当某位输入代码为 1 时,该位的权电流便流入加法器的反相输入端,当输入数字代码为 0 时,相应权电流接地。所以流入加法器反相输入端的总电流与各位二进制数码有关,即

$$I_\Sigma = d_3 I_3 + d_2 I_2 + d_1 I_1 + d_0 I_0$$

$$= \frac{U_{REF}}{R} \left(\frac{d_3}{2} + \frac{d_2}{4} + \frac{d_1}{8} + \frac{d_0}{16} \right)$$

$$= \frac{U_{REF}}{2^4 R} \left(d_3 \cdot 2^3 + d_2 \cdot 2^2 + d_1 \cdot 2^1 + d_0 \cdot 2^0 \right) \tag{8-1}$$

运算放大器的输出电压为

$$u_O = -R_F I_\Sigma$$

$$= -\frac{U_{REF} R_F}{2^4 R} \left(d_3 \cdot 2^3 + d_2 \cdot 2^2 + d_1 \cdot 2^1 + d_0 \cdot 2^0 \right) \tag{8-2}$$

当 $R_F = R$ 时,则

$$u_O = -\frac{U_{REF}}{2^4} \left(d_3 2^3 + d_2 2^2 + d_1 2^1 + d_0 2^0 \right) \tag{8-3}$$

对于 n 位二进制数的倒 T 形电阻网络 DAC 输出电压的表达式为

$$u_O = -\frac{U_{REF}R_F}{2^n R}\left(d_{n-1}\cdot 2^{n-1}+d_{n-2}\cdot 2^{n-2}+\cdots+d_1\cdot 2^1+d_0\cdot 2^0 \right) \tag{8-4}$$

要使 D/A 转换器具有较高的精度,电路中的参数应满足以下要求:

(1)基准电压稳定性好;

(2)倒 T 形电阻网络中 R 和 $2R$ 电阻的比值精度要高;

(3)每个模拟开关的开关电压降要相等。

在倒 T 形电阻网络 D/A 转换器中,各支路电流直接流入运算放大器的输入端,它们之间不存在传输上的时间差,因此不仅可以提高转换速度,而且也减少了动态过程中输出端可能出现的尖脉冲。常用的单片集成 CMOS 开关倒 T 形电阻网络 D/A 转换器件主要有AD7520(10 位),DAC1210(12 位)等。

【例 8.1】在图 8-2 所示电路中,若 4 位二进制数为 1011,U_{REF}=15 V,$R_F=R$,求输出电压 u_O 的值;若 4 位二进制数为 1111,则求输出电压 u_O 的值。

解:

(1)由式(8-3)可得

$$u_O = -\frac{U_{REF}}{2^4}\left(d_3 2^3+d_2 2^2+d_1 2^1+d_0 2^0 \right)$$

$$= -\frac{15}{2^4}\left(1\times 2^3+0\times 2^2+1\times 2^1+1\times 2^0 \right)$$

$$= -10.3125\ V$$

(2)上式中,若 4 位二进制数为 1111,则输出电压为

$$u_O = -\frac{15}{2^4}\left(8+4+2+1 \right) = -14.0625\ V$$

以上也说明,模拟电压与数字量的大小是成正比的。

8.2.2 权电流型 D/A 转换器

尽管倒 T 形电阻网络 D/A 转换器具有较高的转换速度,但由于电路中存在模拟开关电压降,当流过各支路的电流稍有变化时,就会产生转换误差。因此,为提高 D/A 转换器的转换精度,通常采用权电流型 D/A 转换器。图 8-4 所示为权电流型 D/A 转换器的电路结构。

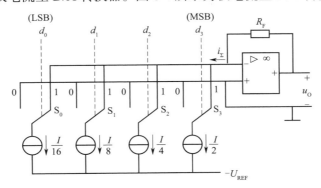

图 8-4 权电流型 D/A 转换器的电路结构

在权电流型 D/A 转换器路中,恒流源从高位到低位电流的大小依次为 $I/2$、$I/4$、$I/8$、$I/16$。当输入数字量的某一位代码 $d_i=1$ 时,开关 S_i 接运算放大器的反相输入端,相应的权电流流入求和电路;当 $d_i=0$ 时,开关 S_i 接地。

由此可知,采用恒流源电路之后,各支路权电流的大小均不受开关导通电阻和压降的影响,从而降低了对开关电路的要求,提高了转换精度。

权电流 D/A 转换器的双极性晶体管(Bipolar Junction Transistor, BJT)恒流源实际电路如图 8-5 所示,为了消除因各 BJT 发射极电压 U_{BE} 不一致对 D/A 转换器精度的影响,电路中 $T_3 \sim T_0$ 均采用了多发射极晶体管,其发射极个数依次为 8、4、2、1,即 $T_3 \sim T_0$ 发射极面积之比为 $8:4:2:1$。分析可知,当各 BJT 电流比值为 $8:4:2:1$ 时,$T_3 \sim T_0$ 的发射极电流密度相等,可使各发射结电压 U_{BE} 相同。

由于 $T_3 \sim T_0$ 的基极电压相同,所以它们的发射极 E_3、E_2、E_1、E_0 为等电位点,将它们等效连接后,图 8-5 中工作状态与倒 T 形电阻网络完全相同,流入每个 $2R$ 电阻的电流从高位到低位依次减少 $1/2$,各支路中电流分配比例满足 $8:4:2:1$ 的要求。

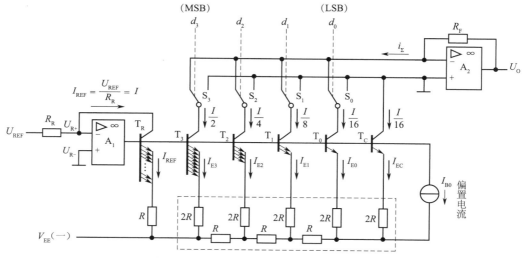

图 8-5 权电流 D / A 转换器的实际电路

基准电流 I_{REF} 产生电路由运算放大器 A_1、R_R、T_R 和 R 和 V_{EE} 组成,其中 A_1 和 R_R,T_R 的 CB 结组成电压并联负反馈电路,以稳定输出电压(即 T_R 的基极电压)。基准电流 I_{REF} 由外加的基准电压 U_{REF} 和电阻 R_R 决定,由于 T_3 和 T_R 具有相同的 U_{BE} 而发射极回路电阻相差一倍,所以它们的发射极电流也必然相差一倍,故有

$$I_{REF} = 2I_{E3} = \frac{U_{REF}}{R_R}$$

由倒 T 形电阻网络分析可知,$I_{E3}=I/2$,$I_{E2}=I/4$,$I_{E1}=I/8$,$I_{E0}=I/16$,于是可得输出电压为

$$u_O = R_F I_\Sigma = \frac{U_{REF} R_F}{2^4 R_R} (d_3 \cdot 2^3 + d_2 \cdot 2^2 + d_1 \cdot 2^1 + d_0 \cdot 2^0)$$

将输入数字量扩展到 n 位,可得 n 位倒 T 形权电流 D/A 转换器的输出模拟量与输入数

字量之间的一般关系式为

$$u_O = \frac{U_{REF}}{R_R} \cdot \frac{R_F}{2^n} \sum_{i=0}^{n-1} d_i \cdot 2^i$$

由此可知,基准电流仅与基准电压 U_{REF} 和电阻 R_R 有关,而与 BJT、R、$2R$ 电阻无关,这样就降低了电路对 BJT 参数及 R、$2R$ 取值的要求,对于集成化十分有利。

8.2.3　DAC 的主要参数

1. 分辨率

分辨率用来描述输出最小电压的能力。它是指最小输出电压(对应的输入数字量仅最低位为 1)与最大输出电压(对应的输入数字量各位全为 1)之比,表达式为

$$分辨率 = \frac{\dfrac{U_{REF}}{2^n}}{\dfrac{(2^n-1)U_{REF}}{2^n}} = \frac{1}{2^n - 1} \tag{8-5}$$

式中:n 为数字量的位数。

4 位 DAC 的分辨率为 0.067,8 位 DAC 的分辨率为 0.0039。可见,位数越多,分辨率越小,分辨能力越强。有时也直接用 DAC 的位数表示分辨率,如 8 位、10 位等。

【例 8.2】要求 10 位 DAC 电路能分辨的最小电压为 9.76 mV,求基准电压 U_{REF} 为多少伏?

解:

已知 $\dfrac{U_{REF}}{2^{10}} = 9.76$ mV,则

$U_{REF} = 9.76 \times 10^{-3} \times 2^{10}$ V $= 9.99$ V ≈ 10 V

2. 转换精度

转换精度是指输出模拟电压的实际值与理论值之差,即最大静态转换误差。它是一个综合指标,不仅与 DAC 中元件参数的精度有关,而且与环境温度、求和运算放大器的温度漂移以及转换器的位数有关。要获得较高精度的 D/A 转换结果,除了正确选用 DAC 的位数外,还要选用低漂移、高精度的求和运算放大器。

3. 输出电压(电流)的建立(转换)时间

输出电压(电流)的建立(转换)时间指从输入数字信号起,到输出模拟电压(或电流)达到稳定输出值所需要的时间。10 位或 12 位集成 DAC 的建立时间一般不超过 1 μs。转换时间越小,转换速度就越高。

8.2.4　集成电路 DAC

集成电路 DAC 种类繁多,内部结构不同,输入二进制数的位数不同,功能和性能也不完全相同。DAC0832 是最常用的一种。它是用 CMOS 工艺制成的双列直插式单片 8 位 DAC,其结构框图和管脚排列如图 8-6 所示。

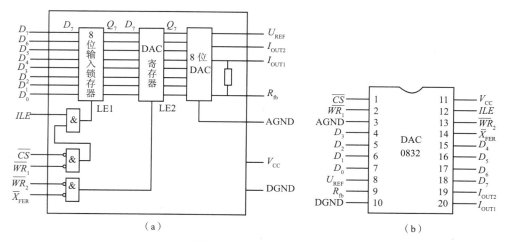

图 8-6　集成 DAC0832
（a）结构框图　（b）管脚排列图

DAC0832 由 8 位输入寄存器、8 位 DAC 寄存器、8 位 D/A 转换器三大部分组成。两个 8 位寄存器可实现两次缓冲，使用时不仅可以提高转换速度，而且有较大的灵活性，可根据需要接成不同的工作方式。采用的是倒 T 形电阻网络，无运算放大器，采用电流输出，使用时需外接运算放大器。DAC0832 内已设置了反馈电阻 R_{fb}，将 9 脚接到运算放大器的输出端即可。若运算放大器增益不够，还需外接反馈电阻。DAC0832 的分辨率为 8 位，电流建立时间为 1 μs，功耗为 20 mW。

DAC0832 各管脚的功能如下：

1 脚（$\overline{CS}$）：片选信号，低电平有效。当 $\overline{CS}=0$ 且 $ILE=1$，$\overline{WR_1}=0$ 时，才能将输入数据存入输入寄存器；若 $\overline{CS}=1$，输入寄存器内的数据被锁存。

12 脚（ILE）：允许输入锁存，高电平有效。当 $ILE=1$，且 $\overline{CS}$、$\overline{WR_1}$ 均为 0 时，输入数据存入输入寄存器；$ILE=0$ 时，输入的数据被锁存。

2 脚（$\overline{WR_1}$）：写信号 1，低电平有效。在 $\overline{CS}$ 和 ILE 均有效的条件下，$\overline{WR_1}=0$ 允许写入输入数字信号。

13 脚（$\overline{WR_2}$）：写信号 2，低电平有效。$\overline{WR_2}=0$ 且 $\overline{X_{FER}}$ 也为低电平时，用它将输入寄存器的数字量传到 DAC 寄存器，同时进入 D/A 转换器开始转换。

14 脚（$\overline{X_{FER}}$）：传送控制信号，低电平有效。用它来控制 $\overline{WR_2}$。

20 脚（I_{OUT1}）：DAC 输出电流 1。当 DAC 寄存器全为 1 时，输出电流最大；当 DAC 寄存器全为 0 时，输出电流为 0。一般接运放的反相输入端。

19 脚（I_{OUT2}）：DAC 电流输出 2，一般接地。

8 脚（U_{REF}）：参考电压输入。一般在 -10 V 到 +10 V 范围内选取。

11 脚（V_{CC}）：电源电压，可在 +5 V 到 +15 V 范围内选取。

10 脚（DGND）：数字电路地。

3 脚（AGND）：模拟电路地。

DAC0832 有三种工作方式：双缓冲器型、单缓冲器型和直通型，其电路分别如图 8-7（a）、（b）、（c）所示。

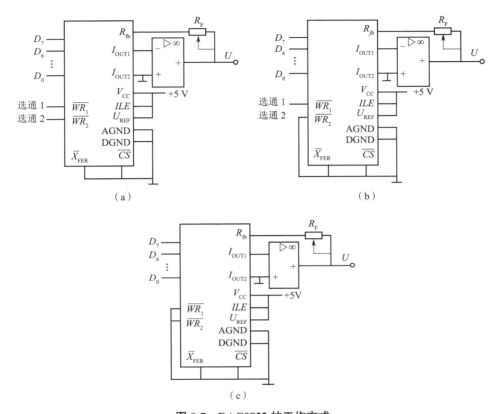

图 8-7 DAC0832 的工作方式

（a）双缓冲器型 （b）单缓冲器型 （c）直通型

双缓冲器型工作方式：$\overline{WR_1}$ 接低电平，将输入数据先锁存在输入寄存器中；当需要 D/A 转换时，再将 $\overline{WR_2}$ 接低电平，将数据送入 DAC 寄存器中并进行转换；该工作方式为两级缓冲方式。

单缓冲器型工作方式：DAC 寄存器处于常通状态，当需要 D/A 转换时，将 $\overline{WR_1}$ 接低电平，使输入数据经输入寄存器，直接存入 DAC 寄存器并进行转换。

直通型工作方式：两个寄存器都处于常通状态，输入数据直接经两寄存器到 DAC 进行转换，故为直通型工作方式。

8.3 模/数转换器（ADC）

☑【本节内容简介】

模／数转换器（ADC）可分为直接 ADC 和间接 ADC 两大类。在直接 ADC 中，输入的模拟信号直接被转换成相应的数字信号,如逐次逼近型 ADC、并行比较型 ADC、计数型 ADC 等,其特点是工作速度高,转换精度容易保证。在间接 ADC 中,输入模拟信号先被转换成某种中间变量(频率、时间等),然后再将中间变量转换为最后的数字量,如单次积分型 ADC、双积分型 ADC 等,其特点是工作速度较低,转换精度可以做得较高,抗干扰能力强,一般在测试仪表中用得较多。

8.3.1 ADC 转换的一般步骤

ADC 转换的一般步骤如图 8-8 所示。

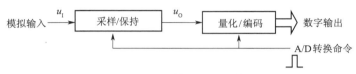

图 8-8 ADC 转换的一般步骤

采样:按一定的时间间隔取模拟信号的量值。

保持:将所采样的模拟信号量值保持一段时间,以便转化成对应的数字量。

量化:将采样的模拟信号以最小数字单位(量化单位)去衡量、比较、取整。用有限个幅度值来表示断续脉冲的幅度值。

编码:量化后的数值用二进制数表示。

1. 采样与保持

对模拟信号 u_I 进行采样,可获得采样信号 u_O。采样信号 u_O 是一种可连续取值的离散时间信号。采样过程在采样脉冲 u_s 的控制下进行,它的基本原理如图 8-9(a)所示。采样脉冲 u_s 控制开关 S 的通、断,从而将连续的模拟信号 u_I 转换成离散的采样信号 u_O,如图 8-9(c)所示。

采样脉冲的频率称为采样频率 f_S。从直观上看,采样频率 f_S 越高,采样信号 u_O 就越接近于模拟信号 u_I,采样所造成的信息损失也就越小;从理论上讲,只要采样频率 f_S 保持在被采样模拟信号 u_I 中最高谐波频率的 2 倍以上,就可以保证采样处理不会丢失原来的信息。这就是著名的采样定理,表达式为

$$f_S \geq 2f_{Imax}$$

一般取 $f_S = (3 \sim 5)f_{Imax}$。通常在采样之前需要对模拟信号 u_I 进行预处理,包括滤波、放大等,以消除传感变换带来的干扰并增强模拟信号 u_I 的幅值;在采样之后也要对离散的采样信号 u_O 进行滤波处理。这些处理也是保证采样信号 u_O 不丢信息的重要措施。

在采样电路每次取得的模拟信号转换为数字信号时,都需要一定时间,而且为了给后续的量化编码提供一个稳定值,则每次采得的模拟信号必须通过保持电路保持一段时间。一般采样和保持过程往往是通过采样-保持电路同时完成的。保持电路通常由电容器和 NMOS 管组成。在保持时间内形成的脉冲电压就是实际加在 A/D 转换器输入端的采样值电压。

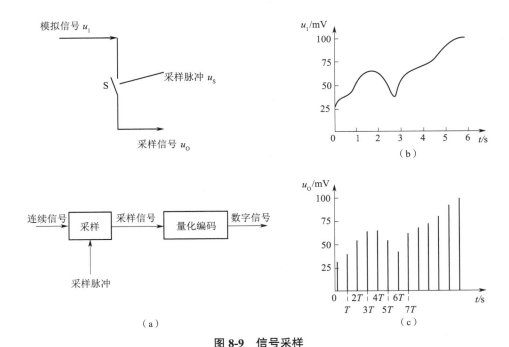

图 8-9 信号采样

（a）采样原理 （b）模拟信号 （c）采样信号

2. 量化和编码

1）量化

数字量不仅在时间上是离散的,而且数值上也是离散的,所以任何一个数字量的大小只能是某个规定的最小数量单位的整数倍。将采样电压表示为最小数量单位的整数倍,称为量化。所取得最小数量单位叫做量化单位,用 Δ 表示,它是数字信号最低位（LSB）为 1,其他位为 0 时,所对应的模拟量,即 1LSB。

2）编码

把量化的数值用二进制代码表示,称为编码。这个二进制代码就是 A/D 转换的输出信号。

3）量化误差

由于模拟电压是连续的,因此不一定能被 Δ 整除,于是就会不可避免地引入误差,我们把这种误差称为量化误差。在把模拟信号划分为不同的量化等级时,用不同的划分方法得到的量化误差也不相同。

图 8-10 所示为划分量化电平两种方法示例,在此过程中,要求把 0~+1 V 的模拟电压信号转换成 3 位二进制代码。

取 $\Delta=(1/8)$ V,并规定凡数值在 0~(1/8)V 之间的模拟电压都当作 $0\times\Delta$ 看待,用二进制的 000 表示;凡数值在（ 1/8 ）V~（ 2/8 ）V 之间的模拟电压都当作 $1\times\Delta$ 看待,用二进制的 001 表示,如此等等,如图 8-10（ a ）所示。此时,最大量化误差可达 Δ,即 $\Delta=(1/8)$V。

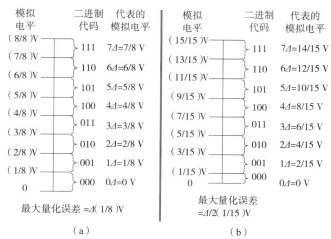

图 8-10 划分量化电平示例
（a）常规量化电平划分 （b）优化量化电平划分

为减少量化误差,通常采用图 8-10（b）所示的划分方法,取量化单位 $\Delta=（2/15）$V,并将 000 代码所对应的模拟电压规定为 0~（1/15）V,即 0~$\Delta/2$。此时,最大量化误差将减少为 $\Delta/2=（1/15）$V。这个道理不难理解,因为现在把每个二进制代码所代表的模拟电压值规定为它所对应的模拟电压范围的中点,所以最大的量化误差自然就缩小为 $\Delta/2$。

8.3.2 并行比较型 ADC 转换器

1. 电路组成

并联比较型 A/D 转换器的典型电路形式图 8-11 所示,是一种直接转换型高速模/数转换电路。由比较器、寄存器和编码器等组成,U_{REF} 是基准电压,u_I 是输入模拟电压,其幅值在 0~U_{REF} 之间,$d_2d_1d_0$ 是输出的 3 位二进制代码,CP 为控制时钟信号。

1）电压比较器

电压比较器采用图 8-10（b）所示的量化电平方案,用八个串联起来的电阻对 U_{REF} 进行分压,从而得到从 $U_{REF}/15$ 到 $13U_{REF}/15$ 之间的七个比较电平,并把它们分别接到比较器 C_1~C_7 的反相输入端。输入模拟电压 u_I 接到每个比较器的同相输入端上,使之与七个比较电平进行比较,各比较器的输出状态在 0000000~1111111 范围内变化。

2）寄存器

由七个边沿 D 触发器构成并行输入-并行输出缓冲寄存器,CP 信号上升沿触发,在寄存器的寄存指令（CP）作用下,将比较器的输出 0 或 1 暂时寄存起来,供编码器进行编码。

3）编码器

编码器的输出就是转换结果——与输入模拟电压 u_I 相对应的 3 位二进制代码 $d_2d_1d_0$。

2. 工作原理

当 $u_I<U_{REF}/15$ 时,七个比较器输出全为 0,CP 信号到来后,寄存器中各个触发器都被置成 0 状态。

当 $U_{REF}/15\leq u_I<3U_{REF}/15$ 时,只有 C_1 输出为 1,所以 CP 信号到来后,也只有触发器 FF_1 被置成 1 状态,其余触发器仍为 0 状态。

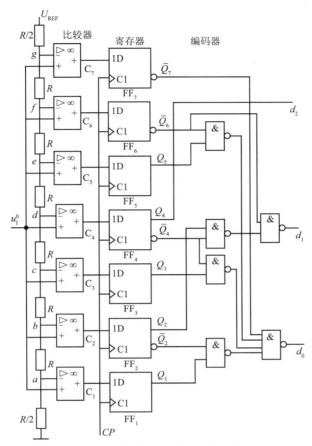

图 8-11 并联比较型 A/D 转换器

依此类推,便可很容易地列出 u_I 为不同电平时寄存器的状态及相应的输出数字量,见表 8-1。

表 8-1 图 8-11 所示电路的真值表

输入模拟电压 u_I	寄存器状态							代码输出		
	Q_7	Q_6	Q_5	Q_4	Q_3	Q_2	Q_1	d_2	d_1	d_0
$0<u_I<U_{REF}/15$	0	0	0	0	0	0	0	0	0	0
$U_{REF}/15<u_I<3U_{REF}/15$	0	0	0	0	0	0	1	0	0	1
$3U_{REF}/15<u_I<5U_{REF}/15$	0	0	0	0	0	1	1	0	1	0
$5U_{REF}/15<u_I<7U_{REF}/15$	0	0	0	0	1	1	1	0	1	1
$7U_{REF}/15<u_I<9U_{REF}/15$	0	0	0	1	1	1	1	1	0	0
$9U_{REF}/15<u_I<11U_{REF}/15$	0	0	1	1	1	1	1	1	0	1
$11U_{REF}/15<u_I<13U_{REF}/15$	0	1	1	1	1	1	1	1	1	0
$13U_{REF}/15<u_I<U_{REF}$	1	1	1	1	1	1	1	1	1	1

【例 8.3】对输入的模拟信号 u_I 进行分时采样,如果某时刻采样到的模拟信号 u_I=6.63 V,基准电压 U_{REF}=8 V。问编码器输出的二进制代码 $d_2 d_1 d_0$ 为多少?

解:

当 u_I 加到比较器时,由于 $11U_{REF}/15$=5.866 V, $13U_{REF}/15$=6.933 V,因此 $11U_{REF}/15<u_I<13U_{REF}/15$,比较器的输出为 0111111,在寄存指令 CP 作用下,将比较器的输出存入各寄存器,经编码器输出的二进制代码 $d_2 d_1 d_0$=110。

3. 主要特点

1)转换精度

并联比较型 A/D 转换器的转换精度主要取决于量化电平的划分,分得越细即 $\varDelta$ 越小,精度越高,当然电路也越复杂。此外,转换精度还要受分压电阻的相对精度和比较器灵敏度的影响。

2)转换速度快

并联比较型 A/D 转换器的最大优点是转换速度快。如果从 CP 信号上升沿时刻算起,图 8-11 所示电路完成一次转换所需要的时间,只包括一级触发器的翻转时间和两级门的传输延迟时间。目前,单片集成的并联比较型 A/D 转换器,输出为 4 位和 6 位二进制数的产品,完成一次转换所用的时间可在 10 ns 以内。

3)用比较器和触发器多

并联比较型 A/D 转换器的主要缺点是要使用的比较器和触发器很多,尤其是输出数字量的位数较多时。当输出为 n 位二进制数时,需要个数应为 2^n-1。例如,当 n=8 时,所需要使用的比较器和触发器的个数均应为 2^8-1=255,电路非常复杂。

所以这种转换器一般适用于速度快、精度不太高的场合。

8.3.3 逐次逼近型 ADC

逐次逼近型 ADC 的原理如图 8-12 所示。它由 D/A 转换器、电压比较器、逐次逼近寄存器、节拍脉冲发生器、输出寄存器、参考电压和时钟信号等部分组成。转换开始前,ADC 输出的各位数字量全为 0。转换开始,节拍脉冲发生器输出的节拍脉冲,首先将逐次逼近寄存器的最高位置 1,使输出数字量为 $100\cdots0$,这组数码经 D/A 转换器转换成相应的模拟电压 U_D,送到比较器与输入模拟电压 U_x 比较。若 $U_x>U_D$,说明数字量不够大,应将最高位的 1 保留;若 $U_x<U_D$,表明数字量过大,应将最高位的 1 清除。然后再按上述方法把逐次逼近寄存器的次高位置 1,并经过比较以确定这个 1 是否保留。如此逐位比较下去,一直进行到最低位为止。比较完毕后,逐次逼近寄存器中的状态就是与模拟电压 U_x 对应的数字量。

图 8-13 所示为 3 位逐次逼近型 ADC 电路。5 个 D 触发器构成节拍脉冲发生器,它的初始状态为 $Q_A Q_B Q_C Q_D Q_E$=10000。在时钟脉冲作用下,节拍脉冲发生器产生的脉冲波形如图 8-14 所示。逐次逼近寄存器由 RS 触发器 $F_2 \sim F_0$ 组成。为便于讨论,设 DAC 的参考电压 U_{REF}= 5 V,待转换模拟电压 U_x=3.13 V。ADC 的工作过程分析如下。

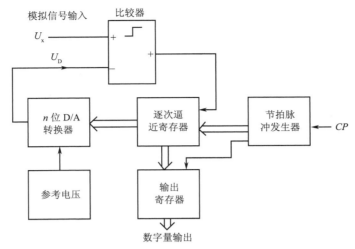

图 8-12　逐次逼近型 ADC 原理框图

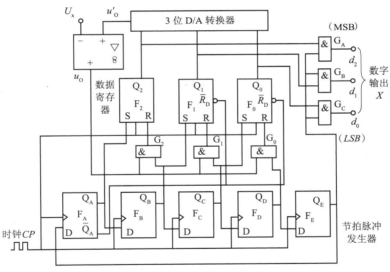

图 8-13　逐次逼近型 ADC 电路

第 1 个 CP 脉冲到来时，Q_A 由 1 变为 0，使寄存器中 F_2 置 1，F_1、F_0 均复 0，即 $Q_2 Q_1 Q_0 =$ 100。经 DAC 转换，得到模拟电压 $u'_O = 2.5$ V。该电压送到比较器的同相输入端与 U_x 比较，因为 $U_x > u'_O$ 电压比较器的输出 u_O 为低电平 0，同时，第一个 CP 脉冲使节拍脉冲发生器的 $Q_B = 1$，$Q_A = Q_C = Q_D = Q_E = 0$，即 $Q_A Q_B Q_C Q_D Q_E = 01000$。

第 2 个 CP 脉冲到来时，寄存器的 F_1 被置 1，F_0 被复 0，又因为原来 u_O 为低电平 0，F_2 的输入端 $S_2 = R_2 = 0$，状态保持不变，使 $Q_2 Q_1 Q_0 = 110$，经 DAC 转换，得到模拟电压 $u'_O = 3.75$ V。由于 $U_x < u'_O$，电压比较器输出 u_O 为高电平 1。同时，第 2 个 CP 脉冲使节拍脉冲发生器的状态变为 $Q_A Q_B Q_C Q_D Q_E = 00100$。

第 3 个 CP 脉冲到来时，F_0 被置 1；由于 F_2 的两个输入端均为 0，所以状态仍保持不变；

又因为原来 $u_O=1$,使 F_1 的 S_1 输入端信号为 0,R_1 输入端信号为 1,所以 F_1 被复 0。寄存器状态为 $Q_2Q_1Q_0=101$。经 DAC 转换,输出 $u_O'=3.125$ V。由于 $U_x>u_O'$,比较器输出 u_O 为低电平 0。同时,第 3 个 CP 脉冲使 $Q_AQ_BQ_CQ_DQ_E=00010$。

第 4 个 CP 脉冲到来时,由于各 RS 触发器的输入端都为 0,所以状态保持不变,即 $Q_2Q_1Q_0=101$。此时 F_2、F_1、F_0 的状态就是转换结果。同时,节拍脉冲发生器的状态变为 $Q_AQ_BQ_CQ_DQ_E=00001$。由于 $Q_E=1$,使 F_2、F_1、F_0 的状态通过门 G_A、G_B、G_C 送到输出端。又因为此时 $Q_2Q_1Q_0=101$,比较器输出 u_O 仍为 0。

第 5 个 CP 脉冲到来时,$F_2\sim F_0$ 的状态仍保持不变。同时 $Q_AQ_BQ_CQ_DQ_E=10000$,返回到初始状态。此时 $Q_E=0$,将门 G_A、G_B、G_C 封锁,转换输出信号随之消失,完成一次转换。并为下次转换做好准备。

数字量 101 表示的模拟电压为 3.125 V,但实际的待转换电压为 3.13 V,因此量化误差为 0.005 V。

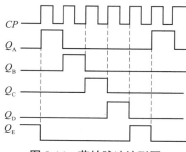

图 8-14　节拍脉冲波形图

【例 8.4】8 位逐次逼近型 ADC,设其内部 DAC 的基准电压为 10 V。若输入模拟电压 $U_x=6.25$ V,试计算 ADC 的转换结果。

解:

ADC 中的 8 位 D/A 转换器的输入数字量的最低位 1,表示模拟量变化 $\dfrac{1}{2^8}\cdot U_{REF}=\dfrac{10}{2^8}=$ 0.0390625 V,对于 $U_x=6.25$ V,其转换结果为

$$\frac{U_x}{0.0390625}=160$$

写成二进制数为 10100000。

8.3.4　双积分型 A/D 转换器

图 8-15 所示为双积分型 A/D 转换器的电路,它由积分电路 A(由集成运算放大器组成)、电压比较器 C、时钟脉冲 CP 控制门 G、n 位二进制计数器、定时控制触发器 FF_S、电子开关 S_1 和 S_2 以及它们的逻辑控制电路等组成。

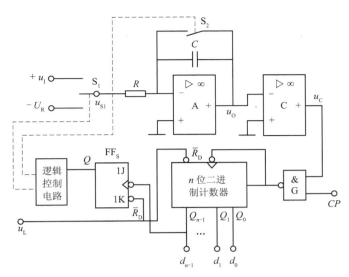

图 8-15　双积分型 A/D 转换器电路

下面分析图 8-15 所示 A/D 转换器的转换过程。

1）转换开始前

转换信号 $u_L=0$，对各触发器清零，并使 S_2 闭合，让积分电路的电容 C 完全放电。

2）对输入模拟电压 u_I 积分（第一次积分阶段）

使 $u_L=1$，由控制电路将 S_2 断开，并将 S_1 接到输入电压端，积分电路开始对 u_I 积分。积分输出 u_O 为负值，表达式为

$$u_O(t)=-\frac{1}{RC}\int_0^t u_i\mathrm{d}t=-\frac{u_i}{RC}t$$

比较器输出 u_C 为 1，开通 CP 控制门 G，计数器开始计数。当计到 2^n 个脉冲时，计数器输出全 0，同时输出一进位信号，使 FF_S 置 1。对 u_I 的积分结束，积分时间的表达式为

$$T_1=2^n T_{CP}$$

$T_{CP}(\,T_C\,)$ 为 CP 的周期，即一个脉冲的时间。T_1 是一定的（定时），不因 u_I 而变。图 8-16 是该转换器的工作波形图。

第一次积分结束时，积分器的输出电压 u_O 为

$$u_O=-\frac{T_1}{RC}U_I=-\frac{2^n T_C}{RC}U_I$$

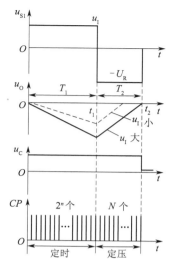

图 8-16　双积分型 A/D 转换器的工作波形图

3）对参考电压（$-U_R$）积分（第二次积分阶段）

当 FF_S 置 1 时，S_1 接到参考电压端，开始对（$-U_R$）积分。因 u_I 和（$-U_R$）极性相反，可使 u_O 以斜率相反的线性斜坡恢复为 0，随即结束对（$-U_R$）的积分。积分器输出电压为

$$u_O(t) = u_O(t_1) - \frac{1}{C}\int_{t_1}^{t_2}(-\frac{U_R}{R})\mathrm{d}t$$

$$= -\frac{u_I}{RC}\cdot 2^n T_C + \frac{U_R}{RC}(t-t_1)$$

比较器的输出 u_C 为 0，关断 CD 控制门 G，CP 不能输入，计数器停止计数。此时 $d_{n-1}\sim d_0$ 即为转换后的数字量。第一次积分结束时 t_2 时刻积分器的输出电压 u_O 为

$$u_O(t) = -\frac{u_I}{RC}\cdot 2^n T_C + \frac{U_R}{RC}(t_2-t_1) = 0$$

这段积分时间为

$$T_2 = NT_{CP}$$

N 为脉冲个数，它与 u_I 值成正比（定压）。可由两阶段积分式子推算出，公式为

$$u_I = \frac{|U_R|}{2^n}\cdot N$$

设 $|U_R|$=2 V，$2^n=2^{10}$=1 024，N=600，则被测模拟电压 u_I=1.172 V。

在此 A/D 转换器的基础上，再添加标准时钟脉冲发生器（或标准时间发生器）、控制进入计数器的被测脉冲个数的门电路、译码器和显示器等部分，就成为一个简单的直流数字电压表。

8.3.5　主要参数

1. 分辨率

分辨率，常以输出二进制数的位数表示，如 8 位、10 位等。位数越多，量化误差越小。

转换精度越高。

2. 转换速度

转换速度,指完成一次 A/D 转换所需要的时间,即从接到转换信号到输出端得到稳定数字量输出所需要的时间。

3. 相对精度

相对精度,指实际转换值和理想特性之间的最大偏差。

其他参数在使用时可查阅有关手册。

8.3.6　集成电路 ADC

目前,半导体器件生产厂家已经设计并生产出多种 A/D 芯片。ADC0809 是常见的集成 A/D 转换器,它是由 CMOS 工艺制成的 8 位逐次逼近型 ADC,适用于分辨率较高、转换速率适中的场合。ADC0809 的结构和管脚排列如图 8-17 所示。

ADC0809 由 8 路模拟开关、地址锁存与译码器、A/D 转换器、三态输出锁存缓冲器等组成。各管脚的功能如下。

26 脚~28 脚,1 脚~5 脚(IN_0~IN_7):8 路模拟输入电压输入端。

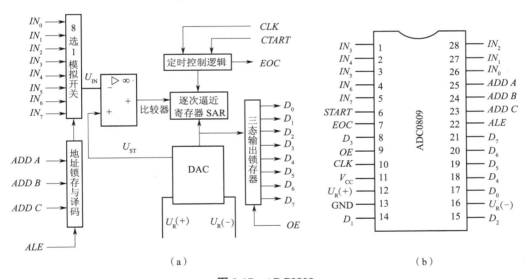

图 8-17　ADC0809
(a)结构框图　(b)管脚排列图

25 脚~23 脚(ADDA、ADDB、ADDC):模拟输入通道的地址选择线,如表 8-2 所示。

表 8-2　模拟通道选择

ADDC	ADDB	ADDA	选中模拟通道
0	0	0	IN_0
0	0	1	IN_1
0	1	0	IN_2
0	1	1	IN_3
1	0	0	IN_4
1	0	1	IN_5
1	1	0	IN_6
1	1	1	IN_7

22 脚(ALE):地址锁存允许信号,高电平有效。当 $ALE=1$ 时,将地址线 ADDA、ADDB、ADDC 输入的地址信息锁存,然后由译码器选通模拟输入端的其中一个通道,被选中的通道进行 A/D 转换。

12 脚、16 脚($U_{R(+)}$、$U_{R(-)}$):基准电压的正极和负极,为 D/A 转换电路提供参考电压。

17、14、15、8、18 脚~21 脚($D_0 \sim D_7$):数字量输出端。数字端由三态锁存缓冲器输出,可直接与系统数据总线相连。

10 脚(CLK):时钟脉冲输入端。

6 脚($START$):启动脉冲信号输入端。当需启动 A/D 转换过程时,在此端加一个正脉冲,脉冲的上升沿将内部所有的寄存器清零,下降沿时开始 A/D 转换过程。

9 脚(OE):输出允许信号,高电平有效。当 $OE=1$ 时,打开输出锁存器的三态门,将数据送出。

7 脚(EOC):转换结束信号输入端,高电平有效。在 $START$ 信号上升沿之后 1~8 个时钟周期内, EOC 信号输出变为低电平,表示转换器正在进行转换。转换结束,所得数据可以读出时, EOC 变为高电平,作为通知接收数据的设备取该数据的信号。

11 脚(V_{CC}):电源电压。

13 脚(GND):数字地。

ADC0809 的工作时序如图 8-18 所示。

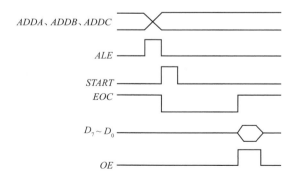

图 8-18　ADC0809 工作时序

8.4　模/数转换器应用电路

☑【本节内容简介】

本节主要介绍模/数转换器应用电路及其工作原理,包括 $3\frac{1}{2}$ 位数字电压表逻辑电路和数字电压表工作原理。

8.4.1　$3\frac{1}{2}$ 位数字电压表逻辑电路图

图 8-19 所示为 $3\frac{1}{2}$ 位数字电压表的电路。$3\frac{1}{2}$ 位数字电压表用于定时对所检测的电压取样,然后通过模／数转换,用 4 位十进制数字显示被测模拟电压值,其最高位数码管只显示"+""−"极性和指示"0"或"1";它的电压量程有 1.999 V 和 199.9 mV 两挡,量程扩展是通过外加电路实现的。

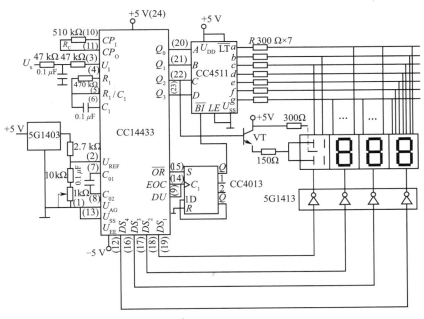

图 8-19　$3\frac{1}{2}$ 位数字电压表逻辑电路

电路中,CCl4433 是 CMOS 双积分型 A/D 转换器(即实现模/数转换的器件),CC4511 是 CMOS BCD 七段译码驱动电路,5G1413 为显示控制器(这些器件的作用均可从电子元器件手册中查阅到)。电路中还采用了 $3\frac{1}{2}$ 位共阴极 LED 数码显示器和其他一些非逻辑元件,如电阻、电容等。

从图 8-19 中可以看出被测电压 U_x 经 CC14433 进行 A/D 转换,输出数字量 $Q_3 \sim Q_0$,送入 CC4511,CC4511 输出译码信号,驱动数码显示器显示数值,这个通路即为数字信号的传输通路。另外,从图中还可以找出控制信号通路,即 CC14433 输出 $DS_1 \sim DS_4$,经 5G1413 再去控制数码管,而其最高位由 Q_2 和电源控制,CC14433 $\overline{OR}$、DU 信号经 CC4013 又去控制 CC4511 的 $\overline{BI}$。

由上分析,该电压表电路由双积分型 A/D 转换器、基准电压源、七段译码驱动电路、数码显示器、译码和显示控制电路等单元电路组成,其结构框图如图 8-20 所示。

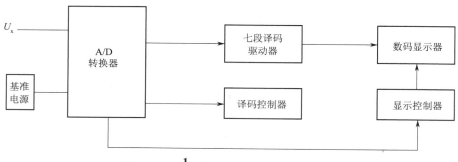

图 8-20　$3\frac{1}{2}$ 位数字电压表电路结构框图

8.4.2　数字电压表工作原理

在分析电路功能时,必须先将各单元电路的工作原理分析清楚,此时必须借助于电子元器件手册。在此不再详述各单元电路,只列出部分逻辑单元电路管脚图或结构图,如图 8-21 所示。下面简要说明电路的工作原理。

5G1403 是高精度、低漂移能隙基准电源电路,可为 CC14433 型 A/D 转换器提供精密基准电压,提高 A/D 转换精度。C4511 是 BCD 码七段锁存-译码-驱动器,是专用于将二-十进制代码(BCD 码)转换成七段显示信号的专用标准译码器,LE 为其锁存允许信号。$LE = 1$ 对应锁存状态,$LE = 0$ 对应选通状态;$\overline{LT}$ 为灯测试信号,$\overline{LT} = 0$,七段译码器输出全为逻辑 1,$\overline{LT} = 1$ 时,译码器的输出由 $\overline{BI}$ 和 $Q_3 \sim Q_0$ 共同决定;$\overline{BI} = 1$ 时,译码器的输出由 $Q_3 \sim Q_0$ 决定($\overline{LT} = 1$ 时)。

5G1413 是七路达林顿驱动器阵列,它的内部实质上是七个集电极开路的反相器,主要用来控制 LED 数码管显示器的七段显示屏。

当 CC4511 的多路调制选通脉冲输出 $DS_1 \sim DS_4$ 中某一位为 1 时,通过相应的 5G1413 某一路反相驱动器并使其输出为 0,就使该位数码管的阴极为低电平,可显示数值。当时钟频率为 66 kHz 时,每位数码管每秒显示 800 次左右。

在 DS_1 选通期间,BCD 码 $Q_3 \sim Q_0$ 的真值表如表 8-3 所示。其中 Q_3 定义为千位数的值,$Q_3 = 0$,千位数为 1;$Q_3 = 1$,千位数为 0。Q_2 为电压极性,$Q_2 = 1$,为"+"极性;$Q_2 = 0$,为"–"极性。Q_0 为是否超量程信号,$Q_0 = 0$ 为正常量程;$Q_0 = 1$ 为超量程。

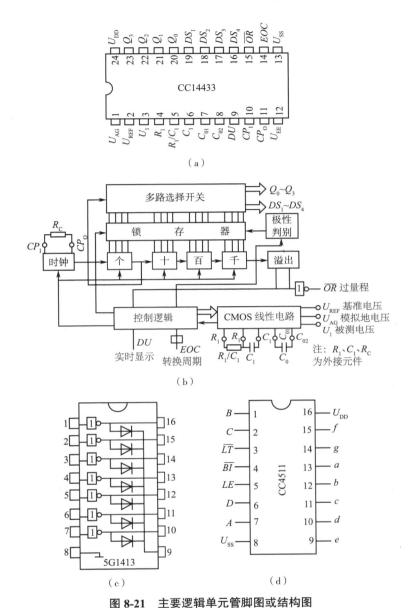

图 8-21 主要逻辑单元管脚图或结构图

（a）CC14433 管脚图 （b）CC14433 内部结构图 （c）5G1413 管脚图 （d）CC4511 管脚图

表 8-3 最高位 BCD 码 Q_3~Q_0 真值表

MSD 编码内容	Q_3	Q_2	Q_1	Q_0	七段译码输出
+0	1	1	1	0	
−0	1	0	1	0	
+0（欠量程）	1	1	1	1	不显示
−0（欠量程）	1	0	1	1	

MSD 编码内容	Q_3	Q_2	Q_1	Q_0	七段译码输出	
+1	0	1	0	0	"4"	最高位只接 b、c 段,故显示"1"
-1	0	0	0	0	"0"	
+1(过量程)	0	1	1	1	"7"	
-1(过量程)	0	0	1	1	"3"	

由电路图 8-19 可知,在 DS_1 选通期间,电压极性符号由 Q_2 控制。当输入负电压时,$Q_2=0$,使 5G1413 中该路达林顿管截止,VT 截止,+5V 通过 300 Ω 电阻点亮 LED 数码显示器中的负号"-";若输入为正电压,$Q_2=1$,则 VT 导通,显示"+"号。CC14433 的 $\overline{OR}$ 为过量程标志输出,当 $|U_x|>U_{REF}$ 时,$\overline{OR}$ 为低电平;$|U_x| \leqslant U_{REF}$ 时,$\overline{OR}$ 为高电平。

CC4013 用来作过量程时控制译码器,进行报警显示。未过量程时,$\overline{OR}=1$,这时 D 触发器(CC4013)$Q=1$,使 CC4511 的 $\overline{BI}=1$,译码器正常工作;当过量程时,$\overline{OR}=0$,D 触发器 $\overline{Q}$ 与 D 相联,构成了二分频电路,又因其 CP 脉冲来自 CC14433 的 EOC,故这时 Q 输出端交替输出 0 和 1。在 $Q=0$ 时,显示器不亮;在 $Q=1$ 时,显示器显示,以 EOC 的二分频频率闪烁,作为过量程报警显示。

电路中的非逻辑元件有些是逻辑单元正常工作必须配置的,如 0.1 μF 电容、510 kΩ 电阻等;有些是限流元件(如 $R300\,\Omega \times 7$)、放大元件(如 VT)等。

在该逻辑电路图中 CC14433、CC4511 采用了管脚示意图画法,CC4013 采用的是一般逻辑符号。5G1413 采用的是等效电路图画法。

本章小结

本章学习的重点:倒 T 形电阻网络数/模转换器和逐次逼近型模/数转换器。

学习的难点:数据采集系统的结构。

1. 数/模转换器

数/模转换器(DAC)的结构形式有多种,如权电阻型、倒 T 形电阻网络型等。而后一种的应用较广,最适合于集成工艺,集成数/模转换器普遍采用这种结构。电流型 DAC 由电子开关和电阻网络组成,输出电流与输入的二进制数成线性对应关系。电压型 DAC 输出电压与输入的二进制数成线性对应关系,且与基准电压 U_R 有关。分辨率是指最小输出电压与最大输出电压之比。

2. 模/数转换器

模/数转换器(ADC)的结构形式也有多种,如并行电压比较型、逐次逼近型、双积分型等。应用较多的是逐次逼近型,其转换过程是一种逐次逼近的过程,逼近的次数等于逐次逼近寄存器的位数。输出的二进制数与输入电压成线性对应关系,而且与 DAC 的基准电压 U_R 有关。分辨率用输出二进制数的位数表示。

习题 8

一、填空题

8.1 DAC 电路的作用是将_____量转换成_____量。ADC 电路的作用是将_____量转换成_____量。

8.2 DAC 电路的主要技术指标有_____、_____和_____；ADC 电路的主要技术指标有_____、_____和_____。

二、选择题

8.3 ADC 的转换精度取决于( )。

A. 分辨率   B. 转换速度   C. 分辨率和转换速度

8.4 对于 n 位 DAC 的分辨率来说，可表示为( )。

A. $\dfrac{1}{2^n}$ B. $\dfrac{1}{2^{n-1}}$ C. $\dfrac{1}{2^n-1}$

8.5 R-2R 梯形电阻网络 DAC 中，基准电压源 U_R 和输出电压 u_O 的极性关系为( )。

A. 同相   B. 反相   C. 无关

8.6 已知八位 DAC 电路的基准电压 $U_R=-5\,V$，输入数字量 $D_7 \sim D_0$ 为 11001001 时的输出电压 u_O 是( )。

A. 3.94 V   B. 3.90 V   C. 3.92 V

8.7 八位 DAC 电路的输入数字量为 00000001 时，输出电压为 0.03 V，则输入数字量为 11001000 时的输出电压为( )。

A. 6V   B. 3V   C. 2.16V

8.8 已知 DAC 电路的输入数字量最低位为 1 时，输出电压为 5 mV，最大输出电压为 10 V，该 DAC 电路的位数是( )。

A. 十位   B. 十一位   C. 十二位

8.9 已知某个八位模／数转换器输入模拟电压的范围是 0~5 V，则输入模拟电压为 3 V 时的转换结果为( )。

A. 01100110   B. 10011001   C. 10011010

8.10 已知八位 ADC 电路的基准电压 $U_R=5\,V$，输入模拟电压 $U_x=3.91\,V$，则转换结果为( )。

A. 11001000   B. 11001001   C. 11000111

三、简答题

8.11 在 4 位倒 T 形电阻网络 DAC 中，已知 $U_{REF}=5\,V$，$R_F=3R$，试求 $d_3 \sim d_0$ 分别为 0101、0111、1011、1111 时的输出电压 u_O。

8.12 在 8 位倒 T 形电阻网络 DAC 中，已知 $U_{REF}=10\,V$，$R_F=R$，试求 $d_7 \sim d_0$ 分别为 11111111、10001001、00000001 时的输出电压 u_O。

8.13 在倒 T 形电阻网络 DAC 中，若 $n=10$，$U_{REF}=-10\,V$，$R_F=R$，输入数字量为 0110110111，求输出电压 u_O 的数值。

8.14 某 4 位 T 形电阻网络 DAC 如图 8-22 所示,试分析其工作原理,写出 u_O 的表达式。

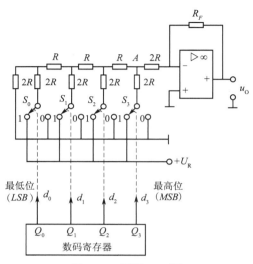

图 8-22 习题 8.14 图

8.15 在 4 位逐次逼近型 ADC 中,已知基准电压 $U_{REF}=5\ V$,输入的模拟电压 $U_x=3.46\ V$,试计算转换结果。

8.16 在 8 位逐次逼近型 ADC 中,已知基准电 $U_{REF}=10\ V$,输入的模拟电压 $U_x=5.19\ V$,试计算转换结果。

8.17 并联比较型 ADC 如图 8-23 所示,试分析其工作原理。

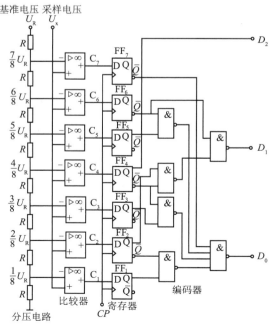

图 8-23 习题 8.17 图

8.18　在图 8-24 所示电路中,已知: $R_1=1 \text{ k}\Omega$, $R_2=100 \text{ k}\Omega$, $C=0.01 \text{ μF}$,试画出 u_O 的波形图,计算 u_O 的最大值和周期。

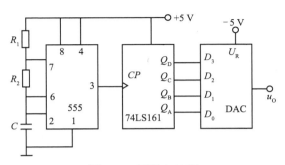

图 8-24　习题 8.18 图

习题 8 参考答案

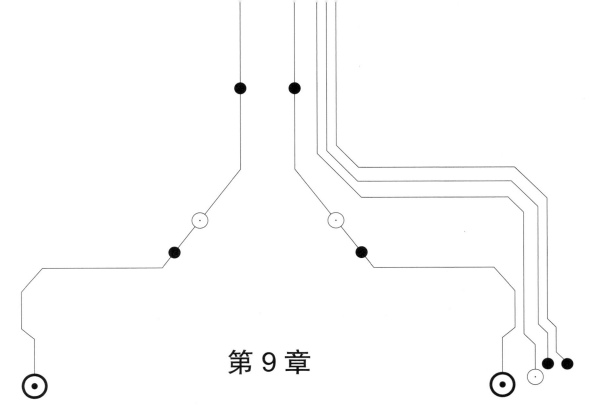

第 9 章

半导体存储器和可编程逻辑器件

本章介绍半导体存储器和可编程逻辑器件的基本概念、电路结构原理及使用方法，以及可编程逻辑器件的设计步骤和开发工具。

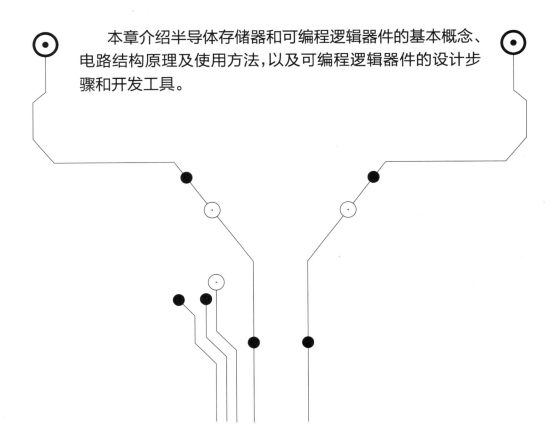

第9章 半导体存储器和可编程逻辑器件

☑ 【学习目标】

（1）了解半导体存储器的工作原理。
（2）了解只读存储器（ROM）和随机存取存储器（RAM）的工作特点和类型。
（3）掌握存储器扩展存储容量的电路连接方法。
（4）了解可编程逻辑器件的发展历程。
（5）了解早期典型可编程逻辑器件的工作原理。
（6）了解 CPLD 和 FPGA 的工作原理。
（7）了解可编程逻辑器件的设计步骤和开发工具。

本章介绍半导体存储器和可编程逻辑器件的基本概念、电路结构原理及使用方法，以及可编程逻辑器件的设计步骤和开发工具。

我国半导体行业目前主要面临技术和国际两大挑战：在技术挑战上，目前我国半导体产品主要集中在半导体材料、晶圆制造和封装测试等中低端领域，半导体产能也主要集中在28 nm 以上的成熟制程，技术水平差异导致我国需要大量进口中高端半导体产品，其中CPU、GPU、存储器等领域几乎全部依赖进口；在国际挑战上，随着一些国家围绕提升本土制造能力相继出台芯片政策，我国半导体行业的发展也迎来了更加严峻的挑战。

芯片是信息技术的核心，是国家信息产业的基石。在经济发展领域，半导体产业支撑中国数字经济发展，助力实现经济高质量增长；在科技和民生领域，半导体芯片产业是中国攻克科技难题的重要驱动力，并且它在提供就业、促进社会稳定方面也具有重要作用。

9.1 概述

☑ 【本节内容简介】

本节主要介绍半导体存储器，存储器的性能指标分类等特点。

半导体存储器是一种能够存储大量二进制数据的存储器件，它的最常见用途是在计算机系统中作为程序存储器和数据存储器。可编程逻辑器件是一种可由用户通过"编程"设置芯片内部硬件结构与功能的逻辑器件，与 74 系列功能确定的标准器件相比，它便于功能修改和大规模集成。随着可编程逻辑器件的不断发展，在单个芯片上就可以实现复杂的数字系统，可编程逻辑器件已经进入片上系统（System On Chip，SOC）时代。

从功能上看，半导体存储器和可编程逻辑器件是两种不同类型的器件。但很有意思的是,最早的可编程逻辑器件 PROM 恰恰就是存储器的一种,只不过它只能实现组合逻辑功能,而不能实现时序逻辑电路。存储器的主要功能是存储数据,而触发器作为时序电路中的存储器件,主要功能是记忆电路的状态。

9.1.1　存储器的性能指标

存储容量、存储速度和每位价格是存储器的 3 项重要性能指标。

1. 存储容量

存储容量是指存储器所能容纳二进制信息的总量。存储容量的单位为位(b)、字节(B)、千字节(kB)、兆字节(MB)、吉字节(GB)和太字节(TB)表示 1 B=8 b, 1 kB=1024 B,1 MB=1024 KB,1 GB=1024 MB,1 TB=1024 GB。

2. 存储速度

衡量存储速度通常有 3 个相关的参数,它们之间有一定的关联。

1)存取时间(memory access time)

存储器读/写一次信息(信息可能是一个字节或一个字)所需要的平均时间,称为存储器的存取时间。

2)存取周期(memory cycle time)

存取周期是启动两次独立的存储器操作(如两个连续的读操作)之间所需要的最小时间间隔。

存取周期包括存取时间和复原时间,复原时间对于非破坏性读出方式是指存取信息所需的稳定时间,对于破坏性读出方式则是指刷新所用的又一次存取时间。

3)存储器带宽

与存取周期密切相关的指标为存储器带宽,它表示单位时间内存储器存取的信息量,单位为字/秒或字节/秒。若一个存储器的存取周期为 500 ns,每个存取周期可访问 16 位,则它的带宽为 32 Mb/s。带宽是衡量数据传输率的重要技术指标。

3. 每位价格

每位价格是衡量存储器经济性能的重要指标,一般以每位几元表示。

还有一些其他指标可用来衡量存储器性能,如可靠性、体积、功耗、质量、使用环境等,在这里我们不做具体介绍,感兴趣的读者可查阅相关资料。

9.1.2　存储器的分类

1. 按存储介质分

1)磁表面存储器

磁表面存储器是在金属或塑料基体的表面上涂一层磁性材料作为记录介质,工作时磁层随载磁体高速运转,用磁头在磁层上进行读/写操作,故称为磁表面存储器。按载磁体形状的不同,可分为磁盘、磁带和磁鼓。现代计算机已很少采用磁鼓。由于用具有矩形磁滞回线特性的材料做磁表面物质,它们按其剩磁状态的不同而区分"0"或"1",而且剩磁状态不会轻易改变,故这类存储器具有非易失性特点。

2)半导体存储器

存储元件由半导体器件组成的存储器称为半导体存储器。现代半导体存储器都用超大规模集成电路工艺制成芯片,其特点是体积小、功耗低、存取时间短;缺点是当电源切断时,所存信息也随即消失,它是一种易失性存储器。近年来,科研人员已研制出用非挥发性材料制成的半导体存储器,克服了信息易失的弊病。

根据构成半导体材料的不同,半导体存储器分为双极型(TTL)半导体存储器和 MOS 型半导体存储器两种。前者具有高速的特点;后者具有高集成度的优点,并且制造简单、成本低、功耗小。故 MOS 型半导体存储器被广泛应用。

3)光盘存储器

光盘存储器是采用激光在记录介质(磁光材料)上进行读写操作的存储器,具有非易失性的特点。由于光盘具有记录密度高、耐用性好、可靠性高和可互换性强等特点,其应用越来越广,如 CD-ROM、CD-RW、DVD 等光盘存储器。对 CD-ROM 只能读操作,对 CD-RW 则可以读也能改写;DVD 光盘也有只读和可读写之分。

2. 按存取方式分

1)随机存取存储器(Random Access Memory, RAM)

RAM 是一种可读/写存储器,其特点是存储器的任何一个存储单元的内容都可以随机存取,而且存取时间与存储单元的物理位置有关。计算机系统中的主存都采用这种存储器。由于存储信息的原理不同, RAM 又分为静态 RAM(以触发器的稳态特性来寄存信息)和动态 RAM(以电容保存电荷的原理寄存信息).

2)只读存储器(Read Only Memory, ROM)

只读存储器是能对其存储的内容读出,而不能对其重新写入的存储器。这种存储器一旦存入了原始信息后,在程序执行过程中,只能将信息读出,而不能随意重新写入新的信息去改变原始信息。因此,通常用它存放固定不变的程序、常数和汉字字库,甚至用于操作系统的固化。它与随机存储器可共同作为主存的一部分,统一构成主存的地址域。

早期只读存储器的存储内容根据用户要求,厂家采用掩膜工艺,把原始信息记录在芯片中,一旦制成后无法更改,称为掩膜型只读存储器(Masked ROM, MROM)。随着半导体技术的发展和用户需求的变化,只读存储器先后派生出可编程只读存储器(Programmable ROM, PROM)、可擦除可编程只读存储器(Erasable Programmable ROM, EPROM)以及用电可擦除可编程只读存储器(Electrically Erasable Programmable ROM, EEPROM)。近年来还出现了快擦除读写存储器 Flash Memory,它具有 EEPROM 的特点,而速度比 EEPROM 快得多。

3)串行访问存储器(Sequential Access Memory)

如果对存储单元进行读/写时,需按照其物理位置先后顺序寻找地址,则这种存储器称为串行访问存储器,显然这种存储器由于信息所在位置不同,使得读/写时间均不同。例如,磁带存储器,不论信息处在哪个位置,读/写时必须从介质的始端开始按顺序寻找,故这类串行访问的存储器又称为顺序存取存储器。

9.2　半导体存储器

☑ 【本节内容简介】

本节主要详细介绍 ROM 和 RAM 的电路结构、控制方式等。

存储器单元实际上是时序逻辑电路的一种。按存储器的使用类型可分为只读存储器（ROM）和随机存取存储器（RAM），两者的功能有较大的区别，因此在描述上也有所不同。

本章主要讨论 ROM 和 RAM 的基本结构和应用。

9.2.1　只读存储器（ROM）

1.ROM 的基本结构

ROM 的基本结构如图 9-1 所示，通常由存储矩阵、地址译码器和输出缓冲器三个部分组成。

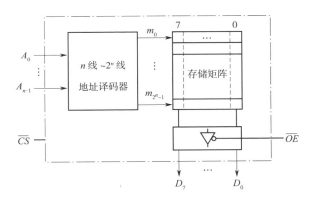

图 9-1　ROM 的基本结构

存储矩阵由多个存储单元排列而成，每个存储单元中能存放多位二进制信息（0 或 1）。为了便于读写操作，每个存储单元都分配了唯一的地址码（address），输入不同的地址码，就可以选中不同的存储单元。地址译码器将输入的地址码译成相应的控制信号，利用这个控制信号从存储矩阵中选出指定的存储单元，并将其中的数据送到输出缓冲器。输出缓冲器一般都包含三态缓冲器，一方面可以提高存储器的带负载能力，另一方面可实现对输出状态的三态控制，以便与系统的数据总线连接。

ROM 中的数据通常按单元寻址，每个地址对应一个单元。地址译码器有 n 条地址线 $A_{n-1} \sim A_0$（n 位地址码），通过全译码产生 2^n 个译码输出信号，即实现 n 个输入变量 $A_{n-1} \sim A_0$ 的全部 2^n 个最小项，可以寻址 2^n 个单元。ROM 通常还有一个片选输入端 $\overline{CS}$（Chip Select）和一个数据三态输出的使能端 $\overline{OE}$（Output Enable），用来实现对输出的三态控制。

通常用存储单元的个数（即字数）与字长的乘积来表示存储器的容量，也可用符号 C 表示，存储器的容量越大说明能存储的数据越多。n 位地址码、m 位字长的存储器的存储容量

（单位：位）为 $2^n \times m$。在计算机中,常将 $2^{10}=1\ 024$ 称为 $1\ k$, $2^{20}=1\ 048\ 576$ 称为 $1\ M$, 2^{30} 称为 $1\ G$, 2^{40} 称为 $1\ T$。例如,一个容量为 $256\ k \times 4$ 的存储器的存储容量为 $1M$。

2.ROM 的类型

ROM 有多种类型,且每种 ROM 都有各自的特性和适用范围。从其制造工艺和功能上分,ROM 有五种类型,即掩膜型只读存储器 MROM、可编程只读存储器 PROM、可擦除可编程只读存储器 EPROM 可电擦除可编程的只读存储器 EEPROM(Elecrically Erasable Programmable ROM)和快擦除读写存储器(Flash Memory)。

1)掩膜编程只读存储器

掩膜型只读存储器(MROM)中存储的信息由生产厂家在掩膜工艺过程中"写入"。在制造过程中,将资料以一特制光罩(Mask)烧录于线路中,有时又称为"光罩式只读内存",此存储器的制造成本较低,常用于电脑的开机启动。其行线和列线的交点处都设置了 MOS 管,在制造时的最后一道掩膜工艺,按照规定的编码布局来控制 MOS 管是否与行线、列线相连。相连者定为 1(或 0),未连者为 0(或 1),这种存储器一旦由生产厂家制造完毕,用户就无法修改。

MROM 的主要优点是存储内容固定,掉电后信息仍然存在,可靠性高。缺点是信息一次写入(制造)后就不能修改,很不灵活且生产周期长,用户对生产厂家的依赖性大。

2)可编程只读存储器

可编程只读存储器(PROM)允许用户通过专用的设备(编程器)一次性写入自己所需要的信息,其一般可编程一次。PROM 存储器出厂时各个存储单元皆为 1,或皆为 0。用户使用时,再使用编程的方法使 PROM 存储所需要的数据。

PROM 的种类很多,需要用电和光照的方法来编写与存放程序和信息。但仅仅只能编写一次,第一次写入的信息就被永久性地保存起来。例如,双极性 PROM 有两种结构:一种是熔丝烧断型,一种是 PN 结击穿型。它们只能进行一次性的改写,一旦编程完毕,其内容便是永久性的。由于可靠性差,又是一次性编程, PROM 较少使用。PROM 中的程序和数据是由用户利用专用设备自行写入的,一经写入便无法更改,永久保存。PROM 具有一定的灵活性,适合小批量生产,常用于工业控制机或电器中。

3)可编程可擦除只读存储器

可编程可擦除只读存储器(EPROM)可多次编程,是一种以读为主的可写可读存储器,也是一种便于用户根据需要来写入,并能把已写入的内容擦去后再改写的 ROM。其存储的信息可以由用户自行加电编写,也可以利用紫外线光源或脉冲电流等方法先将原存的信息擦除,然后用写入器重新写入新的信息。 EPROM 比 MROM 和 PROM 更方便、灵活、经济实惠。但是 EPROM 采用 MOS 管,速度较慢。

擦除原存储内容的方法有多种:电的方法(称电可改写 ROM)或用紫外线照射的方法(称光可改写 ROM)。光可改写 ROM 可利用高电压将资料或程序写入,抹除时将线路曝光于紫外线下,则数据可被清空。EPROM 可重复使用,通常在封装外壳上会预留一个石英透明窗以方便曝光。

4)电可擦除可编程只读存储器

电可擦除可编程序只读存储器(EEPROM)是一种随时可写入而无须擦除原先内容的

存储器,其写操作比读操作时间要长得多，EEPROM 把不易丢失数据和修改灵活的优点组合起来,修改时只需使用普通的控制、地址和数据总线。EEPROM 运作原理类似于 EPROM,但抹除的方式是使用高电压完成的,因此不需要透明窗。 EEPROM 比 EPROM 贵、集成度低、成本高,一般用于保存系统设置的参数、IC 卡上的存储信息、电视机或空调中的控制参数。但由于其可以在线修改,所以可靠性不如 EPROM。

5)快擦除读写存储器

快擦除读写存储器(Flash Memory)是英特尔公司于 20 世纪 90 年代中期发明的一种高密度、非易失性的读/写半导体存储器,它既有 EEPROM 的特点,又有 RAM 的特点,是一种全新的存储结构,俗称快闪存储器。快闪存储器的价格和功能介于 EPROM 和 EEPROM 之间。与 EEPROM 一样,快闪存储器使用电可擦技术,整个快闪存储器可以在一秒钟至几秒内被擦除,速度比 EPROM 快得多。另外,它能擦除存储器中的某些块,而不是整块芯片。然而,快闪存储器不提供字节级的擦除,与 EPROM 一样,快闪存储器每位只使用一个晶体管,因此能获得与 EPROM 一样的高密度(与 EEPROM 相比)。快闪存储器芯片采用单一电源(3 V 或者 5 V)供电,擦除和编程所需的特殊电压由芯片内部产生,因此可以在线擦除与编程。快闪存储器也是典型的非易失性存储器,在正常使用情况下,其浮置栅中所存电子可保存 100 年而不丢失。

目前,快闪存储器已广泛用于制作各种移动存储器,如 U 盘及数码相机/摄像机所用的存储卡等。

6)一次编程只读内存

一次编程只读内存(One Time Programmable Read Only Memory， OTPROM)的写入原理同 EPROM,但是为了节省成本,编程写入之后就不再抹除,因此不设置透明窗。

9.2.2　随机存储器(RAM)

随机存取存储器(RAM),也叫主存,是与 CPU 直接交换数据的内部存储器。它可以随时读写(刷新时除外),而且速度很快,通常作为操作系统或其他正在运行中的程序的临时数据存储介质。RAM 工作时可以随时从任何一个指定的地址写入(存入)或读出(取出)信息。它与 ROM 的最大区别是数据的易失性,即一旦断电所存储的数据将随之丢失。RAM 在计算机和数字系统中用来暂时存储程序、数据和中间结果。根据存储单元的工作原理,RAM 分为静态 RAM 和动态 RAM。

1.RAM 的基本结构

RAM 主要由存储矩阵、地址译码器和读/写控制电路 3 部分组成,其框图如图 9-2 所示。

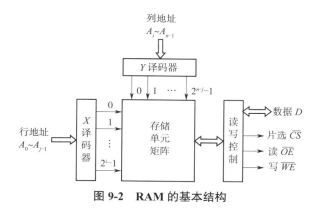

图 9-2　RAM 的基本结构

存储矩阵由许多存储单元排列组成,每个存储单元能存放一位二值信息(0 或 1),在译码器和读/写电路的控制下,进行读/写操作。

地址译码器一般都分成行地址译码器和列地址译码器两部分。行地址译码器将输入地址代码的若干位 $A_0 \sim A_i$ 译成某一条字线有效,从存储矩阵中选中一行存储单元;列地址译码器将输入地址代码的其余若干位($A_{i+1} \sim A_{n-1}$)译成某一根输出线有效,从字线选中的一行存储单元中再选一位(或 n 位),使这些被选中的单元与读/写电路和 I/O(输入/输出)端接通,以便对这些单元进行读/写操作。

读/写控制电路用于对电路的工作状态进行控制。$\overline{CS}$ 称为片选信号。当 $\overline{CS} = 0$ 时,RAM 工作;$\overline{CS} = 1$ 时,所有 I/O 端均为高阻状态,不能对 RAM 进行读/写操作。$\overline{WE}$ 称为读/写控制信号。$\overline{WE} = 1$ 时,执行读操作,将存储单元中的信息送到 I/O 端;当 $\overline{WE} = 0$ 时,执行写操作,加到 I/O 端的数据被写入存储单元。

2. 静态随机存取存储器

静态随机存取存储器(SRAM)是在静态触发器的基础上附加门控管而构成的。因此,它是靠触发器的自保功能存储数据的。SRAM 存放的信息在不停电的情况下能长时间保留,状态稳定,无须外加刷新电路,从而简化了外部电路设计。但由于 SRAM 的基本存储电路中所含晶体管较多,故集成度较低,且功耗较大。

3. 动态随机存取存储器

动态随机存取存储器(Dynamic Random Access Memory,DRAM)通常以一个电容和一个晶体管为一个单元排成二维矩阵。基本的操作机制分为读(read)和写(write),读的时候先让 Bitline(BL)先充电到操作电压的一半,然后再把晶体管打开让 BL 和电容产生电荷共享的现象,若内部存储的值为 1,则 BL 的电压会被电荷共享抬到高于操作电压的一半,反之,若内部存储的值为 0,则会把 BL 的电压拉低到低于操作电压的一半。得到了 BL 的电压后,在经过放大器来判别出内部的值 0 和 1。写的时候会把晶体管打开,若要写 1 时,则把 BL 电压抬高到操作电压使电容上存储操作电压;若要写 0 时,则把 BL 降低到 0 V 使电容内部没有电荷。由于在现实中,晶体管会有漏电电流的现象,导致一段时间后电容上所存储的电荷数量并不足以正确地判别数据,而导致数据毁损。因此对于 DRAM 来说,周期性地充电是一个必备的步骤。由于这种需要定时刷新的特性,因此被称为"动态"。相对来说,静态随机存取存储器(SRAM)只要存入数据后,纵使不刷新也不会丢失记忆。

与 SRAM 相比,DRAM 的优势在于结构简单——每一个比特的数据都只需一个电容跟一个晶体管来处理,相比之下 SRAM 存储一个比特的信息通常需要六个晶体管。正因这个缘故,DRAM 拥有非常高的密度,单位体积的容量较高,因此成本较低。但相反,DRAM 也有访问速度较慢、耗电量较大的缺点。

9.2.3　存储器的扩展

尽管目前已有各种容量非常丰富的存储器件产品,但在实际使用时,单片存储器件仍然很难满足对存储容量的要求,需要对存储器的容量进行扩展。当存储器的数据位数(字长)不够时,需要扩展存储器的数据位数,称为位扩展;当存储器的单元数(字数)不够时,需要扩展存储器的单元数,称为字扩展。当存储器的数据位数和单元数都不够用时,就需要同时采用位扩展和字扩展方法。下面通过一个具体实例介绍存储器的一般扩展和使用方法。

1. 位扩展

位扩展可以利用芯片的并联方式实现,图 9-3 所示是用 8 片 $1\,024 \times 1$ 位的 RAM 扩展为 $1\,024 \times 8$ 位 RAM 的示意图。其中,8 片 RAM 的所有地址线、片选、读写控制线分别对应并接在一起,而每一片的 I/O 端作为整个 RAM 的 I/O 端的一位。

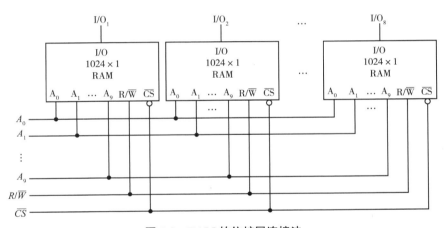

图 9-3　RAM 的位扩展连接法

ROM 芯片上没有读/写控制端,位扩展时其余引出端的连接方法与 RAM 相同。

2. 字扩展

字扩展可以利用外加译码器控制芯片的片选($\overline{CS}$)输入实现。

图 9-4 所示是用字扩展方式将 4 片 256×8 位的 RAM 扩展为 $1\,024 \times 8$ 位 RAM 的示意图。其中,译码器的输入是系统的高位地址 A_9、A_8,其输出是各片 RAM 的片选信号。若 $A_9A_8=01$,则 RAM(2)片的 $\overline{CS}$ 为 0,其余各片 RAM 的 $\overline{CS}$ 均为 1,故选中第二片。只有该片的信息可以读出,送到位线上,读出的内容则由低位地址 $A_7\sim A_0$ 决定。显然,4 片 RAM 轮流工作,任何时候,只有一片 RAM 处于工作状态,整个系统字数扩大了 4 倍,而字长仍为 8 位。

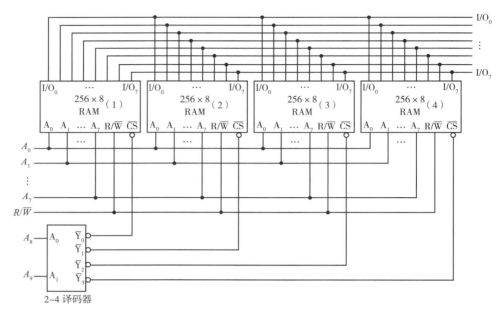

图 9-4　RAM 的字扩展

9.3　可编程逻辑器件

☑ 【本节内容简介】

本节主要详细介绍可编程逻辑器件的基础知识,包括低密度可编程逻辑器件和高密度可编程逻辑器件的类别、基本结构和工作原理等。

可编程逻辑器件(Programmable Logic Device, PLD)是出现于 20 世纪 70 年代的一种可以由用户编程、配置的半定制逻辑器件。特别适宜于构造小批量生产的系统,或在系统开发研制过程中使用。PLD 是大规模集成电路技术发展的产物,结合计算机控制技术可以快速、方便地构建数字系统。PLD 的研制成功解决了因器件用量不大情况下通用型和专用型集成电路成本和设计制造周期问题。PLD 集成度很高,足以满足一般数字系统的需要,一片 PLD 芯片可代替几十片或上百片中小规模的数字集成电路芯片,它的出现给数字电路逻辑设计带来了崭新的变化,大有代替各种常规组合电路和时序电路的趋势。

目前,生产可编程逻辑器件的厂家主要有 Xilinx 和 Altera 公司等。PLD 大致经历了从 PROM、PLA、PAL、GAL、EPLD、CPLD、FPGA 的发展过程。其具体发展概况如下。

20 世纪 70 年代推出的 PLD 主要有可编程只读存储器(PROM)、可编程逻辑阵列(PLA)和可编程阵列逻辑(PAL)。PROM 是最早出现的 PLD 器件,由一个与阵列和一个或阵列组成,与阵列是固定的,或阵列是可编程的。PLA 由一个与阵列和一个或阵列组成,但其与阵列和或阵列都是可编程的。PAL 的与阵列是可编程的,而或阵列是固定的,它有多种输出和反馈结构,因而给逻辑设计带来了极大的灵活性,得到了广泛应用。

20 世纪 80 年代, PLD 持续发展,相继推出通用阵列逻辑(GAL)、可擦除可编程逻辑器件(EPLD)、复杂可编程逻辑器件(CPLD)和现场可编程门阵列(FPGA)等可编程器件。这些器件在集成规模、工作速度以及设计的灵活性等方面都有显著提高,相应的支持软件也得到了迅速发展。

20 世纪 90 年代以来,高密度 PLD 在生产工艺、器件密度、编程和测试技术等方面都有了飞速发展,并诞生了在系统编程(ISP)技术。该技术使用户具有在自己设计的目标系统中或线路板上为重构逻辑而对逻辑器件进行编程或反复改写的能力。为用户提供了传统 PLD 技术无法达到的灵活性,带来了极大的时间效益和经济效益,使可编程逻辑技术产生了实质性飞跃。

随着电子设计自动化技术(EDA)的迅速发展, PLD 不仅简化了数字系统设计过程、缩短了设计时间、降低了系统的体积和成本、提高了系统的可靠性和保密性,而且使用户从被动地选用厂商提供的通用芯片发展到主动地投入芯片的设计和使用,从根本上改变了系统设计方法,使各种逻辑功能的实现变得十分灵活和便利。

9.3.1　PLD 基础

1.PLD 基本结构

由于任何一个组合逻辑电路都可以用与-或逻辑表达式描述,而任何一个时序逻辑电路总可以由组合逻辑电路与存储单元构成反馈的形式。因此, PLD 的基本结构由输入电路、与阵列、或阵列和输出电路组成。其中,与阵列对输入电路的输入项进行与运算,其输出在或阵列中进行或运算,如图 9-5 所示。与阵列和或阵列是构成 PLD 的核心部分,是实现逻辑功能的主体。

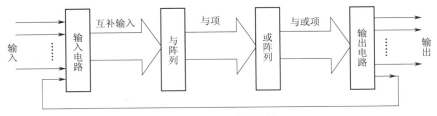

图 9-5　PLD 基本结构

2.PLD 的逻辑符号表示方法

由于 PLD 内部电路连接规模十分庞大,所用门电路输入/输出端数量繁多,用逻辑电路的一般表示方法难以描述其内部电路结构,给 PLD 的设计和应用带来了诸多不便。PLD 表示方法在芯片内部配置和逻辑图之间建立了一一对应的关系,对描述 PLD 基本结构的有关逻辑符号和规则做出了某些约定,形成了一种紧凑而又易于识读的表达形式。

表 9-1　PLD 逻辑符号表示方法

项目	PLD 逻辑符号表示方法	项目	PLD 逻辑符号表示方法
输入缓冲器	A —▷ $\boxed{1}$ — A / $\bar{A}$	或门阵列	$F=A+C$
与门阵列	$F=ABD$	连接画法	永久性连接　可编程连接　断开连接

1）输入缓冲器

输入缓冲器可产生输入变量的原变量和反变量,并提供足够的驱动能力。

2）与门和或门

为了方便逻辑图的表示,PLD 器件中与门和或门的逻辑表示方法如表 9-1 所示。其中输入线画成横线,所有的输入变量都称为输入项,并画成与横线垂直的竖线,它们共用一条输入线。竖线与横线的交叉点标有"·",表示永久性连接,或叫硬线连接,用户不可改变;交叉点上的"×"表示可编程连接点;交叉点没有标记表示断开的连接点。

3.PLD 的分类及特点

PLD 有多种结构形式和制造工艺,产品种类繁多,存在着不同的分类方法。

按照集成度进行分类,通常将 PLD 分为低密度可编程逻辑器件（LDPLD）和高密度可编程逻辑器件（HDPLD）两大类,如图 9-6 所示。LDPLD 是指集成度小于 1 000 门的可编程逻辑器件。例如,PROM、PLA、PAL、GAL 等都属于 LDPLD。HDPLD 是指集成度高于 1 000 门的可编程逻辑器件。例如,EPLD、CPLD、FPGA 等都属于 HDPLD。

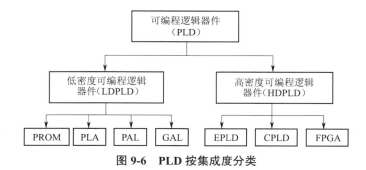

图 9-6　PLD 按集成度分类

按照结构特点分类,可以划分为阵列型 PLD 和单元型 PLD。阵列型 PLD 基本结构由与阵列和或阵列组成,简单 PLD（如 PROM、PLA、PAL 和 GAL 等）、EPLD 和 CPLD 都属于阵列型 PLD。单元型 PLD 具有门阵列的结构形式,由许多可编程单元排成阵列组成,现场可编程门阵列（FPGA）就属于单元型 PLD。

9.3.2　低密度 PLD

1. PROM 结构

PROM 是由固定的与阵列和可编程的或阵列组成的。与阵列为固定地址译码方式,有

三个地址输入 A_2、A_1、A_0，经地址译码器译码后产生 8 条字线，存储矩阵有三个数据输出 D_2、D_1、D_0，所以该 PROM 的存储容量为 8×3，如图 9-7 所示。PROM 一般用来存储计算机程序和数据，它的输入是计算机存储器地址，输出是存储单元的内容。当输入变量为 n 个时，阵列的规模为 2^n，每个或门有 2^n 输入可供选择，由用户编程来选定。在 PROM 的输出端，输出表达式是最小项之和的标准与或式。所以，用 PROM 实现组合逻辑函数时，输入信号从 PROM 的地址输入端加入，输出信号由 PROM 的数据输出端产生。

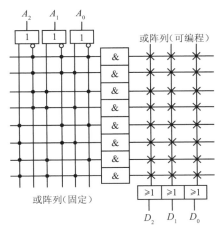

图 9-7　PROM 结构

2. PLA 结构

在 ROM 中，与阵列是全译码方式。在全译码阵列中的所有输入组合，并不需要使用输入变量的全部乘积项，当输入信号较多时，用 PROM 实现函数的效率太低，从而造成了硬件的浪费。

PLA 是为设计逻辑电路而专门开发的可编程逻辑器件，它的出现弥补了 PROM 的不足。PLA 的结构与 ROM 类似，基本结构也是与阵列和或阵列，其都是可编程的，也就是它的与阵列可按需要产生任意的与项，或阵列也可按需要产生任意的或项，如图 9-8 所示。所以 PLA 是处理逻辑函数的一种更有效的方法，可以用来实现逻辑函数的最简与、或表达式。

由于 PLA 的与阵列和或阵列均可编程，所以使阵列规模比 PROM 小很多，使设计工作也变得容易得多。然而，它也存在缺点：这种结构可编程阵列有两个，编程较为复杂；对于实现较简单的逻辑函数是比较浪费的；支持 PLA 的开发软件有难度且较贵。上述缺点导致了 PLA 应用受到了一定的限制。

3. PAL 结构

PAL 是在 PROM 和 PLA 基础上发展起来的，它比 PROM 灵活，便于实现多种逻辑功能，同时又比 PLA 工艺简单，易于编程和实现。它是目前使用较多的可编程逻辑器件之一。

PAL 的基本结构包括可编程的与阵列、固定的或阵列和输出逻辑电路三部分，如图 9-9 所示。这种结构形式为实现大部分逻辑函数提供了有效的方法。PAL 的输出通过触发器送给输出缓冲器，同时也可以将状态反馈回与阵列，这样使 PAL 器件具有记忆功能。因此，PAL 器件可以构成状态时序机，实现加、减计算及移位、分支操作等。

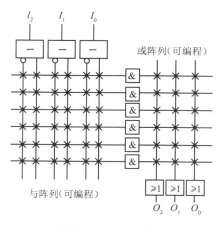

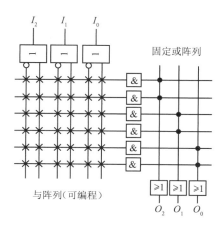

图 9-8　PLA 结构　　　　　　　　　　　图 9-9　PAL 结构

4. GAL 结构

为了克服 PAL 的输出电路结构形式多样给应用带来的麻烦,20 世纪 80 年代中期推出 GAL 器件在 PAL 基础上发展起来的新型器件,它不但继承了 PAL 的与或阵列结构,还采用了 EECMOS 新工艺,使 GAL 具有电可擦除、可重新编程和可重新配置其结构等功能。其在输出端设置了可编程的输出逻辑宏单元 OLMC,通过编程可以将 OLMC 设置成不同的工作状态,能灵活地改变工作模式。

GAL 可以实现既有组合逻辑电路又有时序逻辑电路功能的数字小系统,在研制和开发数字系统时更为方便,可在数字信号处理、图像处理、存储器控制、微处理器控制、总线接口、通信工业控制等领域应用。

目前较常用的 GAL 产品包括:GAL16V8 和 GAL20V8,此类 GAL 与 PAL 相似,与阵列可编程,或阵列固定连接;GAL39V18,此类 GAL 与 PAL 相同,与、或阵列均可编程。现以 GAL16V8 为例说明 GAL 的结构,GAL 主要由五部分组成,如图 9-10 所示。

（1）8 个输入缓冲器(管脚 2~9 作固定输入);

（2）8 个输出缓冲器(管脚 12~19 作为输出缓冲器的输出);

（3）8 个输出逻辑宏单元(OLMC12~19,或门阵列包含在其中);

（4）可编程与门阵列(由 8×8 个与门构成,形成 64 个乘积项,每个与门有 32 个输入端,故可编程与阵列共有 $32 \times 8 \times 8 = 2\ 048$ 个可编程单元);

（5）8 个输出反馈/输入缓冲器(即中间一列 8 个缓冲器)。

GAL16V8 的逻辑电容图如图 9-11 所示。

除以上 5 个组成部分外,GAL16V8 还有 1 个系统时钟 CLK 的输入(管脚 1),一个输出三态控制端 $\overline{OE}$ 、(管脚 11)一个电源 V_{CC} 端(管脚 20,通常 $V_{CC} = 5\ V$)和一个接地端 GND (管脚 10)。

由图 9-11 可以看出,在 PAL 的基础上,GAL 的输出电路部分增设了可编程的输出逻辑宏单元(OLMC),通过编程可将 OLMC 设置为不同的工作状态,从而实现 PAL 的所有输出结构,产生组合、时序逻辑电路出。

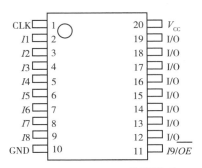

图 9-10 GAL16V8 管脚排列

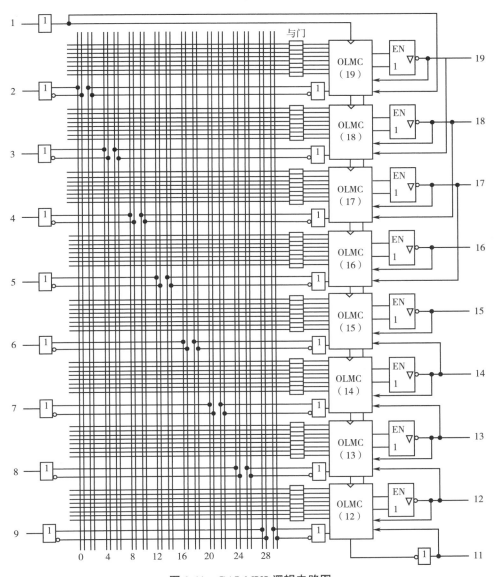

图 9-11 GAL16V8 逻辑电路图

9.3.3 高密度 PLD

EPLD 和 CPLD 都是从 PAL、GAL 基础上发展起来的高密度阵列型 PLD,大多采用了 CMOS 工艺的 EPROM、EEPROM 和快速闪存等编程技术,具有高密度、高速度和低功耗等优点。大多数 EPLD 和 CPLD 器件至少包含三种结构:可编程逻辑宏单元 GLB、可编程 I/O 单元和可编程内部连线。而 FPGA 不像 PLD 那样受结构限制,它是由许多独立的可编程逻辑模块组成,是一种单元型可编程逻辑器件。

1. EPLD

可擦除可编程逻辑器件(EPLD)是在 PAL、GAL 之后推出的,其功能集成度远高于后两者,基本结构相似,是一种高密度可编程逻辑器件,可用于大规模集成电路。其由可编程与阵列、可编程寄存器、可编程 I/O 接口构成基本逻辑单元。EPLD 的可编程与阵列规模更大,使得集成密度大幅提高,可达 10 000 门以上,属于高密度 PLD;内部连线相对固定,逻辑单元可无限制内部互连;采用新型制造技术,产品功耗低、成本较低。总体来看,与 GAL 相比,EPLD 具有设计灵活、集成度高、可多次编程、延时小、可在高频条件下工作等特点。

EPLD 可以根据客户要求灵活设计电路,可降低芯片设计周期;由于 EPLD 的延时固定,逻辑单元实现任何功能都具有同样速度。EPLD 应用于大规模集成电路时,拥有体积小、可靠性高、价格低廉等优点。因此,EPLD 是重要的可编程逻辑器件产品类型之一,用途广泛。

EPLD 下游可应用范围较为广泛。EPLD 可用于高压断路器制造,对监测到的信号进行处理,能够简化系统电路,提高系统灵活性与稳定性;可用于雷达制造,如制造民航领域需求的单脉冲二次雷达,因为 EPLD 可进行编程控制,满足雷达双机热备份要求,以及对电路进行检测,满足雷达信号处理系统要求;可用于滤波器制造,EPLD 编程灵活方便,可以抑制低频线路干扰,实现增强滤波器抗干扰性能的作用。

在 GAL 器件的与或逻辑阵列中,每个或门输入的一组乘积项数是固定的,而且在许多情况下,每一组数目又是相等的。但由于需要产生的与或逻辑函数所包含的乘积项各不相同,因而与或阵列的乘积项就得不到充分的利用。为了克服这种局限性,在 EPLD 的与或逻辑阵列上可做一些改进。

EPLD 的输出结构和 GAL 相似,也采用了 OLMC。但由于增加了对 OLMC 中触发器的预置和清零功能,使其具有更大的灵活性。

2. CPLD

复杂可编程逻辑器件 CPLD 是在 EPLD 基础上发展起来的,与 EPLD 相比,它增加了内部连线,对逻辑宏单元和 I/O 单元都做了重大改进。CPLD 主要由可编程逻辑宏单元围绕中心的可编程互连矩阵单元组成。具有复杂的 I/O 单元互连结构,可由用户根据需要生成特定的电路结构,可用来实现大逻辑功能。其主要结构至少包括逻辑阵列块、可编程相互连接阵列和 I/O 控制块三部分,如图 9-12 所示。

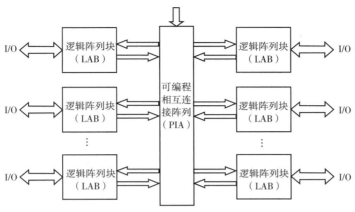

图 9-12 CPLD 的主要结构

1）逻辑阵列块（LAB）

CPLD 中的基本逻辑单元是宏单元,可以用来实现基本的逻辑功能。每个逻辑阵列块包括可编程与阵列、乘积项分配器和十多个宏单元。每个宏单元由逻辑阵列、乘积项选择阵列和可编程寄存器组成,可以被配置为时序逻辑方式或组成逻辑方式,或者把这些乘积项作为宏单元的辅助输入来实现寄存器清除、预置、时钟和时钟使能等控制功能,两种扩展乘积项可用来补充宏单元的逻辑资源。

2）可编程相互连接阵列（PIA）

通过可编程相互连接阵列把各逻辑阵列快相互连接构成所需的逻辑,任何宏单元都可以连接到相同逻辑阵列块内部的其他宏单元,也可以连接到其他设备逻辑阵列块中的宏单元上,或连接到其他 I/O。

这种互联机制非常灵活,各互联矩阵通过连线接收来自专用输入或输出端口的信号,并把宏单元的信号反馈到目的地,允许在不影响管脚分配的情况下改变内部设计。

3）I/O 控制块

I/O 控制块是内部信号到 I/O 管脚的接口部分,负责控制输入输出的电气特性,可控制 I/O 管脚单独地配置为输入、输出或双向方式。所有 I/O 管脚都有一个三态缓冲器,由全局使能信号中的一个控制。还可以对 I/O 管脚进行编程,通过每个管脚寄存器配置实现输入输出的不同工作状态。

3. FPGA

现场可编程门阵列（FPGA）是 20 世纪 80 年代中期由美国 Xilinx 公司首先推出的一种大规模可编程数字集成电路器件。它不像 PLD 那样受结构的限制,它可以靠门与门的连接来实现任何复杂的逻辑电路,更适合实现多级逻辑功能。FPGA 的编程单元基于静态存储器（SRAM）加载配置数据,配置数据可以存储在片外的 EPROM 或计算机上,并借助计算机自行设计功能仿真和实时仿真。设计人员可在现场修改器件的逻辑功能,控制数据加载的过程,实现了现场可编程。

FPGA 的基本结构主要由可编程逻辑块 CLB、可编程 I/O 模块 IOB 和可编程内部连线 PI 组成,如图 9-13 所示。FPGA 将逻辑功能块排成阵列,并由可编程的互连资源连接这些功能块,来实现各种逻辑设计。不同厂家生产的 FPGA 各有特点,比较典型的是 Xilinx 公司的 XC 系列和 Altera 公司的 FLEX 系列。

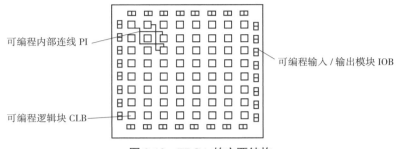

图 9-13 FPGA 的主要结构

1)可编程逻辑块(CLB)

CLB 是 FPGA 的基本逻辑单元,由可编程的组合逻辑块和寄存器构成。寄存器的输入可为组合逻辑块或 CLB 的输出,寄存器的输出也可驱动组合逻辑部分,它们通常规则地排列成一个阵列,分布于芯片中央,实现规模不大的组合逻辑、时序逻辑电路。FPGA 的不同系列产品,它的 CLB 功能原理相同,但结构和性能有差异。

2)可编程 I/O 模块(IOB)

IOB 分布于逻辑单元阵列四周,是芯片内部逻辑与外部封装管脚之间的接口。每个 IOB 控制一个外部管脚,可通过编程实现不同的逻辑功能和逻辑接口的需要。例如,XC3000/3100 和 XC4000 系列器件的每个 IOB 控制一个管脚,可通过编程定义该管脚为输入、输出或双向传输三种功能。XC4000 系列的 IOB 还增加了时钟极性、输出缓冲器等可选择项,令逻辑设计更加灵活。

3)可编程内部连线(PI)

可编程内部连线资源分布于 CLB 和 IOB 之间,实现各模块之间的互联而设计成可编程的互联网络结构,构成了特定功能的电路。可编程连接线包括内部连接导线、可编程连接点和可编程互联开关矩阵,PI 通过 SRAM 配置、控制的可编程连接点与 CLB、IOB 和开关矩阵相连,实现系统布线。PI 又分为单长线、双长线和长线三种类型,使布线方式更多,更加灵活。

相比于 CPLD,FPGA 在结构特点和工作原理方面有以下不同点。

(1)FPGA 采用 SRAM 编程技术,可以重复编程,但属于易失性元件,掉电后 SRAM 中的数据丢失。因此,需要 FPGA 外部加 EPROM,将配置数据写入其中,系统每次上电自动将数据引入 SRAM。而 CPLD 采用 EEPROM 存储技术,可重复编程,且掉电后数据不易失,增强了数据的保密性。

(2)FPGA 具有丰富的触发器资源,更容易实现时序逻辑电路。若要实现较复杂的组合逻辑电路则需要几个 CLB 结合起来使用。而 CPLD 采用与或阵列结构,使其更适合实现大规模的组合逻辑电路,但其触发器资源相对较少。

(3)FPGA 内部具有丰富的连线资源,CLB 规模小,系统综合时可进行充分优化,芯片利用率较高,以达到逻辑的最高利用。CPLD 宏单元的与或阵列较大,一般不能完全被应用,容量也有限,限制了器件的灵活布线,因此利用率较 FPGA 低。

（4）FPGA 每次编程时,实现的逻辑功能相同,但走的线路不同,因此延时难以预测,要求开发软件允许工程师对关键的路线给予限制。CPLD 每次布线路径一样,延时较小,消除了分段式互联结构在定时上的差异,且在逻辑单元之间能够提供快速、固定的延时通道。因此,FPGA 相比 CPLD 具有较强的逻辑功能和较高的集成度。

总的来说,FPGA 具有高密度、高速率、系列化、标准化、小型化、多功能、低功耗、低成本、设计灵活方便、可无限次反复编程、并可现场在线仿真调试验证等优点。使用 FPGA 可以完成电子系统几天到几周的复杂设计和制作过程,大大缩短了研发周期,达到了快速上市和进一步降低成本的目的。

9.4　可编程逻辑器件的设计与开发

☑ 【本节内容简介】

本节主要详细介绍可编程逻辑器件的设计与开发方法和步骤以及常用的 EDA 工具软件简介。

电子设计自动化（EDA）技术的发展以高级语言描述、系统级仿真和综合技术为特征,使设计者更多考虑的是"要设计什么",而不是"如何设计",传统的"固定功能集成块+连线"的设计方法已开始逐步退出历史舞台。借助 EDA 工具,基于可编程逻辑芯片的设计方法成为现代数字电路系统设计的主流,设计者可以将自己的新产品、新思路直接送入设计系统并有效、迅速地转变为产品,大大缩短了产品研制的周期。

可编程逻辑器件的设计一般可分为设计输入、设计实现（包括功能仿真和时序仿真）、器件编程和器件测试等流程。设计者可以计算机硬件和系统软件为操作平台,借助开发软件如 MAX+PLUS Ⅱ 和 Quartus Ⅱ 等、VHDL 或 Verilog 硬件编程描述语言以及电路图,采用系统级自顶向下、逐步细化的模块化设计方法,完成现代数字系统的全流程设计。

一般地,可编程逻辑器件的具体设计步骤如下。

1）设计输入

根据设计任务结合选用可编程模拟器件的资源和结构特点,以常用的输入方式（原理图和硬件描述语言）写入开发软件的编辑界面,确定初步设计方案。

2）设计实现

首先是设计准备,对设计输入文件进行编译、优化和综合、分配等处理,对各功能模块进行细化,并利用开发工具输入或调用宏函数自动生成电原理图;其次是布局布线,确定各电路要素与器件资源之间的对应关系以及器件内部的信号连接等,可自动或手动完成;最后是设计仿真,对上述逻辑设计进行功能仿真和时序仿真,以验证设计逻辑是否满足设计要求,若不满足,应返回上一步进行修改。

3）器件编程

将开发工具自动生成的编程数据和文件下载到器件内部的配置数据存储器中。该过程可以在线配置方式完成,也可利用编程器脱机编程。

4)器件测试

利用电子测量仪器对配置后的器件及电路进行实际测试,详细验证其各项功能和指标,排除错误,改进和完善设计。

应用可编程逻辑器件设计数字电路,必须有相应的硬件工具和开发系统软件的支持。对于低密度可编程逻辑器件需要专用的硬件编程器完成对器件的编程,对于在系统编程(ISP)器件,如 CPLD 和 FPGA 等,则无须用专用编程器。

下面介绍两种最常用的 EDA 工具软件:MAX+PLUS Ⅱ 和 Quartus Ⅱ。

(1)MAX+PLUS Ⅱ 的特点如下。

①开放的界面:MAX+PLUS Ⅱ 支持与 Cadence、Exemplarlogic、Mentor Graphics、Synplicty、Viewlogic 和其他公司所提供的 EDA 工具接口。

②与结构无关:MAX+PLUS Ⅱ 软件的核心 Complier 支持 Altera 公司的 FLEX10K、FLEX8000、FLEX6000、MAX9000、MAX7000、MAX5000 和 Classic 可编程逻辑器件,提供了世界上唯一真正与结构无关的可编程逻辑设计环境。

③完全集成化:MAX+PLUS Ⅱ 的设计输入、处理与较验功能全部集成在统一的开发环境下,这样可以加快动态调试、缩短开发周期。

④丰富的设计库:MAX+PLUS Ⅱ 提供丰富的库单元供设计者调用,其中包括 74 系列的全部器件和多种特殊的逻辑功能(Macro-Function)以及新型的参数化的兆功能(Mage-Function)。

⑤模块化工具:设计人员可以从各种设计输入、处理和校验选项中进行选择从而使设计环境用户化。

⑥硬件描述语言(HDL):MAX+PLUS Ⅱ 软件支持各种 HDL 设计输入选项,包括VHDL、Verilog HDL 和 Altera 自己的硬件描述语言 AHDL。

⑦Opencore 特征:MAX+PLUS Ⅱ 软件具有开放核的特点,允许设计人员添加自己认为有价值的宏函数。

(2)Quartus Ⅱ 的特点如下。

Quartus Ⅱ 可以在 Windows、Linux 以及 Unix 上使用,除了可以使用 Tcl 脚本完成设计流程外,它还提供了完善的用户图形界面设计方式。它具有运行速度快、界面统一、功能集中、易学易用等特点。

Quartus Ⅱ 支持 Altera 的 IP 核,包含了 LPM/Mega Function 宏功能模块库,使用户可以充分利用成熟的模块,简化了设计的复杂性、加快了设计速度。它对第三方 EDA 工具的良好支持也使用户可以在设计流程的各个阶段使用熟悉的第三方 EDA 工具。

此外, Quartus Ⅱ 通过和 DSP Builder 工具与 Matlab/Simulink 相结合,可以方便地实现各种 DSP 应用系统;支持 Altera 的片上可编程系统(SOPC)开发,集系统级设计、嵌入式软件开发、可编程逻辑设计于一体,是一种综合性的开发平台。

MAX+PLUS Ⅱ 作为 Altera 的上一代 PLD 设计软件,由于其出色的易用性而得到了广泛的应用。目前 Altera 已经停止了对 MAX+PLUS Ⅱ 的更新支持, Quartus Ⅱ 与之相比不仅仅是支持器件类型的丰富和图形界面的改变。Altera 在 Quartus Ⅱ 中包含了许多诸如

SignalTap Ⅱ、Chip Editor 和 RTL Viewer 的设计辅助工具,集成了 SOPC 和 HardCopy 设计流程,并且继承了 MAX+PLUS Ⅱ 友好的图形界面及简便的使用方法。

Quartus Ⅱ 作为一种可编程逻辑的设计环境,由于其强大的设计能力和直观易用的接口,越来越受到数字系统设计者的欢迎。

本章小结

本章学习的重点:了解半导体存储器和可编程逻辑器件的基本结构,半导体存储器的扩展。

学习的难点:可编程逻辑器件的设计与开发。

(1)存储器是一种可以存储数据或信息的半导体器件,它是现代数字系统特别是计算机的重要组成部分。按照所存内容的易失性,存储器可分为只读存储器和随机存取存储器。

(2)可编程逻辑器件应用越来越广泛,用户可以通过编程确定该类器件的逻辑功能。普通可编程逻辑器件 PAL 和 GAL 结构简单,具有成本低、速度快等优点,但其规模较小,难于实现复杂的逻辑。而 CPLD 和 FPGA 具有集成度高、使用方便和灵活等优点。

本章中的关键术语如下。

地址(address):存储器中的某个位置。

字节(byte):8 位二进制数构成的一组数据。

ROM:只读存储器,一种只能从中读出数据的非易失性存储器。

RAM:随机存取存储器,一种可以对随机选择的地址进行读写的易失性存储器。

PLD:可编程逻辑器件,一种可以通过编程实现某种逻辑功能的集成电路。

PAL:可编程阵列逻辑,SPLD 的一种,一般只能进行一次编程。

GAL:通用阵列逻辑,SPLD 的一类,本质上是一种可再编程的 PAL。

CPLD:复杂可编程阵列逻辑器件,是 PLD 的一种,其中包含 2~64 个相同的 SPLD。

FPGA:现场可编程门阵列,是 PLD 的一种,一般比 CPLD 更复杂,并且具有不同的组成结构。

SPLD:简单可编程逻辑器件,是最简单的一种 PLD。PAL 和 GAL 都属于 SPLD 目标器件待编程的 PLD。

习题 9

一、填空题

9.1　一片容量为 1 k × 4 位的存储器,表示该存储器有(　　)个存储单元;有(　　)个地址,每个地址能写入或读出一个(　　)位二进制数。

A. 1024

B. 4

C. 4096

D. 8

9.2 信息只能读出存储器是( )。

A. ROM

B. RAM

C. EPROM

9.3 现有 $1k \times 4$ 的 RAM,欲将存储容量扩展为 $2k \times 8$ 的 RAM,应采用( )方式来实现。

A. 字扩展

B. 位扩展

C. 字和位两者组合扩展

9.4 某存储器有 11 条地址线和 8 条数据线,则该存储器的容量为( )。

A. 1024×8

B. 2048×8

C. 1024×4

9.5 GAL 是( )。

A. 可重复编程的逻辑器件

B. 出厂前已编程的逻辑器件

C. 一次性可编程的逻辑器件

二、判断题

9.6 只读存储器只用于存储永久性的数据。( )

9.7 静态 RAM 是指存储的数据不经常改变。( )

9.8 存储器都可以用来设计组合逻辑电路。( )

9.9 CPLD 数据不易丢失,用于数据保密的场合。( )

9.10 FPGA 是一次性编程的逻辑器件。( )

三、简答题

9.11 ROM 分为几种?都有哪些特性?

9.12 为什么说 ROM 实际是一种组合逻辑电路?

9.13 PAL 器件和 ROM 的区别是什么?

9.14 与 GAL 相比,CPLD 有哪些不同?

9.15 FPGA 有哪几种配置方式?各自特点是什么?

习题 9 参考答案

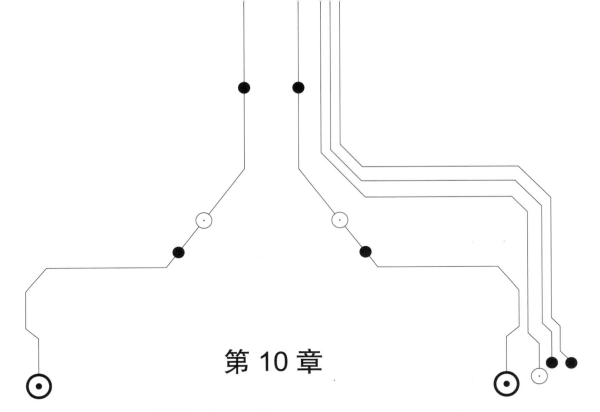

第 10 章

硬件描述语言 Verilog HDL

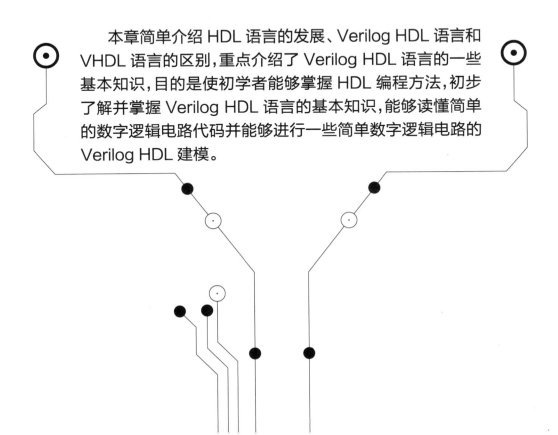

本章简单介绍 HDL 语言的发展、Verilog HDL 语言和 VHDL 语言的区别,重点介绍了 Verilog HDL 语言的一些基本知识,目的是使初学者能够掌握 HDL 编程方法,初步了解并掌握 Verilog HDL 语言的基本知识,能够读懂简单的数字逻辑电路代码并能够进行一些简单数字逻辑电路的 Verilog HDL 建模。

第 10 章　硬件描述语言 Verilog HDL

☑ 【学习目标】

（1）熟练掌握 Verilog HDL 语言的基本语法。
（2）掌握使用 Verilog HDL 设计常用数字逻辑电路。

本章简单介绍 HDL 语言的发展、Verilog HDL 语言和 VHDL 语言的区别，重点介绍 Verilog HDL 语言的一些基本知识，目的是使初学者能够掌握 HDL 编程方法，初步了解并掌握 Verilog HDL 语言的基本知识，能够读懂简单的数字逻辑电路代码并能够进行一些简单数字逻辑电路的 Verilog HDL 建模。

10.1　概述

☑ 【本节内容简介】

本节主要介绍 HDL 的一些基础知识，对比了 Verilog HDL 和 VHDL 语言，讨论了硬件描述语言的发展趋势。

电子设计自动化（Electronic Design Automation，EDA）是指利用计算机辅助设计（CAD）软件，完成超大规模集成电路（VLSI）芯片的功能设计、综合、验证、物理设计（包括布局、布线、版图、设计规则检查等）等流程的设计方式。

EDA 涵盖了电子设计、仿真、验证、制造全过程的所有技术，如系统设计与仿真，电路设计与仿真，印制电路板（PCB）设计与校验，集成电路（IC）版图设计、验证和测试，数字逻辑电路设计，模拟电路设计，数模混合设计，嵌入式系统设计，软硬件协同设计，芯片上系统（SoC）设计，可编程逻辑器件（PLD）和可编程系统芯片（SOPC）设计，专用集成电路（Application Specific Integrated Circuit，ASIC）和专用标准产品（ASSP）设计技术等。高级硬件描述语言和 IP 芯核被广泛采用，使电子设计方式及电子系统的概念发生了根本性改变。

硬件描述语言（Hardware Description Language，HDL）是一种用形式化方法描述数字电路和设计数字逻辑系统的语言。具体地说，HDL 就是指对硬件电路进行行为描述、寄存器传输描述或者结构化描述的语言。数字逻辑电路设计者可以利用这种语言从抽象到具体地描述自己的设计思想，用一系列分层次的模块表示复杂的数字逻辑系统。HDL 可应用到数字系统设计的各个阶段：建模、仿真、验证、综合。应用 HDL 进行数字系统设计已成为电子系统设计领域广泛使用的方法。

通过使用 HDL 和 EDA 工具进行设计的优势非常明显：数字逻辑电路设计者可利用

HDL 来描述自己的设计思想,然后利用 EDA 工具进行仿真,再由逻辑综合工具自动综合成门级电路;能够通过基于语言的描述,对于正在进行设计的电路自动进行综合,而不用经历人工设计方法中那些费力的步骤,如用卡诺图求最小逻辑等;最后用 ASIC 或 FPGA 实现其功能。

20 世纪 80 年代,出现了上百种硬件描述语言,对促进 EDA 技术的发展和电子技术的应用起到了极大的推动作用。常见的 HDL 主要有 Verilog HDL、VHDL、ABEL、AHDL、System Verilog 和 System C。其中 Verilog HDL 和 VHDL 在目前的 EDA 设计中应用最为广泛,也获得了几乎所有主流 EDA 工具的支持。

10.1.1　Verilog HDL 语言简介

1983 年,Gateway Design Automation 公司为其仿真器产品设计了一款 HDL,这就是 Verilog HDL 的前身。虽然这款 HDL 只在公司内部使用,但是由于该公司的仿真器产品受到普遍的欢迎,因此 Verilog HDL 也逐渐为广大的设计者们所接受。为了推广和普及,1990 年 Verilog HDL 被推荐给了广大 IC 设计师。1992 年 Verilog 国际性组织 OVI(Open Verilog International)开始促进 Verilog HDL 的标准化,1995 年 Verilog HDL 被批准成为 IEEE 标准(IEEE Std1364—1995)。Verilog HDL 借鉴了 C 语言的很多特性,因此它比其他 HDL 更容易学习。

Verilog HDL 是一种用于数字系统建模的 HDL,模型的抽象层次可以从开关级、门级到行为级。建模的对象可以简单到只有一个逻辑门,也可以复杂到一个完整的数字系统,用 Verilog HDL 可以分层次地描述数字系统。Verilog HDL 是在使用最广泛的 C 语言的基础上发展起来的,从 C 语言中继承了多种操作符和结构。Verilog HDL 的核心子集非常易于学习和使用,这对大多数建模应用来说已经足够了。使用同一种建模语言,就可对从最复杂的芯片到完整的电子系统进行描述。Verilog HDL 的主要功能如下。

（1）提供了基本的内置门原语,如 and、or 和 nand 等。这些门原语都是 Verilog HDL 内部固有的。

（2）创建了用户定义原语的灵活性。用户定义的原语既可以描述组合逻辑电路,也可以描述时序逻辑电路。

（3）提供了开关级原语,如 pmos 和 nmos 等,其也是 Verilog HDL 内部固有的。

（4）提供了明确的语言结构,以便为指定设计中端口到端口的延迟、路径延迟及设计的时序检测。

（5）可以采用 3 种不同的级别(门级、数据流级、行为级)或采用混合风格为设计建模。

（6）提供了两种数据类型:线网型和寄存器(变量)型。线网型可以描述结构化元件间的物理连线;而寄存器型可以描述抽象的数据存储元件。

（7）用模块实例引用结构,可以描述一个由任意多个层次构成的设计。

（8）设计规模可大可小,Verilog HDL 对设计的规模不施加任何限制。

（9）使用编程语言接口(PLI)机制,能够进一步扩展 Verilog HDL 的描述能力。PLI 是一些子程序的集合,这些子程序允许外部函数访问 Verilog HDL 模块的内部信息,允许设计者与仿真器进行交互。

（10）可以用 Verilog HDL 设计生成测试激励,并为测试制定约束条件。

（11）在行为级, Verilog HDL 不仅可以对设计进行寄存器（RTL）级的描述,还可以对设计进行体系结构行为级和算法行为级的描述。

（12）Verilog HDL 具有内建逻辑函数,如位运算符&（按位与）和|（按位或）。

（13）Verilog HDL 具有高级编程语言结构,如条件语句、分支语句和循环语句。

（14）Verilog HDL 可以建立并发和时序模型。

（15）人机对话提供了设计者和 EDA 工具间的交互, ASIC 和 FPGA 设计者可以用 Verilog HDL 编写可综合的代码。

（16）提供了功能强大的文件读写能力。

10.1.2 VHDL 语言简介

高速集成电路硬件描述语言（Very-High-Speed Integrated Circuit Hardware Description Language, VHDL）,诞生于 1982 年,最初是由美国国防部开发出来供美军提高设计的可靠性和缩减开发周期的一种使用范围较小的设计语言。1987 年底, VHDL 被 IEEE 和美国国防部确认为标准硬件描述语言。自 IEEE 1076 之后,各 EDA 公司相继推出自己的 VHDL 设计环境,或宣布自己的设计工具可以兼容 VHDL 接口。1993 年, IEEE 对 VHDL 标准进行了修订,从更高的抽象层次和系统描述能力上扩展 VHDL 的内容,公布了新版本的 VHDL,即 IEEE 1076—1993。VHDL 和 Verilog HDL 作为 IEEE 的工业标准硬件描述语言,得到众多 EDA 公司的支持,在电子工程领域,已成为事实上的通用硬件描述语言。

VHDL 主要用于描述数字系统的结构、行为、功能和接口。除了含有许多具有硬件特征的语句外, VHDL 的语言形式、描述风格以及语法十分类似于一般的计算机高级语言。VHDL 的程序结构特点是将一项工程设计（或称设计实体,可以是一个元件、一个电路模块或一个系统）分成外部（或称可视部分或端口）和内部（或称不可视部分）两部分。在对一个设计实体定义了外部界面后,一旦其内部开发完成后,其他的设计就可以直接调用这个实体。这种将设计实体分成内外部分的概念是 VHDL 系统设计的基本点。

与其他硬件描述语言相比,VHDL 具有以下特点。

（1）功能强大、设计灵活, VHDL 具有功能强大的语言结构,可以用简洁明确的源代码描述复杂的逻辑控制。它具有多层次的设计描述功能,层层细化,最后可直接生成电路级描述。VHDL 支持同步电路、异步电路和随机电路的设计,这是其他 HDL 所不能比拟的。VHDL 还支持各种设计方法,既支持自底向上的设计,又支持自顶向下的设计;既支持模块化设计,又支持层次化设计。

（2）支持广泛、易于修改,由于 VHDL 已经成为符合 IEEE 工业标准的硬件描述语言,大多数 EDA 工具都支持 VHDL,这为 VHDL 的进一步推广和广泛应用奠定了基础。在硬件电路设计过程中,主要的设计文件是用 VHDL 编写的源代码,因为 VHDL 易读和结构化,所以易于修改设计。

（3）强大的系统硬件描述能力, VHDL 具有多层次的设计描述功能,既可以描述系统级电路,又可以描述门级电路。而描述既可以采用行为描述、寄存器传输描述或结构描述,也可以采用三者混合的混合级描述。另外,VHDL 支持惯性延迟和传输延迟,还可以准确地建立硬件电路模型。VHDL 支持预定义的和自定义的数据类型,给硬件描述带来较大的自由度,使设计人员能够方便地创建高层次的系统模型。

（4）独立于器件的设计、与工艺无关,设计人员用 VHDL 进行设计时,不需要考虑选择完成设计的器件,可以集中精力进行设计优化。当设计描述完成后,可以用多种不同的器件结构实现其功能。

（5）很强的移植能力,VHDL 是一种标准化的硬件描述语言,同一个设计描述可以被不同的工具所支持,使设计描述的移植成为可能。

（6）易于共享和复用,VHDL 采用基于库（library）的设计方法,可以建立各种可再次利用的模块。这些模块可以预先设计或使用以前设计中的存档模块,将这些模块存放到库中,就可以在以后的设计中进行复用,可以使设计成果在设计人员之间进行交流和共享,减少硬件电路设计。

10.1.3　Verilog HDL 和 VHDL 区别

Verilog HDL 和 VHDL 作为符合 IEEE 工业标准的硬件描述语言,得到了众多 EDA 公司的支持,已成为事实上的通用硬件描述语言。

VHDL 比 Verilog HDL 早几年成为 IEEE 标准 HDL,语法及结构比较严格,因而编写出的模块风格比较清晰,比较适合由较多设计人员合作完成的特大型项目（100 万门以上）。而 Verilog HDL 获得了较多的第三方工具支持、语法结构比 VHDL 简单、学习起来比 VHDL 容易、测试激励模块容易编写。

这两种语言均可在不同抽象层次对电路进行描述。抽象层次分为 5 个层次,分别为系统级、算法级、寄存器传输级、逻辑门级和开关电路级,如图 10-1 所示。

与 VHDL 相比,Verilog HDL 充分保留了 C 语言简洁、高效的编程风格,最大特点是易学易用。如果有 C 语言的编程经验,可以在较短时间内很快地学会和掌握 Verilog HDL。Verilog HDL 是一门标准硬件设计语言,采用标准的文本格式,与设计工具和实现工艺无关,从而可以方便地进行移植和重用,它具有多层次的抽象,适合于电子系统设计的所有阶段。由于它容易被机器和人工阅读,因此它支持硬件设计的开发、验证、综合和测试以及硬件设计数据的交流,便于维护、修改和获得最终硬件电路。本章主要介绍 Verilog HDL 的语法和基本应用。

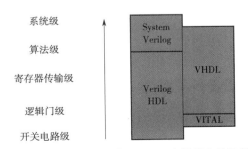

图 10-1　Verilog HDL 与 VHDL 建模能力的比较

10.2 Verilog HDL 基本语法

☑ 【本节内容简介】

本章主要介绍 Verilog HDL 的基本语法。

10.2.1 标识符和关键字

1. 标识符

Verilog HDL 中的标识符用来声明数据、变量、端口等名称。例如：input a,这里 a 就是一个标识符,用来代表一个输入端口的名称。

Verilog HDL 中的标识符可以是任意一组字母、数字、$符号和_(下划线)符号的组合,但标识符的第一个字符必须是字母或者下划线。例如：a、y、_mem、ab0、x$、oe_n、we_n、Y$123 等都是合法的标识符,而 123a、$we、we#、oe#、cs#、%abc 等则是非法的标识符。另外,标识符是区分大小写的,如:Count 和 count 是两个不同的标识符。

2. 关键字

关键字是 Verilog HDL 语法保留下来用于端口定义、数据类型定义、赋值标识、进程处理等的特殊标识符。关键字必须是由小写字母构成的。例如，input、output、wire、reg、always、begin、end、module 等都是关键字。关键字必须用小写字母,有大写字母的只能作为一般标识符,如 Input 虽然看起来与 input 只有一个字母 i 变成大写,但 Input 不具有关键字的功能。表 10-1 为 Verilog HDL 的关键字列表。

表 10-1 Verilog HDL 关键字列表

and	always	assign	begin	buf
bufif0	bufif1	case	casex	casez
cmos	deassign	default	defparam	disable
edge	else	end	endcase	endfunction
endprimitive	endmodule	endspecify	endtable	endtask
event	for	force	forever	fork
function	highz0	highz1	if	ifnone
initial	inout	input	integer	join
large	macromodule	medium	module	nand
negedge	nor	not	notif0	notif1
nmos	or	output	parameter	pmos
posedge	primitive	pulldown	pullup	pull0
pull1	rcmos	real	realtime	reg
release	repeat	rnmos	rpmos	rtran

rtranif0	rtranif1	scalared	small	specify
specparam	strentgh	strong0	strong1	supply0

每个关键字都有特殊的含义,因此关键字不能作为一般标识符使用。在编写 Verilog HDL 程序时,变量的定义不要与表 10-1 中的关键字冲突。

3. 转义字符

Verilog HDL 语言继承了 C 语言中的转义字符,以\(反斜线)符号开头,以空格、制表符或换行符结尾,反斜线和结束空格并不是转义标识符的一部分。例如: \n 为换行符, \t 为制表符,\\ 为字符,等等。

10.2.2 Verilog HDL 编写格式

Verilog HDL 的编写格式是自由的,即一条语句可多行书写,一行可写多个语句。白空(新行、制表符、空格)没有特殊意义。

如 input a;input b;

与

input a;

input b;

的意义是一样的。

书写规范建议:一个语句一行。采用空四格的"tab"键进行缩进。

Verilog HDL 中有两种形式的注释://注释一行,/* */可注释多行。

第 1 种形式如下:

pa=0;pb=0;pCin=0;   // 这是第 1 种注释形式

第 2 种注释形式如下:

pa=0;pb=0;pCin=0;   /* 这是第 2 种注释形式,
            可以跨行进行注释。   */

10.2.3 数值和常数

1. 数值

Verilog HDL 有 4 种基本数值。

(1)0:逻辑 0 或"假"。

(2)1:逻辑 1 或"真"。

(3)x 或 X:未知。

(4)z 或 Z:高阻。

这里的未知 x 和 x、高阻 z 和 z 都是不分大小写的。Verilog HDL 中的常量由以上 4 种基本数值组成。

在实际电路中有 z 态,但没有 x 态的情况。x 态表示要么是高电平,要么是低电平,要视具体电路当时所处的状态而定,是 Verilog HDL 中定义的一种状态(而实际没有)。

下划线(_)可以随意用在整数或实数中,它们就数值本身而言没有意义,可用来提高易读性,但须注意的是:下划线符号不能用作数字的首字符。问号(?)在数中可以代替值 z,可以提高程序的可读性。

2. 常量

在程序运行过程中,其值不能被改变的量称为常量。Verilog HDL 中有 3 类常量:整型(Integer)、实数(Real)、字符串型(String)。

1)整数型常量

在 Verilog HDL 中,整型数可以有两种形式表示:十进制数格式和基数格式。

(1)十进制数格式表示法。

十进制数格式的整数被定义为带有一个可选的+或-操作符的数字序列。例如,9 表示十进制数 9,-9 表示十进制数-9。十进制数格式的整数值代表一个有符号的数,以补码表示,因此 32 用 7 位二进制数的补码表示为 0100000,-15 用 6 位二进制数的补码表示为 110001。

(2)基数格式表示法。

基数格式的整数定义格式为:<位宽><′ [s 或 S]进制> <数值>

其中,位宽是该常量用二进制表示的位数,位宽可以采用默认位宽(这由具体的机器系统决定,但至少 32 位);s 或 S 表示有符号数;进制为表示的整数的进制形式,可以是二进制整数(用 b 或 B 表示),可以是十进制整数(用 d 或 D 表示),可以是十六进制整数(用 h 或 H 表示),也可以是八进制整数(用 o 或 O 表示)。例如:常数 66 没有指定宽度,则默认至少 32 位位宽;′h24f 是使用默认位宽的 16 进制数 24f;6′D10 是位宽为 6 的十进制数 10。

2)实数

在 Verilog HDL 中,实数可以有两种形式的定义:十进制表示法和科学计数法。

(1)十进制表示法。

例如,12.56、1.345、1 234.567 8。

(2)科学计数法。

例如,1.56E2、5E-3。

3)字符串

在 Verilog HDL 中,字符串由双引号内的字符序列组成,用一串 8 位二进制 ASCII 码的形式表示,每一个 8 位二进制 ASCII 码表示一个字符,如"hello!""abc"等。

10.2.4 数据类型

数据类型用来表示数字电路中的数据存储和传送单元,Verilog HDL 中共有 19 种数据类型,其中有 4 种基本数据类型,分别为:integer 型、parameter 型、reg 型、wire 型。

其他数据类型:large 型、medium 型、scalared 型、small 型、time 型、tri 型、tri0 型、tri1 型、triand 型、trior 型、trireg 型、vectored 型、wand 型、wor 型等。这 14 种数据类型除 time 外都与基本逻辑单元建库有关。

我们可以将这 19 种数据类型分为两大类:线网类型和变量类型。线网类型表示 Verilog HDL 中结构化元件间的物理连线,线网类型的变量不能存储值,它的值由驱动元件的值决定,根据输入变化来更新其值,如果没有驱动元件连接到线网类型的变量,那么线网类型变量的默认值为 z(高阻)。变量类型表示一个抽象的数据存储单元,变量类型的变量对应的是具有状态保持作用的电路元件,如触发器、寄存器等,只能在 always 语句或 initial 语句中被明确赋值,并且它的值在被重新赋值前一直保持原值。变量类型的变量默认值为 x(未知)。

1. 线网类型

在 Verilog HDL 中提供了很多不同的线网类型,包括 wire、trior、trireg、tri、wand、tril、wor、triand、tri0、supply0 和 supply1,表 10-2 列出了线性数据类型和功能说明。

表 10-2　线性数据类型说明表

连线型数据类型	功能说明
wire,tri	标准连线(缺省时的默认类型)
wor,trior	多重驱动时,具有线或特性的连线型
trireg	具有电荷保持特性的连接型数据
tri1	上拉电阻
tri0	下拉电阻
supply0	电源线,用于对"地"建模,为低电平 0
Supply1	电源线,用于对电源线建模,为高电平 1

wire(连线)和 tri(三态线)是最常见的,语法和语义是一致的。

不同之处如下:

(1)wire 型变量通常用来表示单个驱动门或 assign 赋值语句的连线。

(2)tri 型变量用来表示多驱动器驱动的连线型数据,主要用于定义三态的线网。

Verilog HDL 模块中输入/输出信号类型在默认时自动定义为 wire 类型,下面简单介绍 wire 类型的语法格式。

wire 类型变量的定义格式如下。

wire[n-1:0]变量名 1,变量名 2,…,变量名 n;

或

wire[n:1]变量名 1,变量名 2,…,变量名 n;

其中,语句[n-1:0]或[n:1]表示该 wire 类型变量的位宽,即该变量有几位;如果一次定义多个变量,变量名之间用逗号隔开;声明语句最后要用分号表示语句结束。例如:

wire a;　　　　//定义了一个 1 位的 wire 型变量 a

wire [7:0] b;　　//定义了一个 8 位的 wire 型变量 b

2. 寄存器类型

在 Verilog HDL 中提供了 5 种寄存器变量类型,包括 reg、integer、time、real、realtime,通过赋值语句改变变量的值,下面简单介绍主要的 reg 类型和 integer 类型。

1)reg 类型

reg 是最常见的数据类型，reg 类型的变量声明与 wire 类型的变量声明类似，其定义格式如下。

  reg[n-1:0]变量名 1, 变量名 2, …, 变量名 n;

或

  reg[n:1]变量名 1, 变量名 2, …, 变量名 n;

其中，[n-1:0]或[n:1]表示该 reg 类型变量的位宽，即该变量有几位；如果一次定义多个变量，变量名之间用逗号隔开；声明语句最后要用分号表示语句结束。例如：

  reg a;   //定义了一个 1 位的 reg 寄存器 a

  reg [7:0] b;   //定义了一个 8 位的 reg 寄存器 b

2)integer 类型

整数寄存器 integer 包含整数值，可以当普通寄存器使用。integer 类型的变量定义格式如下。

  integer 变量名 1, 变量名 2, …, 变量名 n[n-1:0];

或

  integer 变量名 1, 变量名 2, …, 变量名 n[n-1:0];

其中，[n-1:0]或[n:1]表示 integer 类型数组的范围，即由几个整型数组成的数组，一个整型数至少有 32 位；如果一次定义多个变量，变量名之间用逗号隔开；声明语句最后要用分号表示语句结束。例如：

  integer a,b;   //定义了两个 1 位的整型变量 a,b

  integer [7:0] c;   //定义了一个 8 位的数组 c

10.2.5 Verilog HDL 的基本结构

Verilog HDL 语言具有下述描述能力：设计的行为特性、设计的数据流特性、设计的结构组成以及包含响应监控和设计验证方面的时延和波形产生机制。所有这些都使用同一种建模语言。此外，Verilog HDL 语言提供了编程语言接口，通过该接口可以在模拟、验证期间进行外部访问设计，包括模拟的具体控制和运行。

Verilog 语言的基本描述单位是模块，以模块集合的形式来描述数字系统。其中每一个模块都有接口部分，用来描述与其他模块之间的连接。模块代表硬件上的逻辑实体，其范围可以从简单的门到整个大的系统。一个模块的基本语法如下。

module 模块名(端口列表);

    端口定义；

    中间变量定义；

    程序主体；

endmodule

其中，module 和 endmodule 是 Verilog HDL 中模块的开始和结束的关键字；模块名的定义必须符合 Verilog HDL 中关于标识符的命名规范；模块名后面的端口列表中需列出该模块与外界相关联的所有输入和输出端口，端口之间用逗号隔开；端口定义中需详细说明端口列表中的各端口是输入端口还是输出端口,用关键字 input 和 output 来描述;对于模块中使用的线网类型或者寄存器类型变量可以在中间定义中描述;程序主体是模块实现功能的详细描述。下面看一个简单的 Verilog HDL 程序。

【例 10.1】二选一数据选择器。

```
module mux2_1( out,a,b,sel );        //模块名为 mux2_1( 端口列表 out,a,b,sel )
output out;                          //模块的输出端口为 out
input a,b,sel;                       //模块的输入端口为 a,b,sel
assign out=sel? a:b;                 //逻辑功能描述
endmodule
```

可以看出,Verilog 模块的内容都嵌在 module 和 endmodule 两个语句之间,每个 Verilog 模块包括 4 个主要部分:模块声明、端口定义、信号类型说明和逻辑功能描述。

（1）模块声明。

模块声明包括模块名字和模块输入、输出端口列表。格式如下:

module 端口名(端口 1,端口 2,端口 3,……)

模块结束的关键字为:endmodule。

（2）端口定义。

端口是模块与外界或其他模块连接和通信的信号线,对模块的输入、输出端口要明确说明,格式为:

output 端口名 1,端口名 2,……,端口名 N;

//输出端口

input 端口名 1,端口名 2,……,端口名 N;

//输入端口

inout 端口名 1,端口名 2,……,端口名 N;

//输入/输出端口

（3）信号类型说明。

对模块中所用到的所有信号(包括端口信号、节点信号等)都必须进行数据类型的定义。Verilog HDL 提供了各种信号类型,分别模拟实际电路中的各种物理连接和物理实体,如:

wire a,b,c   //定义信号 a,b,c 为 wire 型

reg   out   //定义信号 out 为 reg 型

reg[7:0]out

//定义信号 out 的数据类型为 8 位 reg 型

如果信号的数据类型没有定义,则综合器将其默认为 wire 型。还应注意:输入和双向端口不能定义为寄存器型;在测试模块中不需要定义端口。

（4）逻辑功能描述。

模块中最核心的部分是逻辑功能的描述。有多种方法可以在模块中描述和定义逻辑功能,还可以调用函数 function 和任务 task 来描述逻辑功能。

一个设计的结构可以使用开关级原语、门级原语和用户定义的原语方式描述;设计的数

据流行为使用连续赋值语句进行描述;时序行为使用过程结构描述。

（5）系统任务和函数。

以$字符开头的标识符表示系统任务或者系统函数。

任务可以返回 0 个值或多个值,函数除了只能返回一个值以外与任务相同。

函数在 0 时刻执行,不允许延迟,任务可以带有延迟。例如:

$display（ "Hi you have reached LT today! " ）;   //在新的一行中显示

$time   //返回任务系统当前的模拟时间

10.3   Verilog HDL 的操作符

☑ 【本节内容简介】

本节主要介绍 Verilog HDL 的操作符,包括算数操作符、关系操作符、相等操作符、逻辑操作符、按位操作符、归约操作符、移位操作符、条件操作符、连接操作符、赋值操作符等。

与 C 语言类似, Verilog HDL 也提供了丰富的操作符,包括算数操作符、关系操作符、相等操作符、逻辑操作符、按位操作符、归约操作符、移位操作符、条件操作符、连接操作符、赋值操作符等 10 大类。通过这些操作符,设计人员可以实现各种复杂的表达式,从而描述出各种各样功能强大的数字电路。

1. 算数运算符

Verilog HDL 支持 6 种算术操作符:加法(+)、减法(-)、乘法(*)、除法(/)、取模(%)和幂运算(**)。其中,除法(/)截断任何小数部分,如 7/4 的运算结果为 1;取模(%)操作符求出与第一个操作符符号相同的余数,如 7%4 的运算结果为 3, -7%4 的运算结果为-3;算术操作符中任意操作数中只要有一位为 x 或 z,则整个运算结果为 x,如′ b110x1+′ b01111 的运算结果为不确定数′ bxxxxx。在进行算数运算时,应注意以下两点。

1)位宽

算术操作结果的位宽由最大操作数的位宽决定。示例代码如下:

reg [3:0] a,b,c;

reg [1:0] c;

reg [5:0] d;

…

c=a+d;

d=a+b;

c 的计算结果长度由 a, b, c 的位宽决定,最大位宽为 4,所以 c 位宽为 4 位,但如果计算有溢出,则溢出部分被丢弃。d 的计算结果长度由 a, b, d 位宽决定,最大位宽为 6,所以 d 位宽为 6,如有溢出,则不会被丢弃,保存在 d[4]中。

2）有符号数和无符号数

以下类型作无符号数处理:线网、reg 寄存器变量、没有符号标记 s 的基数格式整数。以下类型作有符号数处理:整型变量、十进制形式的整数、有符号的线网、有符号的 reg 寄存器变量、有符号标记 s 的基数格式整数。

示例代码如下:

reg [5:0]a;

integer b;

...

a=-4'd12;　　　// reg 变量 *a* 的十进制数为 52(二进制 110100)

b=-4'd12;　　　// 整型变量 *b* 的十进制数为-12(二进制 110100)

由于 *a* 为 reg 变量,故只存储无符号数, 12 的二进制为 001100(*a* 为 6 位),故其补码为 110100,无符号二进制数 110100 对应的十进制为 52;而 *b* 为整型变量,可存储有符号数,二进制数 110100 仍表示有符号数,故数值没有发生变化。

Verilog HDL 有两个系统函数$signed 和$unsigned 分别用于进行有符号形式和无符号形式的转换。例如:

$signed(4'b1101)　　//转换成一个有符号数,值是-3。

在一个表达式中混用有符号和无符号操作数时,必须非常小心,通常只要有一个操作数是无符号数,那么在开始操作前,所有的其他操作数也都被转换成了无符号数。为了完成有符号数的运算,可以用$signed 系统函数将所有无符号操作数转换成有符号操作数。

2. 关系操作符

关系操作符包括: >(大于)、<(小于)、>=(不小于)、<=(不大于)。关系操作符的结果为真(1)或假(0)。例如:12>20 结果为假,值为 0;6<50 结果为真,值为 1.

如果操作数中有一位为 x 或 z,那么结果为 x。例如:2<6'hxA 结果为 x。

如果操作数的位宽不同, 位宽较小的操作数在高位方向(左方)补 0。如 "'b100<='b0110" 等价于 "'b0100<='b0110",结果为 1。

3. 相等操作符

相等关系操作符包括:==(逻辑相等)、! =(逻辑不等)、===(全等)、! ==(非全等)。

相等(==)和全等(===)都表示相等,其区别在于:相等运算符逐位比较 2 个操作数相应位的值是否相等,但如果任一操作数中的某一位为 x 或 z,则结果为 x;全等运算符也是逐位比较,但不同的是,它将 x 和 z 也看作为一种逻辑状态而参与比较,两个操作数相应同时为 x 或 z,才认为相等。示例代码如下:

a='b010x1;

b='b10x1;　　//左方补 0,相当于'b010x1

m=(pa==pb);

n=(pa===pb);

如果操作数的位宽不同,则位宽较小的操作数在高位方向(左方)补 0。pb 相当于'b010x1。(pa==pb)的结果为 x,而(pa===pb)的结果为 1。

4. 逻辑操作符

逻辑操作符包括:&&(逻辑与)、||(逻辑或)、!(逻辑非)。

例如:pa='b0; pb='b1。

则"pa && pb"结果为 0,"pa || pb"结果为 1,"! pa"结果为 1。

对于向量操作,非 0 向量被作为 1 处理。例如,"0010"将当作"1"进行计算,示例代码如下:

pa= 'b0010 && 'b001;   // pa 结果为 1

pb= 'b0010 || 'b0;   // pb 结果为 1

pc= ! 'b100;   // pc 结果为 0

pd= ! x   // pd 结果为 x

pe= ! z   // pe 结果为 x

5. 按位操作符

按位操作符包括:~(一元非),&(二元与),|(二元或),^(二元异或),~^(二元同或)。

按位操作符与逻辑操作符有相似的计算(如与、或、非),但不同的是:按位操作符对输入的操作数进行逐位操作,并产生一个向量结果,示例代码如下:

a='b01011;

b='b1001;   // 左方补 0,相当于'b01001

c= a & b;   // c 结果为 01001

d= a | b;   // pd 结果为 01011

e= ~a;   // pe 结果为 10100

按位操作符的规则如图 10-2 所示。

~ 逐位操作的结果				
~	0	1	x	z
结果	1	0	x	x

& 逐位操作的结果				
&	0	1	x	z
0	0	0	0	0
1	0	1	x	x
x	0	x	x	x
z	0	x	x	x

| 逐位操作的结果				
|	0	1	x	z
0	0	1	x	x
1	1	1	1	1
x	x	1	x	x
z	x	1	x	x

^ 逐位操作的结果				
^	0	1	x	z
0	0	1	x	x
1	1	0	x	x
x	x	x	x	x
z	x	x	x	x

~^ 逐位操作的结果				
~^	0	1	x	z
0	1	0	x	x
1	0	1	x	x
x	x	x	x	x
z	x	x	x	x

图 10-2　按位操作规则

6. 缩减操作符

缩减操作符(也称归约操作符)是指在单一操作数的所有位上操作,并产生 1 位结果。有如下 6 种缩减操作符。

(1)&(缩减与):操作数中只要有任一位为 0,则结果为 0;操作数中只要有任一位为 x或 z,则结果为 x。

（2）~&（缩减与非）:与&（缩减与）相反。

（3）|（缩减或）:操作数中只要有任一位为 1,则结果为 1;操作数中只要有任一位为 x 或 z,则结果为 x。

（4）~|（缩减或非）:与 |（缩减或）相反。

（5）^（缩减异或）:操作数中只要有任一位为 x 或 z,则结果为 x;操作数中只要有偶数个 1,则结果为 0;否则结果为 1。可用于确定向量中是否存在 x 位。

（6）~^（缩减异或非）:与^（缩减异或）相反。

示例代码如下:

```
Y='b1010;
a=&Y;            // 相当于 1 & 0 & 1 & 0,结果为 0
b=|Y;            // 相当于 1 | 0 | 1 | 0,结果为 1
c=^Y;            // 相当于 1 ^ 0 ^ 1 ^ 0,结果为 0
if( c==1'bx )    // 关于 x 的对比,要用全等操作符===
    $display( "There is x！" );    // 确定向量中是否存在 x 位
```

7. 移位操作符

移位操作符包括逻辑移位和算术移位两类。

1）逻辑移位（<<逻辑左移,>>逻辑右移）

由于移位而腾出来的空位填 0。示例代码如下:

```
X=8'b00001011;
a=X<<2;     // 左移 2 位,最低位用 0 填充,结果为 00101100
b=X>>2;     // 右移 2 位,最高位用 0 填充,结果为 00000010
c=X>>x;     // 结果为 xxxxxxxx,右侧操作数为 x 或 z,移位操作的结果为 x
```

2）算术移位（<<<算术左移,>>>算术右移）操作符

对于左移位而腾出来的空位填 0;

对于右移位而腾出来的空位,若操作数为无符号数,则空位填 0;若操作数为有符号数,则空位填符号位。示例代码如下:

```
X=8'b00001011;
Y=8'sb11010000;
a=X<<<2;     // 左移位填 0,结果为 00101100
b=Y<<<2;     // 左移位填 0,结果为 01000000
c=X>>>2;     // 右移位,无符号数,故填 0,结果为 00000010
d=Y>>>2;     // 右移位,有符号数,填符号位,结果为 11110100
```

移位操作符可用于指数运算,如计算 2^{10} 可以用 "32'b1<<10" 来实现。

8. 条件操作符

条件操作符根据条件表达式的值选择表达式,示例代码如下:

```
cond_e? e1:e2
```

若 cond_e 值为 1,则执行 e1,否则执行 e2。

9. 拼接和复制操作符

拼接操作符是将多个表达式连接起来合并成一个表达式的操作符,除了非定长的常量,任何表达式都可以进行拼接运算。形式如下:

{expr1,expr2,…,exprN}

可通过指定重复次数来执行复制操作。形式如下:

{repetition_number{expr1,expr2,…,exprN}}

示例代码如下:

reg[1:0] pa;

reg[3:0] pb;

reg[7:0] pc,X,Y,Z;

…

pa=2'b10;

pb=4'b1100;

X={pa,pb[2:0],pa};　　//结果为 8'b01010010,pb[2:0]进行部分位选

Y={pa,3};　　　//表达式非法,不允许连接非定长常数

Z={3{pa}};　　　//结果与{pa,pa,pa}相同

pc={1'b1,{7{1'b0}}};　　//结果为 10000000

10.4　数字逻辑电路设计实例

☑ 【本节内容简介】

本节主要通过示例介绍在前面章节中学习过的基本门电路、组合逻辑电路和时序逻辑电路的 Verilog HDL 描述。

10.4.1　基本逻辑门电路的 Verilog HDL 描述

数字电路中最基本的逻辑元件就是逻辑门,在传统的数字电路设计中,设计者使用各种基本逻辑门构造数字系统。用 Verilog HDL 描述基本逻辑门电路至少可以有两种方法:一是利用 Verilog HDL 中预先定义的内置门实例语句;二是利用连续赋值 assign 语句。实现方式如例 10.2 所示。

【例 10.2】使用连续赋值语句实现基本逻辑门的代码如下:

```
module gates( a,b,y1,y2,y3,y4,y5,y6 );
input a,b;
output y1,y2,y3,y4,y5,y6,y7,y8;
assign y1=a&b;        //与
assign y2=a|b;        //或
assign y3= ~a;        //非
assign y4=a^b;        //异或
```

```
assign y5=~( a^b );      //同或
assign y6=~( a&b );      //与非
assign y7=~( a|b );      //或非
endmodule
```

Verilog HDL 采用内置门实例语句来实现电路的门级描述。在 Verilog HDL 中有 8 种内置门实例语句：and、nand、or、nor、xor、xnor、buf 和 not。其中，and 是与门实例语句；nand 是与非门实例语句；or 是或门实例语句；nor 是或非门实例语句；xor 是异或门实例语句；xnor 是同或门实例语句；buf 是缓冲器实例语句。

【例 10.3】使用内置门实例语句实现基本逻辑门的代码如下：

```
module gates( a,b,y1,y2,y3,y4,y5,y6 );
input a,b;
output y1,y2,y3,y4,y5,y6,y7,y8;
    and U1( y1,a,b );       //与
or U2( y2,a,b );        //或
not U3( y3,a );     //非
    xorU4( y4,a,b );        //异或
    xnorU5( y5,a,b );       //同或
    nandU6( y6,a,b );       //与非
    norU7( y7,a,b );        //或非
buf U8( y8,a )      //缓冲器
endmodule
```

10.4.2　组合逻辑电路的 Verilog HDL 实现

本节给出使用 Verilog HDL 描述组合逻辑的示例，分别为全加器、7 人表决器、8-3 编码器、3-8 译码器、显示译码器、4 选 1 数据选择器。

【例 10.4】全加器的代码如下：

```
module full_add(
    input A,B,cin    //三输入,有进位输入
    output sum,cout
);
assign sum=A^B^cin;
assign co=( A&B )|( A&cin )|( B&cin );
endmodule
```

【例 10.5】以下使用 case 语句实现无优先级的 8-3 编码器,代码如下：

```
module    encoder8_3_case( DataIn,Dataout );
    input [7:0] DataIn;
    output [2:0] Dataout;
    reg [2:0] Dataout;
```

```
        always @ ( DataIn )
    begin
            case( DataIn )
                    8'b00000001:Dataout=3'b000;
                    8'b00000010:Dataout=3'b001;
                    8'b00000100:Dataout=3'b010;
                    8'b00001000:Dataout=3'b011;
                    8'b00010000:Dataout=3'b100;
                    8'b00100000:Dataout=3'b101;
                    8'b01000000:Dataout=3'b110;
                    8'b10000000:Dataout=3'b111;
                    default:Dataout=3'bxxx;
            endcase
        end
    endmodule
```

【例 10.6】设计了一个高位优先编码的 8-3 编码器,有 8 个输入端口, 3 个输出端口和 1 个输出使能端 EO(低电平有效),代码如下:

```
module       encoder8_3_2（DataIn0，DataIn1，DataIn2，DataIn3，DataIn4，DataIn5，
DataIn6，DataIn7，EO，Dataout0，Dataout1，Dataout2）;
    input DataIn0，DataIn1，DataIn2，DataIn3，DataIn4，DataIn5，DataIn6，DataIn7;
    output EO，Dataout0，Dataout1，Dataout2;
    reg[3:0] Outvec;
    assign {EO,Dataout2,Dataout1,Dataout0}=Outvec;    // 语句 1
    always @（ DataIn0,DataIn1,DataIn2,DataIn3,DataIn4,DataIn5,DataIn6,DataIn7 ）
    begin
            if( DataIn7 ) Outvec=4'b0111;        // 语句组 2,9 行
            else if( DataIn6 ) Outvec=4'b0110;
            else if( DataIn5 ) Outvec=4'b0101;
            else if( DataIn4 ) Outvec=4'b0100;
            else if( DataIn3 ) Outvec=4'b0011;
            else if( DataIn2 ) Outvec=4'b0010;
            else if( DataIn1 ) Outvec=4'b0001;
            else if( DataIn0 ) Outvec=4'b0000;
            else Outvec=4'b1000;                // 使得输出使能信号 EO 为 1,即无效
    end
endmodule
```

【例 10.7】用 Verilog HDL 实现 138 译码器的代码如下:
module decoder_38(a,b,c,data);

```verilog
input    wire a;
input    wire b;
input    wire c;
output reg   [7:0]data;
always @( a,b,c ) begin
   case ( {a,b,c} )
            3'd0:    data=8'b0000_0001;
            3'd1:    data=8'b0000_0010;
            3'd2:    data=8'b0000_0100;
            3'd3:    data=8'b0000_1000;
            3'd4:    data=8'b0001_0000;
            3'd5:    data=8'b0010_0000;
            3'd6:    data=8'b0100_0000;
            3'd7:    data=8'b1000_0000;
   endcase
end
endmodule
```

【例 10.8】使用 74HC4511 芯片（集成数码显示译码器），支持数字 0~9 显示的代码如下：

```verilog
module HC4511( A,Seg,LT_N,BI_N,LE );
input LT_N,BI_N,LE;
input[3:0] A;
output[7:0] Seg;
reg [7:0] SM_8S;
assign Seg=SM_8S;

always @( A or LT_N or BI_N or LE )
   begin
     if( ! LT_N )SM_8S=8'b11111111;    // 根据 4511 真值表写出
     else if( ! BI_N )SM_8S=8'b00000000;
     else if( LE )SM_8S=SM_8S;
     else
       case( A )
           4'd0:SM_8S=8'b00111111;    // 3f( 00111111 对应的十六进制数），方便结果查看
           // 按"小数点-g-f-e-d-c-b-a"顺序，最高位 0 表示小数点不显示
           4'd1:SM_8S=8'b00000110;       // 06
           4'd2:SM_8S=8'b01011011;       // 5b
           4'd3:SM_8S=8'b01001111;       // 4f
```

```
        4'd4:SM_8S=8'b01100110;        // 66
        4'd5:SM_8S=8'b01101101;        // 6d
        4'd6:SM_8S=8'b01111101;        // 7d,用 8'b01111100 表示 6 也是可以的
        4'd7:SM_8S=8'b00000111;        // 07
        4'd8:SM_8S=8'b01111111;        // 7f
        4'd9:SM_8S=8'b01101111;        // ,用 6f8'b01100111 表示 9 也是可以的
        4'd10:SM_8S=8'b01110111;        // 77
        4'd11:SM_8S=8'b01111100;        // 7c
        4'd12:SM_8S=8'b00111001;        // 39
        4'd13:SM_8S=8'b01011110;        // 5e
        4'd14:SM_8S=8'b01111001;        // 79
        4'd15:SM_8S=8'b01110001;        // 71
        default: ;                      // 即使无对应项,也应写 default
        endcase
    end
endmodule
```

【例 10.9】使用 case 语句实现 4 选 1 数据选择器的代码如下:

```
module mux4_1_a( D0, D1, D2, D3, Sel0,Sel1, Result );
    input D0, D1, D2, D3, Sel0, Sel1;
    output Result;
    reg Result;
    always @( D0 or D1 or D2 or D3 or Sel1 or Sel0 )   // 任一输入或选择项发生变化时
执行
    begin
        case( {Sel1,Sel0} )            // 根据选择项进行分支控制
0   : Result = D0;
1   : Result = D1;                 // 语句 1
2   : Result = D2;
3   : Result = D3;
        default : Result = 1'bx;       // 其他情况下输出 x
    endcase
    end
endmodule
```

【例 10.10】4 位数值比较器的代码如下:

```
module comparator_4_a( DataA, DataB, AGEB );
    input [3:0] DataA, DataB;
output AGEB;
reg AGEB;
```

```
        always @( DataA or DataB )
        begin
          if( DataA >= DataB )
            AGEB = 1;
          else
              AGEB = 0;
    end
endmodule
```

10.4.3　触发器的 Verilog HDL 实现

本节使用 Verilog HDL 描述 D 触发器,JK 触发器和 T 触发器。

【例 10.11 】D 触发器的代码如下:

```
module d_ff_1( D,Clk,Q );
    input D,Clk;
    output Q;
    reg Q;
    always @( posedge Clk )
        Q<=D;
endmodule
```

【例 10.12 】JK 触发器的代码如下:

```
module jk_ff( j,k,q,clk,rst );
input j,k,clk,rst;
output reg q;
always@( posedge clk or posedge rst )
begin
            if( rst == 1'b1 )
                    q = 0;
            else
                    case( {j,k} )
                    2'b00:q = q;
                    2'b10:q = 1;
                    2'b01:q = 0;
                    2'b11:q = ~q;
                    endcase
end
endmodule
```

【例 10.13 】T 触发器(异步清零)的代码如下:

```
module t_ff( T,Clk,Rst,Q,Qn );
```

```
    input T,Clk,Rst;
    output Q,Qn;
reg Q;
    assign Qn=~Q;
    always @( posedge Clk or posedge Rst )
            if( Rst ) Q<=0;
            else if( T ) Q<=~Q;
 endmodule
```

10.4.4　时序逻辑电路的 Verilog HDL 实现

本节主要介绍一些常用的时序逻辑电路的设计,如计数器、寄存器等。

【例 10.14】用加法计数器设计原理,设计带使能的模 100 异步清零计数器的代码如下:

```
module cnt #( parameter COUNT=100 )(
input clk,
input rst_n,
input cnt_en,
output reg [6:0]out    //如果参数化中 COUNT 比较大,需要更改 out 的位宽来适配
        );
reg set;
always@( posedge clk or negedge rst_n )    //异步清零
begin
if( !  rst_n )begin
    out<=7'd0;set<=1'b0;
end
else if( cnt_en )begin
        if( out!  =COUNT-1 )begin
            out<=out+1'b1;
            set<=1'b0;
        end
        else begin
            out<=7'd0;
            set<=1'b1;
        end
end
else begin
    out<=7'd0;set<=1'b0;
end      //maybe
end
```

endmodule

【例 10.14】设计加减计数器的代码如下：

```verilog
module count_module(
    input clk,
    input rst_n,
    input mode,
    output reg [3:0]number,
    output reg zero
    );
    reg [3:0] num_temp;
    always @( posedge clk or negedge rst_n )
        begin
            if( ~rst_n ) begin
                num_temp <= 4'b0;
                number <= 4'b0;
            end
            else begin
                if( mode == 1'b1 ) begin
                    if( num_temp == 4'd9 ) begin
                        num_temp <= 4'd0;
                        number <= num_temp;
                    end
                    else begin
                        num_temp <= num_temp + 4'd1;
                        number <= num_temp;
                    end
                end
                else begin
                    if( num_temp == 4'd0 ) begin
                        num_temp <= 4'd9;
                        number <= num_temp;
                    end
                    else begin
                        num_temp <= num_temp - 4'd1;
                        number <= num_temp;
                    end
                end
            end
        end
```

```
                end
        always @( posedge clk or negedge rst_n )
            begin
                if( ~rst_n )
                    zero <= 4'b0;
                else
                    zero <=( num_temp == 4'b0 );
            end
    endmodule
```

【例 10.15】基于环形计数器原理,设计异步复位,复位时计数器中的值为 4'b0001 的环形计数器的代码如下:

```
    module ring_count( reset, clk, count );
    parameter width = 4;
    input reset, clk;
    output reg[width - 1:0] count;
    integer I;
    always@( posedge clk or posedge reset )
    begin
        if( reset == 1'b1 )
                begin
                count <= 4'b0001;
                I <= 0;
                end
        else
        begin
                if( I<width - 1 )
                        begin
                        count <= {count[2:0],count[width - 1]};
                        I <= I + 1;
                        end
                else if( I<5&&I>=width - 1 )
                        begin
                        count <= {count[0],count[width - 1:1]};
                        I <= I + 1;
                        end
                else
                        begin
                                count <= {count[0],count[width - 1:1]};
```

```
                    I <= 0;
                end
        end
end
endmodule
```

10.4.5　综合数字逻辑电路的 Verilog HDL 实现

【例 10.16】排序任务。

设有 a、b、c、d 四个数，按从小到大的顺序重新排列并输出到 ra、rb、rc、rd 中的代码如下：

```
module sort_task( a,b,c,d,ra,rb,rc,rd );
parameter width = 4;
input [width-1:0] a,b,c,d;
output reg[width-1:0] ra,rb,rc,rd;

always@( a or b or c or d )
begin
    sort( a,b,c,d,ra,rb,rc,rd );
end
task sort;
input [width-1:0] a,b,c,d;
output reg[width-1:0] ra,rb,rc,rd;
reg [width-1:0]temp;
integer i,j;
reg [width-1:0]data[3:0];
begin
data[0] = a;
data[1] = b;
data[2] = c;
data[3] = d;
for( i=0;i<3;i=i+1 )
    begin
    for( j=0;j<3-i;j=j+1 )
            begin
            if( data[j]>data[j+1] )
                    begin
                    temp = data[j+1];
                    data[j+1] = data[j];
```

```
                        data[j] = temp;
                    end
            end
        end
    ra = data[0];
    rb = data[1];
    rc = data[2];
    rd = data[3];
    end
    endtask
    Endmodule
```

【例 10.17】简易频率计设计。

设计一个 8 位数字显示的简易频率计。要求：①能够测试 10 Hz~10 MHz 的方波信号；②电路输入的基准时钟为 1 Hz，要求测量值以 8421BCD 码形式输出；③系统有复位键；④采用分层次分模块的方法。

程序代码如下：

```
module freq_cnt( clk_1Hz, fin, rst, d0, d1, d2, d3, d4, d5, d6, d7 );
    input clk_1Hz;
    input fin;
    input rst;
    output[3:0] d0, d1, d2, d3, d4, d5, d6, d7;
    wire[3:0] q0, q1, q2, q3, q4, q5, q6, q7;
    //wire[3:0] d0, d1, d2, d3, d4, d5, d6, d7;
    wire[3:0] en_out0, en_out1, en_out2, en_out3, en_out4, en_out5, en_out6, en_out7;
    wire count_en;
    wire latch_en;
    wire clear;
    control u_control( .clk_1Hz( clk_1Hz ), .rst( rst ), .count_en( count_en ),
                        .latch_en( latch_en ), .clear( clear ));
    counter_10 counter0( .en_in( count_en ), .clear( clear ), .rst( rst ),
                        .fin( fin ), .en_out( en_out0 ), .q( q0 ));
    counter_10 counter1( .en_in( en_out0 ), .clear( clear ), .rst( rst ),
                        .fin( fin ), .en_out( en_out1 ), .q( q1 ));
    counter_10 counter2( .en_in( en_out1 ), .clear( clear ), .rst( rst ),
                        .fin( fin ), .en_out( en_out2 ), .q( q2 ));
    counter_10 counter3( .en_in( en_out2 ), .clear( clear ), .rst( rst ),
                        .fin( fin ), .en_out( en_out3 ), .q( q3 ));
    counter_10 counter4( .en_in( en_out3 ), .clear( clear ), .rst( rst ),
```

```verilog
                        .fin( fin ), .en_out( en_out4 ), .q( q4 ));
counter_10 counter5( .en_in( en_out4 ), .clear( clear ), .rst( rst ),
                        .fin( fin ), .en_out( en_out5 ), .q( q5 ));
counter_10 counter6( .en_in( en_out5 ), .clear( clear ), .rst( rst ),
                        .fin( fin ), .en_out( en_out6 ), .q( q6 ));
counter_10 counter7( .en_in( en_out6 ), .clear( clear ), .rst( rst ),
                        .fin( fin ), .en_out( en_out7 ), .q( q7 ));

ulatch u_latch( .clk_1Hz( clk_1Hz ),.rst( rst ),.latch_en( latch_en ),
                        .q0( q0 ),.q1( q1 ),.q2( q2 ),.q3( q3 ),.q4( q4 ),.q5
( q5 ),.q6( q6 ),.q7( q7 ),
                        .d0( d0 ),.d1( d1 ),.d2( d2 ),.d3( d3 ),.d4( d4 ),.d5
( d5 ),.d6( d6 ),.d7( d7 ));
endmodule
module control( clk_1Hz, rst, count_en, latch_en, clear );
    input clk_1Hz;
    input rst;
    output count_en;
    output latch_en;
    output clear;
    reg[1:0] state;
    reg count_en;
    reg latch_en;
    reg clear;
    always @( posedge clk_1Hz or negedge rst )
    if( ! rst )
        begin
            state <= 2'd0;
            count_en <= 1'b0;
            latch_en <=1'b0;
            clear <= 1'b0;
        end
        else
        begin
            case( state )
                    2'd0:
        begin
                count_en <= 1'b1;
```

```
                    latch_en <=1'b0；
                    clear <= 1'b0；
                    state <= 2'd1；
                end
            2'd1：
                begin
                    count_en <= 1'b0；
                    latch_en <=1'b1；
                    clear <= 1'b0；
                    state <= 2'd2；
                end
            2'd2：
                begin
                    count_en <= 1'b0；
                    latch_en <=1'b0；
                    clear <= 1'b1；
                    state <= 2'd0；
                end
            default：
                begin
                    count_en <= 1'b0；
                    latch_en <=1'b0；
                    clear <= 1'b0；
                    state <= 2'd0；
                end

        endcase

    end
endmodule
module counter_10( en_in, rst, clear, fin, en_out, q )；
    input en_in；
    input rst；
    input clear；
    input fin；
    output en_out；
    output[3：0] q；
    reg en_out；
```

```
reg[3:0] q;
always@( posedge fin or negedge rst )
if( ! rst )
    begin
        en_out <= 1'b0;
        q <= 4'b0;
    end
else if( en_in )
    begin
        if( q == 4'b1001 )
          begin
            q <= 4'b0;
            en_out <= 1'b1;
          end
        else
        begin
            q <= q + 1'b1;
            en_out <=1'b0;
        end
    end

    else if( clear )
      begin
        q <= 4'b0;
        en_out <= 1'b0;
      end
    else
      begin
            q <= q;
            en_out <=1'b0;
      end
    end
endmodule
module ulatch( clk_1Hz, latch_en, rst, q0, q1, q2, q3, q4, q5, q6, q7,
            d0, d1, d2, d3, d4, d5, d6, d7 );
    input clk_1Hz, latch_en, rst;
    input[3:0] q0, q1, q2, q3, q4, q5, q6, q7;
    output[3:0] d0, d1, d2, d3, d4, d5, d6, d7;
    reg[3:0] d0, d1, d2, d3, d4, d5, d6, d7;
```

```
always@( posedge clk_1Hz or negedge rst )
if( ! rst )
    begin
        d0 <= 4'b0 ; d1 <= 4'b0 ; d2 <= 4'b0 ; d3 <= 4'b0 ; d4 <= 4'b0 ;
        d5 <= 4'b0 ; d6 <= 4'b0 ; d7 <= 4'b0 ;
    end
else if( latch_en )
    begin
        d0 <= q0 ; d1 <= q1 ; d2 <= q2 ; d3 <= q3 ; d4 <= q4 ;
        d5 <= q5 ; d6 <= q6 ; d7 <= q7 ;
    end
else
    begin
        d0 <= d0 ; d1 <= d1 ; d2 <= d2 ; d3 <= d3 ; d4 <= d4 ;
        d5 <= d5 ; d6 <= d6 ; d7 <= d7 ;
    end
Endmodule
```

本章小结

本章学习的重点：Verilog HDL 的基本语法，使用 Verilog HDL 进行数字逻辑电路的设计。

学习的难点：数字逻辑电路的综合设计。

Verilog HDL 是一种硬件描述语言，用于从算法级、门级到开关级的多种抽象设计层次的数字系统建模。Verilog HDL 不仅定义了语法，而且对每个语法结构都定义了清晰的模拟、仿真语义。语言从 C 编程语言中继承了多种操作符和结构。模块是 Verilog HDL 的基本描述单位，用于描述某个设计的功能或结构及其与其他模块通信的外部端口。

习题 10

一、选择题

10.1 Verilog HDL 是在(   )年正式推出的。

A. 1983

B. 1985

C. 1987

D. 1989

10.2 在 C 语言基础上演化而来的硬件描述语言是(   )。

A. VHDL

B. AHD

C. CPLD

D. Verilog HDL

10.3　系统任务和系统函数均是以(　　　)字符开始的标识符。

A. *

B. &

C. $

D. %

10.4　Verilog HDL 中的标识符是用于区分大小写的,第一个字符必须是(　　　)或者下划线。

A. 字母

B. 数字

C. $符号

D. 减号

10.5　"7%4"结果为(　　　)。

A. 4

B. 7

C. 3

D. 无解

10.6　Verilog HDL 四种基本的值中 x 表示(　　　)。

A. 高阻状态

B. 逻辑 1

C. 未知状态

D. 逻辑 0

10.7　Verilog HDL 四种基本的值中 z 表示(　　　)。

A. 高阻状态

B. 逻辑 1

C. 未知状态

D. 逻辑 0

10.8　关键字是 Verilog HDL 中预留的表示特定含义的保留标识符(与其他语言一样),Verilog HDL 中的关键字全部是(　　　)的。

A. 数字

B. 大写

C. 加号

D. 小写

10.9　reg [0:7] a 表示(　　　)。

A. a 是 1 个 8 位的向量

B. a 是 8 个元素组成的数组

C. *a* 是 1 个 8 位的标量

D. *a* 是 7 个元素组成的数组

10.10　Verilog 中(　　　)符号可以标注一行的注释内容。

A. //

B. /

C. /*

D. */

10.11　下面的运算符中(　　　)不能用作一元运算符。

A. ||

B. !

C. ^

D. |

10.12　基于如下代码,运行后 sum 的结果为(　　　)。

```
reg[0:3]sum,data1;
reg[0:1]data2;
initial
   begin
      data1='b1111;
      data2='b11;
      sum=data1+data2;
   end
```

A. 'b0010

B. 'b111111

C. 'b10010

D. 出错溢出

10.13　"\n"表示(　　　)。

A. 制表符

B. 换行符

C. 字符"

D. 字符 n

二、判断题

10.14　在 Verilog 中,模块的端口列表中包括端口的类型和名字。(　　　)

10.15　在没有修改代码的情况下,布局布线前后的两次仿真结果应该是完全一样的。(　　　)

10.16　在 Verilog 中,分别用 "reg [0: 3] pa" 和 "reg [3: 0] pa" 定义出来的 pa 没有任何区别。(　　　)

10.17　单行注释和多行注释不能同时用在同一个模块当中。(　　　)

10.18　对于 Verilog HDL 编译器,'MyDes'和'mydes'是不同的标识符。(　　　)

10.19　一个标识符必须以字母或者数字开始。(　　)

10.20　在 Verilog HDL 中每个系统和电路都被描述为模块。(　　)

10.21　模块的名称可以用数字开头。(　　)

10.22　系统任务$monitor 和$display 都可以用来显示变量值,但前者可以对变量值进行动态监视。(　　)

10.23　Verilog 中的转义标识符是以"/"开头的。(　　)

三、程序题

10.24　以下程序中设计了 5 种基本的 2 输入门电路:与、或、异或、与非、或非。请将程序填写完整。

```
module gates( a,b,y1,y2,y3,y4,y5 );
    input a,b;
    output y1,y2,y3,y4,y5;
    assign y1=                    // 与
    assign y2=a|b;
    assign y3=                    // 异或
    assign y4=~( a&b );
    assign y5=~( a|b );
endmodule
```

10.25　在 Verilog HDL 中有如下定义:reg [1:4] pa[0:5]; ,则 pa 包含_____个数组元素,每个元素的位宽是_____。

10.26　Verilog HDL 实现 7 人表决器,少数服从多数,表决通过,输出"1'b1",否则输出"1'b0"。

10.27　请设计一个高速排序电路(组合逻辑),实现 4 个数(4 位并行输入)从小到大排列。

10.28　请设计一个十三进制同步加法计数器模块。

习题 10 参考答案

主要参考文献

[1] 余孟尝. 数字电子技术基础简明教程[M]. 北京:高等教育出版社,1999.

[2] 余孟尝,丁文霞,齐明. 数字电子技术基础简明教程[M] . 4 版. 北京:高等教育出版社, 2018.

[3] 阎石. 数字电子技术基础[M]. 5 版. 北京:高等教育出版社,2006.

[4] 阎石. 数字电子技术基本教程[M]. 北京:清华大学出版社,2013.

[5] 阎石,王红. 数字电子技术基础[M]. 6 版. 北京:高等教育出版社,2016.

[6] 康华光. 电子技术基础·数字部分[M]. 6 版. 北京:高等教育出版社,2014.

[7] 秦曾煌. 电工学(下册)·电子技术[M]. 7 版. 北京:高等教育出版社,2009.

[8] 张宪,张大鹏. 汽车电工电子基础[M]. 北京:北京理工大学出版社,2019.

[9] 张大鹏,张宪. 汽车电工电子基础学习指导与习题选解. 北京:北京理工大学出版社, 2011.

[10] 刘全忠,刘艳莉. 电子技术(电工学Ⅱ)[M].4 版. 北京:高等教育出版社,2013.

[11] 杨志忠. 数字电子技术[M].5 版. 北京:高等教育出版社,2018.

[12] 任希. 电子技术(数字部分)[M].2 版. 北京:北京邮电大学出版社,2018.

[13] 史金芬,张静静. 电子技术基础[M]. 北京:北京理工大学出版社,2016.

[14] 赵巍,李房云. 数字电子技术[M]. 北京:航空工业出版社,2017.

[15] 李忠波. 电子技术[M]. 北京:机械工业出版社,2008.

[16] 孙津平. 数字电子技术[M]. 西安:西安电子科技大学出版社,2002.

[17] 李晓明. 电路与电子技术[M].2 版. 北京:高等教育出版社,2009.

[18] 王佩珠,张惠民. 模拟电路与数字电路[M]. 北京:经济科学出版社,2000.

[19] 沈任元,吴勇. 数字电子技术基础[M]. 北京:机械工业出版社,2000.

[20] 张纪成. 电路与电子技术(下册·数字电子技术)[M]. 北京:电子工业出版社,2002.

[21] 张宪,赵慧敏,张大鹏. 电子技术进阶 500 问[M] . 北京:机械工业出版社,2021.

[22] 张锡赓. 数字电子技术·重点难点及典型题精解[M]. 西安:西安交通大学出版社,2002.

[23] 李丽敏,张玲玉. 数字电子技术[M]. 北京:清华大学出版社,2015.

[24] 杨永健. 数字电路与逻辑设计[M]. 北京:人民邮电出版社,2015.

[25] 欧阳星明,溪利亚,陈国平. 数字电路逻辑设计 [M].3 版. 北京:人民邮电出版社,2015.

[26] 张烈平,邱鹏,梁勇. 数字电子技术[M]. 成都:四川大学出版社,2020.

[27] 刘振庭,毕杨,郭红俊. 数字电子技术基础[M]. 西安:西安电子科技大学出版社,2014.

[28] 郭永贞,许其清,袁梦,等. 数字电子技术[M].4 版. 南京:东南大学出版社,2018.

[29] 张宪,张大鹏. 电子技术公式速查手册[M]. 北京:化学工业出版社,2014.

[30] 张建国. 数字电子技术 [M].2 版. 北京:北京理工大学出版社,2018.

[31] 晏明军,于玲. 数字电子技术及应用[M]. 北京:中国铁道出版社,2018.

[32] 吴元亮. 数字电子技术[M]. 北京:机械工业出版社,2021.

[33] 杨碧石,路冬明. 数字电子技术基础[M].2 版. 北京:人民邮电出版社,2014.

[34] 王毓银,陈鸽,杨静,等. 数字电路逻辑设计[M].2 版. 北京:高等教育出版社,2010.

[35] 詹瑾瑜. 数字逻辑[M].3 版. 北京:机械工业出版社,2017.

[36] 张宪,张大鹏. 电子技术速学问答[M]. 北京:化学工业出版社,2011.

[37] 丁磊. 数字逻辑与 EDA 设计[M]. 北京:人民邮电出版社,2020.

[38] J. BHASKER.Verilog HDL 入门[M]. 夏宇闻,甘伟,译.3 版. 北京:北京航空航天大学出版社,2008.

[39] 刘福奇,刘波.Verilog HDL 应用程序设计实例精讲[M]. 北京:电子工业出版社,2009.

[40] 潘松,黄继业,陈龙.EDA 技术与 Verilog HDL[M]. 北京:清华大学出版社,2010.

[41] 夏宇闻.Verilog 数字系统设计教程[M].2 版. 北京:北京航空航天大学出版社,2008.

[42] 胡晓光,崔健宗,王建华. 数字电子技术基础[M]. 北京:北京航空航天大学出版社,2007.

[43] 鲍可进,赵念强,赵不贿. 数字逻辑电路设计. 北京:清华大学出版社,2004.

[44] 刘家琪,郝立,朱国春. 考研专业课真题必练——数字电路[M]. 北京:北京邮电大学出版社,2013.

[45] 张豫滇. 数字电子技术[M]. 北京:北京邮电大学出版社,2005.

[46] 邵利群,杭海梅. 数字电子技术项目教程[M].2 版. 北京:电子工业出版社,2022.